Python
从入门到精通
新手一本通

黄树嘉　编著

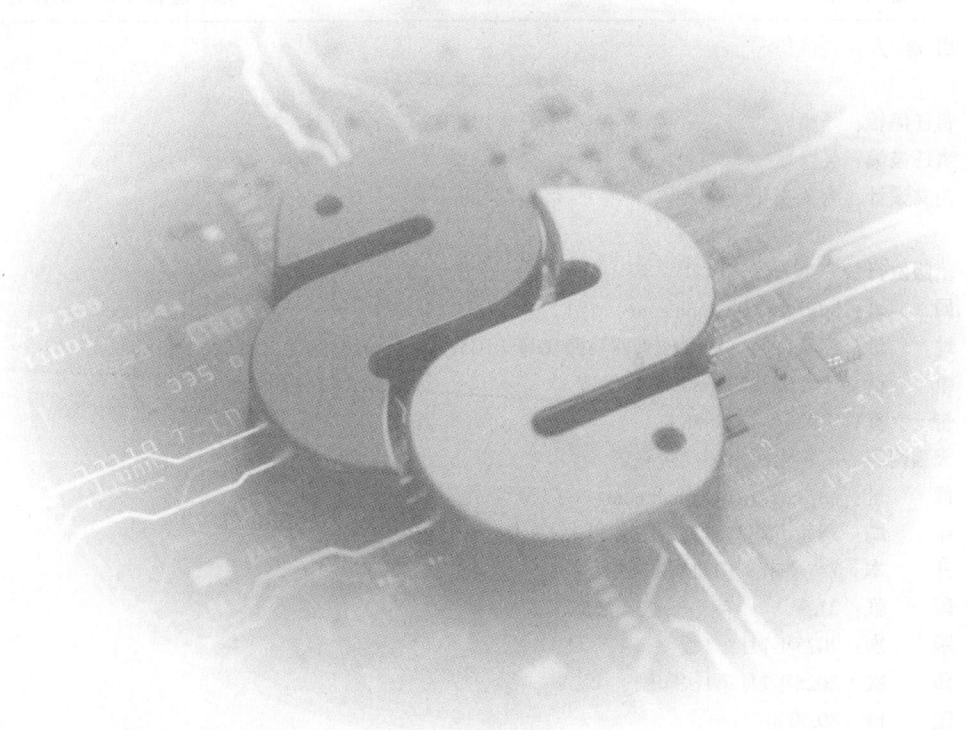

SPM
南方传媒　广东人民出版社

·广州·

图书在版编目（CIP）数据

Python 从入门到精通 : 新手一本通 / 黄树嘉编著.

广州 : 广东人民出版社，2025. 7. -- ISBN 978-7-218-
18308-4

Ⅰ . TP312.8

中国国家版本馆 CIP 数据核字第 202514EP47 号

Python CONG RUMEN DAO JINGTONG——XINSHOU YIBENTONG

Python从 入 门 到 精 通 —— 新 手 一 本 通

黄树嘉　编著

出 版 人：肖风华

责任编辑：严耀峰
责任技编：吴彦斌
内文设计：奔流文化

出版发行：广东人民出版社
网　　址：https://www.gdpph.com
地　　址：广州市越秀区大沙头四马路10号（邮政编码：510199）
电　　话：（020）85716809（总编室）
传　　真：（020）83289585
天猫网店：广东人民出版社旗舰店
网　　址：https://gdrmcbs.tmall.com
印　　刷：东莞市翔盈印务有限公司
开　　本：787毫米×1092毫米　1/16
印　　张：21.5　字　数：355千
版　　次：2025年7月第1版
印　　次：2025年7月第1次印刷
定　　价：89.00元

前　言
Preface

　　在信息爆炸的当今时代，编程能力已成为每个人不可或缺的技能之一。不论是在学术研究、工作实践，还是个人兴趣爱好中，编程都扮演着至关重要的角色。在众多编程语言中，Python 凭借其简洁易懂的语法、丰富的库支持以及广泛的应用领域，成为初学者踏入编程世界的理想选择。作为一本专为 Python 初学者打造的入门书籍，《Python 从入门到精通——新手一本通》将带领您逐步走进 Python 的世界，从基础到精通，开启您的编程之旅。

为什么选择 Python

　　Python，这个源于 20 世纪 90 年代初的编程语言，自诞生之日起便以其独特的魅力吸引着众多开发者。它的设计哲学强调代码的可读性和简洁性，使得初学者能够快速上手并编写出清晰易懂的代码。与此同时，Python 还拥有强大的扩展性，通过丰富的第三方库，可以轻松实现各种复杂的功能。无论是在数据分析、人工智能、Web 开发还是自动化运维等领域，Python 都展现出了强大的实力和广泛的应用前景。

　　选择 Python 作为第一门编程语言，您将享受到以下优势：

　　易学性——Python 的语法简单直观，非常适合编程新手；

　　高效性——Python 的执行效率高，开发速度快，能够快速实现想法；

　　通用性——Python 适用于多种编程任务，从简单的脚本到复杂的软件开发；

　　社区支持——Python 拥有一个庞大而活跃的社区，您可以在其中找到大量的学习资源和帮助。

本书结构

本书分为三个主要部分：基础篇、提高篇和实战应用篇。

基础篇：这一部分将带您了解 Python 的基础知识，包括变量、数据类型、控制结构、函数、面向对象编程、模块等。通过这一部分的学习，您将建立起对 Python 编程的基本理解。

提高篇：在掌握了基础知识后，提高篇将深入探讨 Python 的高级特性，如文件操作、数据库操作、日期和时间函数等。这一部分将帮助您提升编程技能，使您能够编写更加复杂和高效的代码。

实战应用篇：实战篇将通过一系列项目和案例，让您将所学知识应用到实际问题中。这些项目涵盖了爬虫技术、Excel 操作、分词和词云等多个领域，将帮助您理解如何在生活、工作实践中使用 Python。

读者寄语

学习编程是一个充满挑战和乐趣的过程。Python 作为一种强大且灵活的编程语言，将为您开启通往技术世界的大门。作为一本为 Python 初学者打造的入门书籍，《Python 从入门到精通——新手一本通》将伴随您整个学习旅程。无论您的目标是成为一名专业的软件开发者，还是仅仅出于兴趣学习编程，我们希望这本书能成为您学习 Python 道路上的良师益友，陪伴您一起成长。

在学习的过程中，请保持耐心和毅力，不断实践和探索。相信通过不断地努力和实践，您一定能够成为一名优秀的 Python 程序员，并在编程世界中展现出自己的才华和魅力。我们希望这本书能够激发您对编程的热情，帮助您克服学习过程中的困难，最终达到精通 Python 的目标。

记住，编程不仅仅是敲代码，更是一种解决问题的思维方式。愿您在 Python 编程的旅程中，不断探索、学习和成长。

最后，我要感谢所有为本书付出努力的人。感谢审稿专家的严谨审核，感谢编辑团队的精心策划和排版设计，感谢所有读者对本书的关注和支持。希望本书能够为您带来帮助和启发，让我们一起在 Python 编程的世界里探索更多可能！

祝您学习愉快！

目录
CONTENTS

第一部分　基础篇

第二部分 提高篇

第三部分　实战应用篇

第一部分

基础篇

本部分主要介绍Python的历史概况、
Python的安装配置、Python的基础语法及编
程语言的通用知识，读者应当打好基础，
务必完全领会、掌握本部分所有知识点。

第1章 Python 简介

1.1 Python 历史

1989 年，彼时流行的编程语言，如 C、Fortran、Pascal 等，编写实际的应用程序较为烦琐，需耗费大量时间。而在 Unix 系统下，管理员可以运用 Shell 来设计一些简单脚本，进行数据备份、用户管理等系统维护工作。虽然 Shell 可以只用几行代码实现在 C 语言中可能需要上百行代码才能实现的同样功能，然而 Shell 只能调用系统命令，无法调用计算机的所有功能。

同年圣诞节期间，吉多·范罗苏姆（Guido van Rossum）为了打发圣诞节的无趣，决心开发一个新的脚本解释程序，作为 ABC 语言（ABC 是由吉多参加设计的一种教学语言）的一种继承。就吉多本人看来，ABC 这种语言非常优美和强大，是专门为非专业程序员设计的。但是 ABC 语言并没有成功，究其原因，吉多认为是其非开放造成的，他决心在 Python 中避免这一错误。由此，Python 在吉多手中诞生了。

1991 年，Python 的第一个解释器正式在吉多的 Mac 机器上面世。它是用 C 语言实现的，能够调用 C 语言的库文件，完美结合 C 语言和 Shell 脚本的优点。

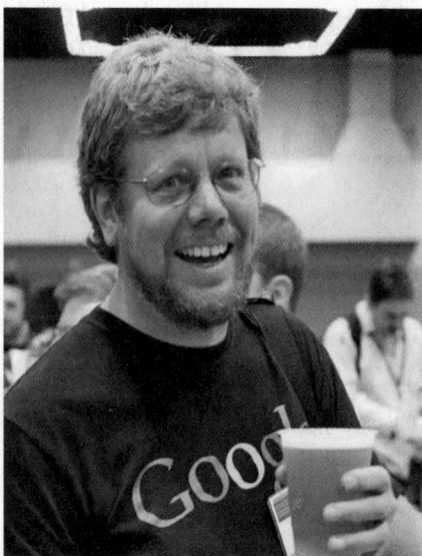

1994 年 1 月，Python 1.0 版本发布，增加了 lambda、map、filter 等新功能。

2000 年 10 月，Python 2.0 版本发布，增加了内存管理、垃圾收集器及对 Unicode 的支持。更为重要的变化是开发流程的改变，Python 此时有了一个更透明的社区。目前，官方已停止对该版本的一切维护。

2008 年 12 月，Python 3.0 版本发布（值得注意的是，该版本无法完全兼容之前版本的 Python 源代码，部分用 Python

图1-1 Python的作者吉多·范罗苏姆

2.x 编写的代码无法运行于该版本）。Python 3.0 解决了先前版本的一些历史遗留问题，并对部分核心做出调整，官方也在 3.0 的基础上，持续对其频繁更新迭代，不断加入新的特性。

本书大部分功能均基于 2024 年 4 月 9 日发布的 Python 3.12.3 版本开展，建议读者首选用 3.x 版本进行学习及项目开发。本书讲解的语法、方法，如果有最低版本的限制，也会特别标明。

图1-2　Python的LOGO

1.2　Python 的特点

Python 是一种高层次的、解释性、面向对象的脚本语言，其具有很强的可读性及简洁的语法，非常适合编程初学者作为入门程序设计的编程语言。Python 有如下的特点：

◇ 跨平台

Python 是真正能够跨平台运行的语言，编写后的代码无须作任何修改，即可在 Windows、Linux、MacOS 等系统上运行。

◇ 解释型

编写出来的 Python 代码，即可交给解释器立即运行，无须像其他编译型语言一样，每次修改代码之后都需要等待漫长的编译过程。

◇ 简洁性

实现同一功能所需的代码量，Python 往往可以比其他如 C、Java 等语言所需的代码量少很多。

◇ 免费、开源

Python 允许免费下载、使用，并且可阅读其源代码。

◇ 动态类型

Python 拥有相对于 C、Java 等静态类型语言更为简便的动态类型系统，可随时改变变量的类型，Python 自动在运行时进行类型检查。

◇ 面向对象

Python 支持面向对象，能编写更加灵活、便于维护的代码。

◇ 丰富的标准库及第三方库

Python 提供非常齐全的、可以帮助处理各种场景的标准库，如系统操作、正则表达式、数据库、网络编程等。并且由于其开放性，许多优秀的开发者为其提供极为丰富的第三方库，方便开发者提高编程效率。

◇ 可扩展、可嵌入

作为提高运行效率或隐藏关键算法代码的目的，Python 可以调用由 C、C++ 等语言编写的程序。而编写好的 Python 代码，也可以嵌入到 C、C++ 等程序中，可被其他语言很好地调用。

◇ 应用范围广

Python 在当下热门的人工智能、大数据、机器学习等领域均得到广泛的支持和应用。

当然，Python 也有自身的缺点。Python 是解释型语言，运行速度较之编译型的语言（如 C/C++）稍慢。并且由于其对代码格式要求严格，利用相同数量的空格缩进来表示代码层级关系，会对初学者带来不便。

1.3　Python 的应用

经过多年的发展，Python 从 2012 至 2017 年成为开发者使用增长最快的主流编程语言，并获得 2018 年 TIOBE 编程语言排行榜的年度语言。其应用范围主要有：

◇ 大数据

Spark、Hadoop 等大数据工具均提供 Python 的接口，方便 Python 用于大数据的处理。

◇ 云计算

Python 可用于云计算，典型的云计算应用有 OpenStack 等。

◇ 网络爬虫

Python 凭借高性能的数据采集能力成为大数据行业获取数据的核心工具之一，网络爬虫方面的应用有知名的 Scrapy 框架等。

◇　网站后台

Python 在多年来的发展期间形成大量优秀的 Web 开发框架，如 Django、Tornado、Flask 框架等，开发效率高，维护方便，受到众多大型网站的青睐，如 Google、YouTube、豆瓣、知乎等。

◇　科学计算

Python 拥有 NumPy、Pandas 等强大的科学计算库，并形成独特的面向科学计算的 Python 发行版 Anaconda，完全可以替代 R 语言及 Matlab。

◇　系统运维

Linux 的发行版大多集成 Python，方便系统运维人员使用。目前主流的应用有 SaltStack 和 Ansible 等。

◇　自动化测试

可利用 Python 进行系统的自动化测试，利用程序代替手工能有效提升测试效率，比如使用代码模拟大量用户、模拟多页面多用户高并发请求等，常见应用有 Locust 等。

◇　机器学习及人工智能

Python 在人工智能大范畴领域内的机器学习、神经网络、深度学习等方面都是主流的编程语言，得到广泛的支持和应用，如 PyTorch、TensorFlow 等框架。

1.4　如何学好 Python

对于初学者，尤其是没有任何编程基础的学员来说，学习编程确实存在一定的挑战，常常会遇到"一看就会、一写就废"的情况。幸运的是，Python 因其易学性，近年来逐渐成为替代传统 C 语言的入门首选。为了帮助读者快速上手并精通 Python，本书提供以下建议：

◇　由浅及深

遵循从易到难的原则，本书从基础篇开始，介绍 Python 的基础语法和编程知识，然后在提高篇中探讨文件和数据库操作，最后在实战应用篇中展示几个常见的 Python 应用实例。这种由浅入深的结构有助于读者逐步掌握 Python 的基本操作，打下坚实的基础。

◇ 学习更多

掌握更多的工具和类库意味着在遇到问题时能有更多的解决方案。学习编程时，应当广泛学习，掌握多种方法和类库，以便在实际问题中能够使用最便捷的代码片段和类库快速解决。

◇ 上机实践

仅仅学习理论是不够的，编程需要将所学知识应用于实践中。通过上机练习，可以巩固知识，减少编码错误，降低漏洞的发生。本书中的每个"试试看"代码示例，建议读者先仔细阅读理解，然后在纸上默写一遍，对比书本代码找出错误，加深记忆，最后在 IDE 中实践，注意细节，如符号和缩进。

◇ 举一反三

对于书中的例子，学会改写和创新，给自己出题，尝试变化，做到举一反三。同时，多接触实际项目，增强实战能力，这反过来也能巩固所学知识，加深理解。

1.5 Python 资源

1.5.1 官方文档

Python 官方网站 docs.python.org 上有最详细的 Python 文档，提供新手入门教程、标准库参考、常见问题及更深入的内容，建议读者在遇到问题时随时查阅。目前官方文档还提供多语言的支持，特别是提供简体中文版的文档。截至 2024 年 7 月，可访问的网址为 https://docs.python.org/zh-cn/3/，读者也可在官网上寻找简体

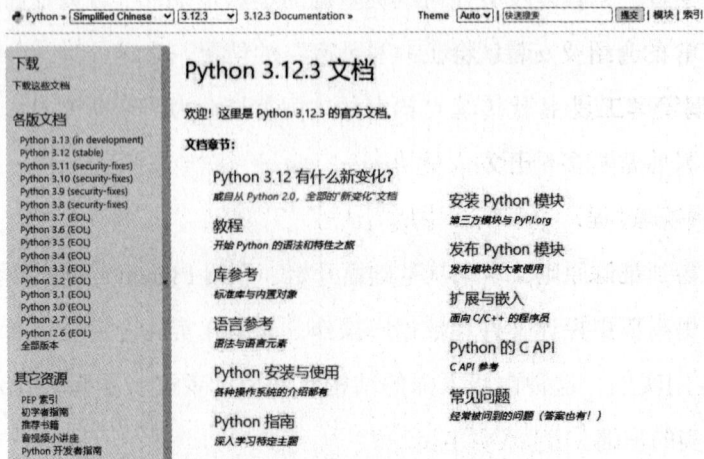

图1-3　Python官网提供的3.12.3文档目录

中文的入口，灵活处理。

1.5.2　社区资源

国外比较知名的 Python 社区有 GitHub（https://github.com/）、Stack Overflow（https://stackoverflow.com/）、Python Forum（https://python-forum.io/）等。

国内比较知名的 Python 社区有 CSDN（https://www.csdn.net/）、开源中国（https://www.oschina.net/）等。

1.5.3　常用软件

◆ Python 开发工具

IDE（Integrated Development Environment），即集成开发环境，是一个集代码编辑、编译、调试、项目管理于一体的应用程序，常见的 Python 开发工具有：

◇ Microsoft Visual Studio Code

由微软公司开发，支持 Windows、Linux、MacOS 操作系统，是一个免费、开源、功能强大的 IDE。它支持语法高亮、智能代码补全、自定义热键、括号匹配、代码片段、代码对比、GIT 等特性，并针对网页开发和云端应用开发做了优化，也是本书推荐及演示的 IDE。

◇ PyCharm

由 JetBrains 公司开发，支持调试、语法高亮、Project 管理、代码跳转、智能提示、自动完成、单元测试、版本控制等一系列开发功能。支持多个操作系统，目前有需要付费的专业版、免费的开源社区版、教育版 3 个版本，社区版功能比专业版功能少。

有关 IDE 的介绍及安装，将在本书的第二章详细介绍。

◆ 代码管理工具

一个项目通常由多个开发人员协同完成，代码管理工具可记录一个项目从开始到结束的整个过程，追踪项目中所有内容的变化情况，如增加了什么内容、修改了什么内容、删除了什么内容等。项目管理人员还可进行权限管理，提升代码安全性，避免不必要的麻烦及损失。常见的代码管理工具有：

◇ Git

Git 是一个开源的分布式版本控制系统，Git 的每台电脑都相当于一个服务器，都存储着最新的代码，可进行有效、高速的项目版本管理。全球最大的代码托管平台 GitHub 网站，采用的也是 Git 技术。

◇ SVN

全称 Subversion，是一个开源的集中式版本控制系统，管理随时间改变的数据，所有数据集中存放在中央仓库（Repository）。Repository 就好比一个普通的文件服务器，不过它可以自动记住每一次文件的变动，这样可把代码文件回退到某个旧的版本来撤销错误的修改，或是浏览某个代码文件的变动历史。

◆ 其他工具

◇ JIRA

Atlassian 公司出品的项目与事务跟踪工具，可以用来进行网站 bug 管理、缺陷跟踪、任务跟踪和敏捷管理等。

◇ XMind

一款实用的思维导图软件，可以用来设计产品架构图、项目流程图、功能分解图等，简单易用、美观、功能强大，拥有高效的可视化思维模式，具备可扩展性、跨平台性和稳定性，真正帮助用户提高生产效率，促进有效沟通及协作。

◇ TeamCola

由国内团队开发的时间管理工具，能较好地解决时间问题，而其时间颗粒度为半小时，也不会过多地增加管理成本。

第 2 章 Python 安装与运行

2.1 Python 的安装

Python 是一种解释型语言，其执行依赖于解释器。解释器提供了 Python 程序的运行环境。未安装 Python 时，无法执行编写的 Python 代码，也无法验证代码的正确性与效果。

2.1.1 Windows 系统

建议通过 Python 的官方网站 https://www.python.org/ 下载和安装 Python，以避免从搜索引擎获取含有病毒、广告或其他恶意软件的安装包。可访问 https://www.python.org/downloads/ 下载 Python，该链接在所有主流浏览器中均可打开。

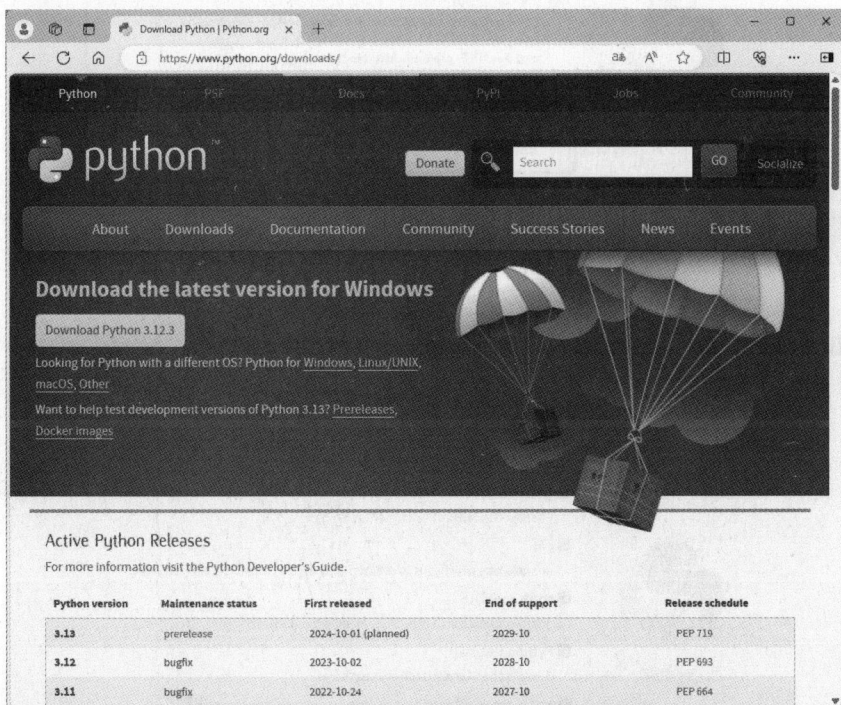

图2-1 Python官网的下载页面

读者可选择实际访问时更新的版本，或在下方列表中选择喜欢的版本进行下载。如图 2-1 所示，点击"Download Python 3.12.3"按钮，进行下载。稍作等待即可完成下载。

图2-2　下载成功的Python安装包

　　找到刚才下载的安装包，双击打开，进行安装，如图 2-3 所示：第一步，勾选下方 2 个复选框，特别是"Add python.exe to PATH（将 python.exe 增加到 PATH 环境变量）"，可以省去自己配置的麻烦；然后点击"Customize installation（自定义安装）"。

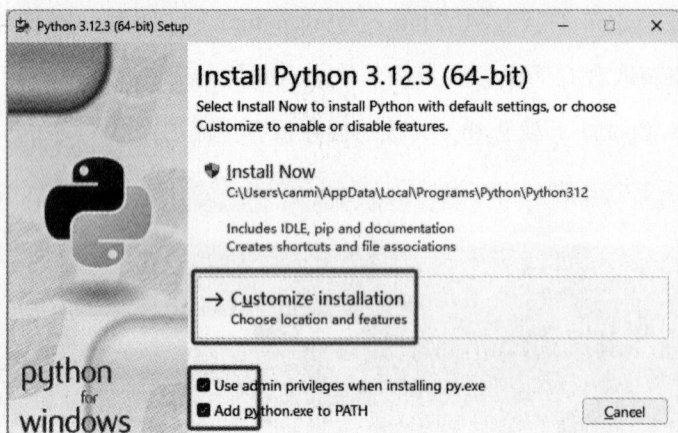

图2-3　第一步，勾选复选框，点击自定义安装

　　如图 2-4 所示，在弹出的第二步对话框中保持默认，点击"Next（下一步）"。

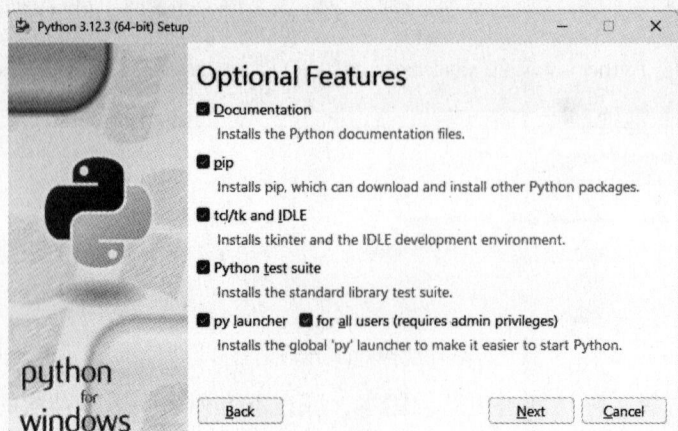

图2-4　点击下一步

　　如图 2-5 所示，在第三步的对话框中，上面复选框保持默认即可，下方的安

装路径可以更改到自己喜欢的目录，比如 D:\Python。

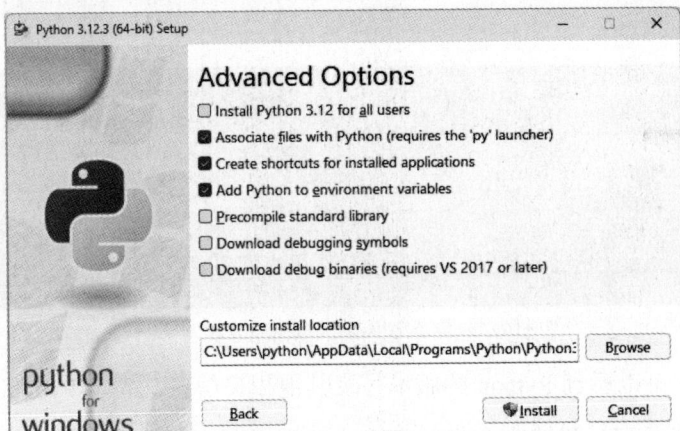

图2-5　更改安装路径

如图 2-6 所示，最后一步，根据建议，点击"Disable path length limit"。

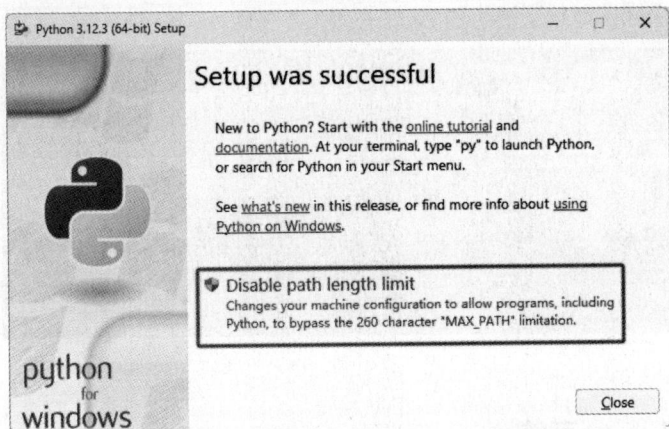

图2-6　点击"Disable path length limit"

至此完成 Python 的安装。如何验证已经成功安装呢？按键盘上的 Windows+R 组合键（通常是键盘左下角 Ctrl 和 Alt 之间带 Windows 徽标的键）打开系统"运行"对话框，输入 cmd，按回车键或点击确认按钮，如图 2-7 所示。

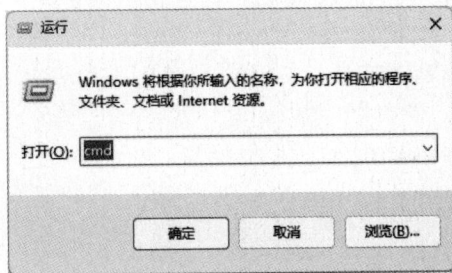

图2-7　打开"运行"对话框

黑底白字的窗口为命令行窗口。如图 2-8 所示，在窗口中输入 python，再按回车键。

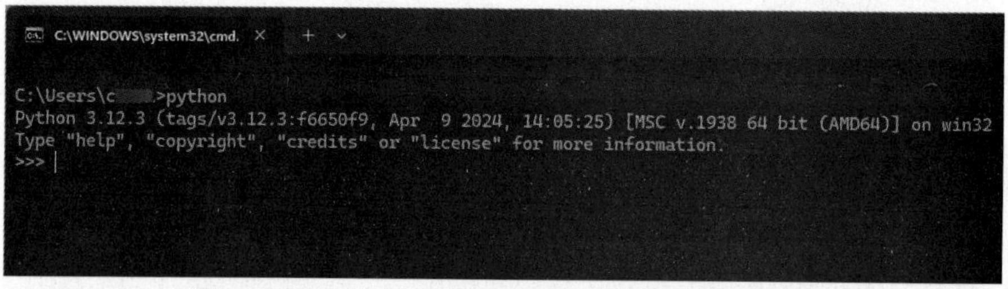

图2-8　在命令行中输入python并按回车键

图 2-8 中可以看到 Python 的版本号及其他相关信息，表示 Python 已经成功安装到我们系统，可关闭这个命令行窗口。如果出现图 2-9 中的提示，则代表安装失败，很可能是在第一步时没有勾选 "Add python.exe to PATH"，本小节后面的部分将介绍相应的解决方法。

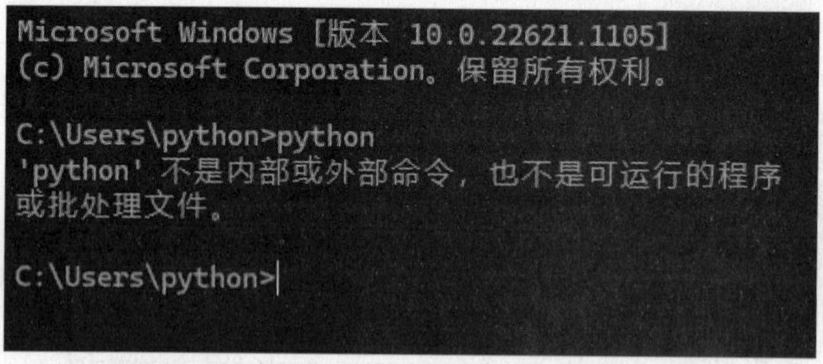

图2-9　找不到python的提示

2.1.2　Linux 系统

由于 Linux 有非常多的发行版本，本小节以 CentOS Stream 9 和 Ubuntu 24.04 为例进行介绍，其他 Linux 发行版本请参考相关发行版本手册。

一般来说，现有的 Linux 系统发行版本都预安装了 Python，可在终端输入 python3 并回车进行验证，CentOS Stream 系统的 python3：

```
[root@localhost ~]# python3
Python 3.9.18 (main, Jan 24 2024, 00:00:00)
[GCC 11.4.1 20231218 (Red Hat 11.4.1-3)] on linux
Type "help", "copyright", "credits" or "license" for more information.
>>>
```

Ubuntu 系统的 python3：

```
python@ubuntu:~$ python3
Python 3.12.3 (main, Apr 10 2024, 05:33:47) [GCC 13.2.0] on linux
Type "help", "copyright", "credits" or "license" for more information.
>>>
```

如果确实没有安装，则会有如下提示：

```
[root@python-test ~]# python3
-bash: /usr/bin/python3: No such file or directory
```

对 CentOS Stream 系统来说，可先输入 yum update 命令更新软件包列表，它可以帮助系统管理员保持系统中安装的软件包保持最新状态，以获取最新的功能和安全更新：

```
[root@localhost ~]# yum update
CentOS Stream 9 - BaseOS            6.3 kB/s | 3.9 kB  00:00
CentOS Stream 9 - AppStream          10 kB/s | 4.4 kB  00:00
CentOS Stream 9 - Extras packages   9.2 kB/s | 3.0 kB  00:00
依赖关系解决。
无须任何处理。
完毕！
```

再输入 yum install python3 进行安装，如图 2-10 所示。

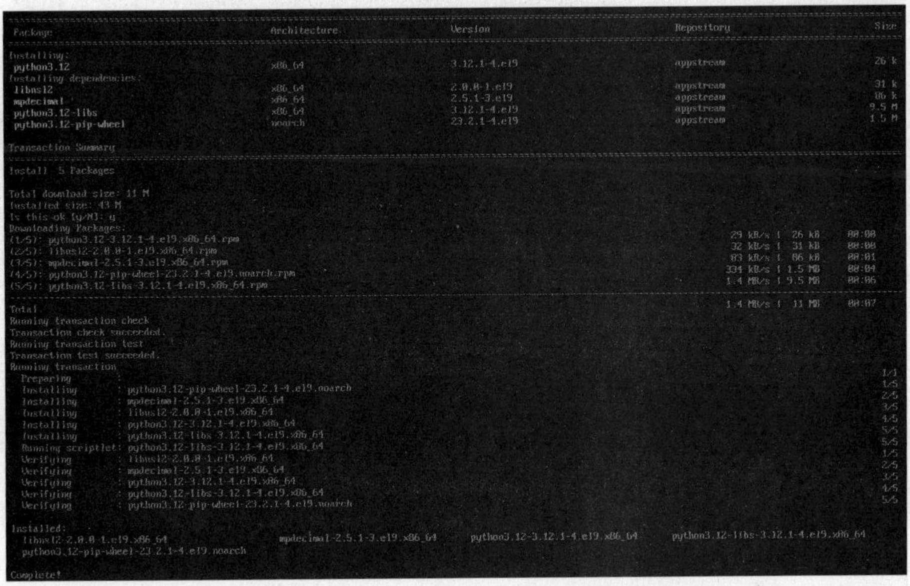

图2-10　CentOS Stream的python安装过程

如果是 Ubuntu 系统，可在终端输入 sudo apt update 来更新软件包列表：

```
python@ubuntu:~$ sudo apt update
Hit:4 http://security.ubuntu.com/ubuntu noble-security InRelease
Hit:1 http://mirrors.tuna.tsinghua.edu.cn/ubuntu noble InRelease
Hit:2 http://mirrors.tuna.tsinghua.edu.cn/ubuntu noble-updates InRelease
Get:3 http://mirrors.tuna.tsinghua.edu.cn/ubuntu noble-backports
InRelease [90.8 kB]
Fetched 90.8 kB in 3s (31.7 kB/s)
Reading package lists... Done
Building dependency tree... Done
Reading state information... Done
All packages are up to date.
```

然后使用 sudo apt install python3 来进行 Python 的安装，如图 2-11 所示。

图2-11　Ubuntu的Python安装过程

两种系统安装完毕之后，均可在终端输入 python3 并回车，来验证安装是否成功。

2.2 安装常见问题

现在 Windows 平台下的 Python 安装包都特别提供了"Add python.exe to PATH"选项方便操作，在安装时候记得勾选。而如果没有勾选，则会出现图 2-9 中的错误。提示成功安装却又打不开，这是为什么呢？

我们知道，要打开一个软件，要先知道该软件具体的位置。而如果不指定位置，则需要在系统预先定义的"默认位置"寻找。在图 2-9 中，我们在命令行的初始位置"C:\Users\python"（python 为当前用户名，每个电脑可能不同）目录下打开 python 软件，但是该目录下并不存在一个名为"python.exe"的可执行文件，那么系统就在其默认位置寻找。这个路径在哪里呢？在系统的环境变量 PATH 里。由于安装时未勾选将 python.exe 所在目录加入环境变量，导致找不到 python。

如何解决呢？我们需要手动将 python.exe 所在路径加入到环境变量里。图 2-5 所示路径就是我们的安装路径，一般在"C:\Users\< 用户名 >\AppData\Local\Programs\Python\Python< 版本号 >\"里，让我们在 Windows 资源管理器中寻找，如图 2-12 所示。

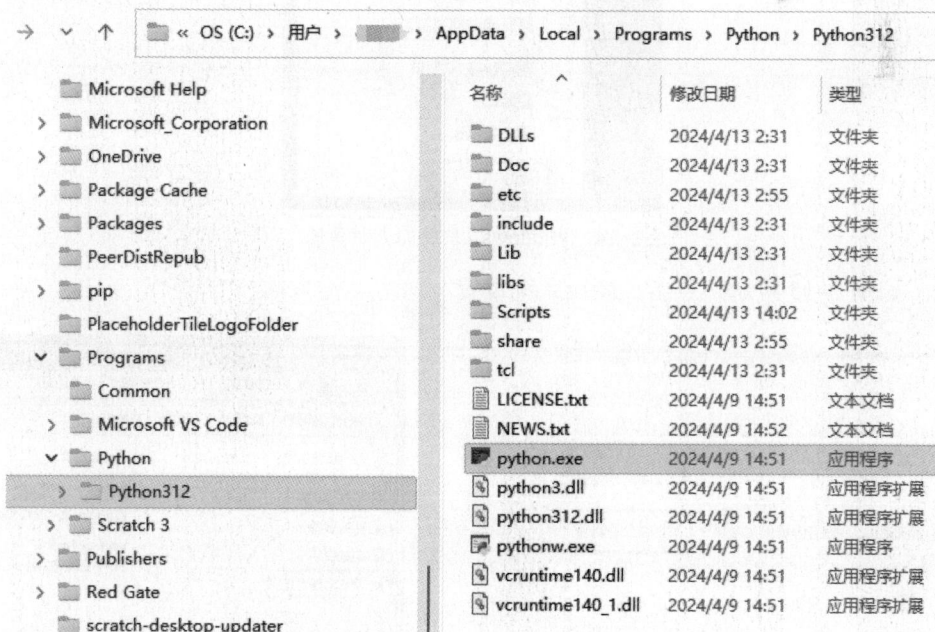

图2-12　在Windows资源管理器中找到python.exe

接下来鼠标定位到地址栏，复制"C:\Users\< 用户名 >\AppData\Local\Programs\Python\Python< 版本号 >\"这个路径。然后在桌面的"此电脑"上右键，点击"属性"，如图 2-13 所示。

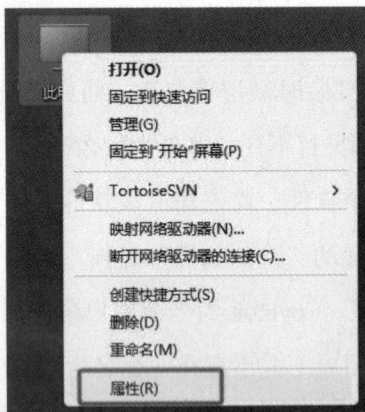

图2-13　Windows 10/11系统的"此电脑"

Windows 7 系统的用户找到"计算机"，右键，点击"属性"，如图 2-14 所示。

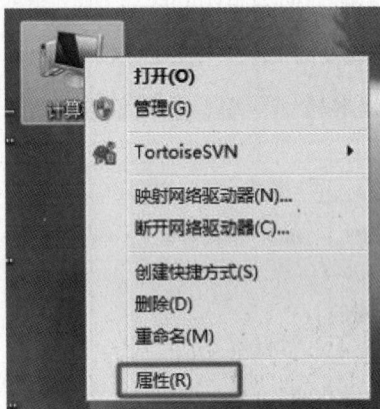

图2-14　Windows 7系统的"计算机"

如图 2-15 所示，点击"高级系统设置"。

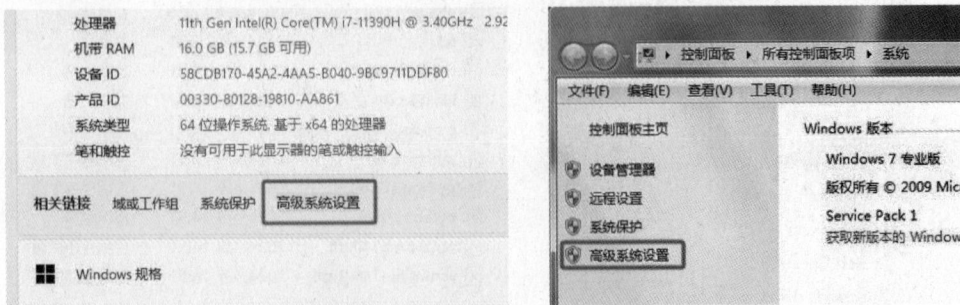

图2-15　点击"高级系统设置"

如图 2-16 所示，弹出"高级系统设置"对话框，点击"高级"选项卡，点击右下方的"环境变量 ..."按钮。

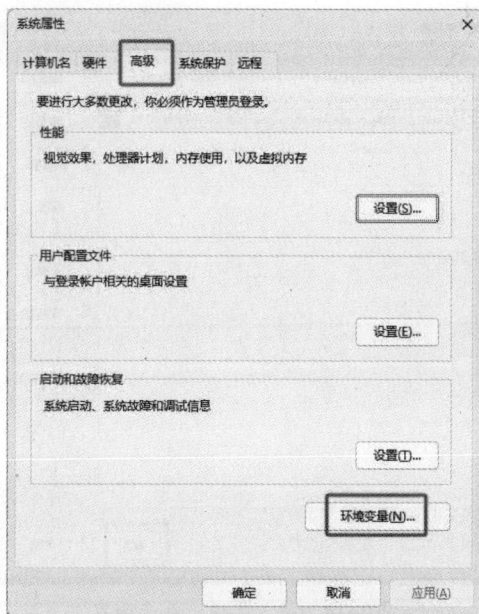

图2-16　"高级系统设置"对话框

Windows 10/11用户将弹出如图 2-17 所示环境变量设置对话框，先在列表中找到"Path"并点击选中，点击"编辑 ..."按钮，在弹出的"编辑环境变量"对话框中点击"新建"按钮：

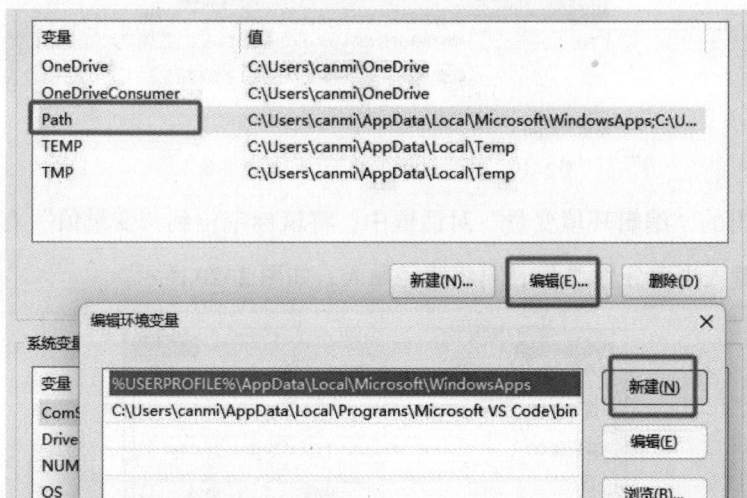

图2-17　Windows 10/11用户的环境变量对话框

如图 2-18 所示，在新的行中贴入我们刚才复制的路径，并点击底部的"确定"按钮，完成设置。

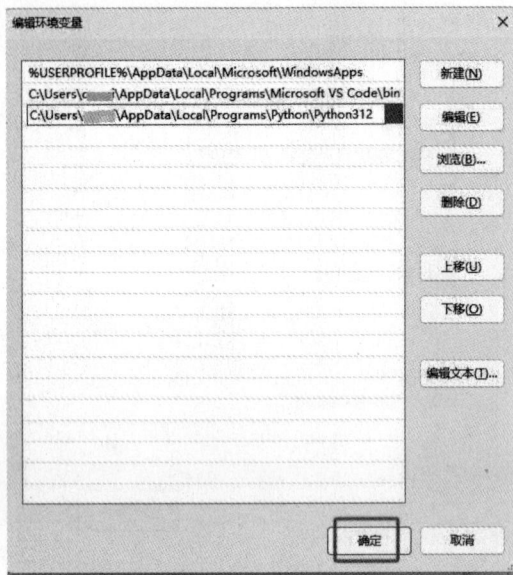

图2-18　贴入路径，点击确定

Windows 7 系统的用户在弹出的"环境变量"对话框中，找到"PATH"并点击选中，点击"编辑"按钮，如图 2-19 所示。

图2-19　选中"PATH"，点击"编辑"

在弹出的"编辑环境变量"对话框中，将鼠标定位到"变量值"右侧文本框的末尾，键入半角分号";"，再将路径贴入，如图 2-20 所示。

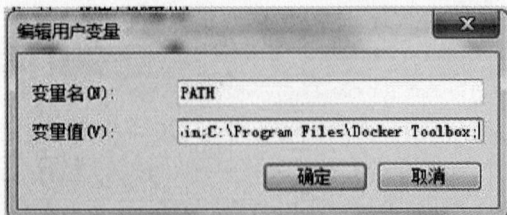

图2-20　Windows 7系统用户的增加用户路径

这一步操作一定要小心，避免出错，分号必须在英文状态下输入。贴入完毕，点击确定，退出所有对话框。再次打开命令行窗口（需要关闭先前的命令行窗口，重新使用 cmd 打开新的窗口），输入"python"回车，观看命令执行结果。如有问题，继续排查。

2.3 Python 常用 IDE 介绍

IDE（Integrated Development Environment，集成开发环境）是一种用于提供程序开发环境的应用程序。它一般包括代码编辑器、编译器、调试器和图形用户界面工具，是集成了代码编写、分析、编译、调试等功能的一体化开发软件服务套件。所有具备这一特性的软件或者软件套件都可称为集成开发环境。每种编程语言都有各自的 IDE，允许开发者通过图形用户界面进行程序的开发、调试和测试。IDE 通常会提供许多有用的特性，如代码自动补全、语法高亮、调试工具、版本控制集成等，以提高开发者的生产效率。

本小节将介绍 Python 常用的 IDE。

2.3.1 PyCharm

PyCharm 是一种功能强大的 Python 集成开发环境，专为 Python 开发者打造。它提供了一套完整的工具，旨在提高开发者的效率和代码质量。

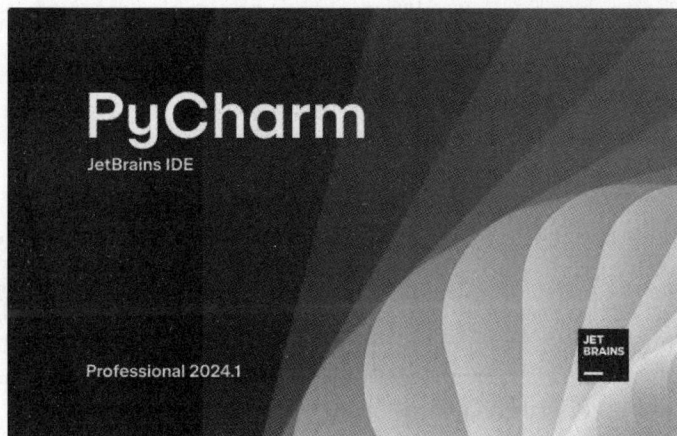

图2-21　PyCharm启动界面

PyCharm 拥有出色的代码编辑功能，它支持语法高亮、自动补全、代码格式化等特性，能够极大地提高代码编写的速度和准确性。智能提示功能更是锦上添花，可以根据上下文提供变量、函数和模块的建议，帮助开发者快速编写代码并减少错误。此外，代码跳转功能让开发者能够快速定位到函数定义、查找引用或特定符号，提供了便捷的代码导航体验。

调试和测试是 PyCharm 的又一大亮点。它集成了功能全面的调试器，支持设置断点、单步调试、变量查看等功能，让开发者能够轻松定位并修复代码中的问题。同时，PyCharm 还支持单元测试，方便开发者编写、运行和分析测试用例，确保代码的质量和稳定性。

在项目管理方面，PyCharm 同样表现出色。它支持创建和管理多个项目，让开发者能够轻松切换不同的工作环境。版本控制整合也是 PyCharm 的一大特色，通过与 Git、Subversion 等版本控制工具的无缝集成，开发者可以方便地进行版本控制和协作开发。

除了上述基本功能外，PyCharm 还提供许多高级功能，如支持 Django 框架下的专业 Web 开发、Google App Engine 和 IronPython 等。这些高级功能使得 PyCharm 能够满足不同开发者的需求，无论是 Web 开发、数据分析还是科学计算，都能找到适合自己的解决方案。

PyCharm 的用户界面设计也比较人性化。它拥有清晰的布局和直观的操作方式，帮助开发者迅速上手并高效地使用各种功能。代码视图、导航栏、编辑器等窗口的布局合理，开发者能够清晰地看到代码的结构和运行情况。

然而，PyCharm 也有一些潜在的缺点。首先，它是一款大型软件，需要稍高的计算机配置才能流畅运行。其次，具备所有功能的专业版 PyCharm 价格相对较高，对个人开发者来说可能是一笔不小的开销。

2.3.2 VSCode

VSCode，全称 Microsoft Visual Studio Code，是一款由 Microsoft 开发的免费、轻量级且功能丰富的开源代码编辑器。它支持多种编程语言，包括 Python、JavaScript、HTML、CSS 等，广受前后端开发者的喜爱。

VSCode 以其强大的扩展性和用户友好的界面脱颖而出。它拥有一个庞大的插件生态系统，开发者可以根据自己的需求安装各种插件，从而定制个性化的开发环境。无论是代码高亮、智能补全，还是代码格式化、调试等功能，都可以通过安装相应的插件来实现。

此外，VSCode 还具备轻量级的特点，其安装包小，启动速度快，占用系统资源相对较少，这使得它在各种计算机上都能流畅运行，为开发者提供良好的使用体验。

VSCode 还内置了强大的调试器，支持在代码中设置断点、单步执行代码、查看变量的值等，帮助开发者轻松排查和解决问题。同时，它还支持 Git 和其他版本控制系统，方便开发者管理代码版本和进行协作开发。

尽管 VSCode 本身并不是一个专门为 Python 设计的 IDE，但由于其强大的扩展能力和良好的用户体验，它已经成为许多 Python 开发者的首选。通过安装 Python 扩展，VSCode 可以提供 Python 代码高亮、智能提示、调试等 IDE 的基本功能。

2.3.3 Eclipse with PyDev

Eclipse 是一款功能强大、灵活、可扩展的跨平台集成开发环境，广泛应用于各类编程语言的开发工作。它基于 Java 语言开发，但不仅限于 Java，还支持多种主流编程语言，如 C、C++、Python 等，并提供了丰富的插件系统，开发者可以根据自己的需求定制个性化的开发环境。

图2–22　PyDev的LOGO

PyDev 是一个 Eclipse 的插件，专为 Python 开发者设计，它结合了 Eclipse 这一流行 IDE 的稳定性和对 Python 开发的深度支持，为开发者提供了一个强大且易于使用的平台。PyDev 拥有丰富的功能，包括自动代码补全、语法高亮、代码分析以及内置的调试器，这些特性能够极大地提高开发者的编码效率，减少错误。此外，它还支持多种 Python 解释器，如 Python、Jython 和 IronPython，使得开发者能够灵活选择适合自己项目的解释器。

在安装 PyDev 插件的 Eclipse 中，开发者可以轻松地创建和管理 Python 项目，通过简单的步骤就能实现项目的创建、代码编写、调试和测试。它还支持与其他工具的集成，如版本控制系统，使得团队协作和项目管理变得更加便捷。

需注意，Eclipse 是基于 Java 的开发工具，必须有 Java 运行环境（JRE）才能运行，安装较为烦琐。

2.3.4 IPython

IPython 作为 Python 的一个交互式 shell 的增强版，为 Python 开发者提供一个强大而灵活的工作环境。它不仅继承了 Python 标准库的所有优点，还通过添加更多的特性和工具，使得 Python 编程变得更加高效和便捷。其核心优势在于其交互性和扩展性。作为一个交互式环境，IPython 允许用户实时输入并执行 Python 代码，即时查看结果。这种即时反馈的机制极大地提高了开发者的工作效率，特别是在进行数据分析和科学计算时。此外，IPython 还支持变量自动补全、高级历史管理机制等特性，进一步简化代码编写和调试的过程。

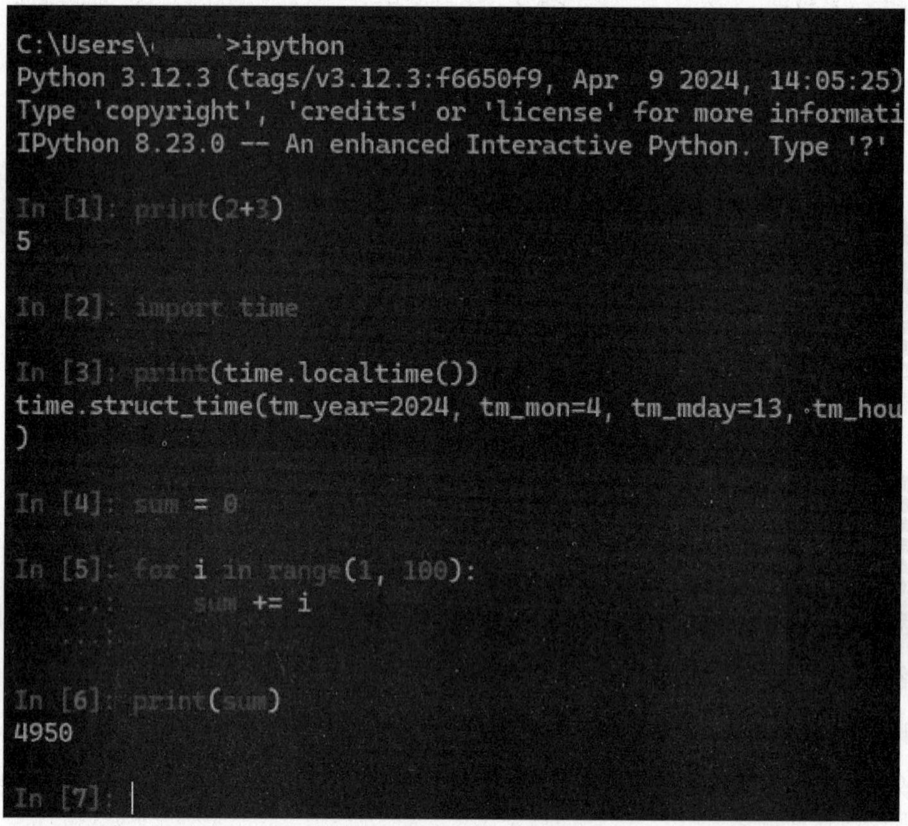

```
C:\Users\        >ipython
Python 3.12.3 (tags/v3.12.3:f6650f9, Apr  9 2024, 14:05:25)
Type 'copyright', 'credits' or 'license' for more informati
IPython 8.23.0 -- An enhanced Interactive Python. Type '?'

In [1]: print(2+3)
5

In [2]: import time

In [3]: print(time.localtime())
time.struct_time(tm_year=2024, tm_mon=4, tm_mday=13, tm_hou
)

In [4]: sum = 0

In [5]: for i in range(1, 100):
    ...:     sum += i

In [6]: print(sum)
4950

In [7]:
```

图2-23　IPython的交互式界面

在扩展性方面，IPython 提供了丰富的 API 和插件机制，使得开发者可以根据自己的需求定制和扩展其功能。无论是添加新的命令、魔法函数，还是集成其他库和工具，IPython 都能轻松应对。这种高度的灵活性使得 IPython 成为一个真正的多功能开发平台。

2.3.5　Jupyter Notebook

Jupyter Notebook 的前身是 IPython Notebook，从名字就可以看出它跟 IPython 的关系。它是一个革命性的交互式笔记本式编程环境，以其强大的功能和易用性，迅速在数据科学、机器学习、Web 开发等领域赢得广泛的赞誉和应用。

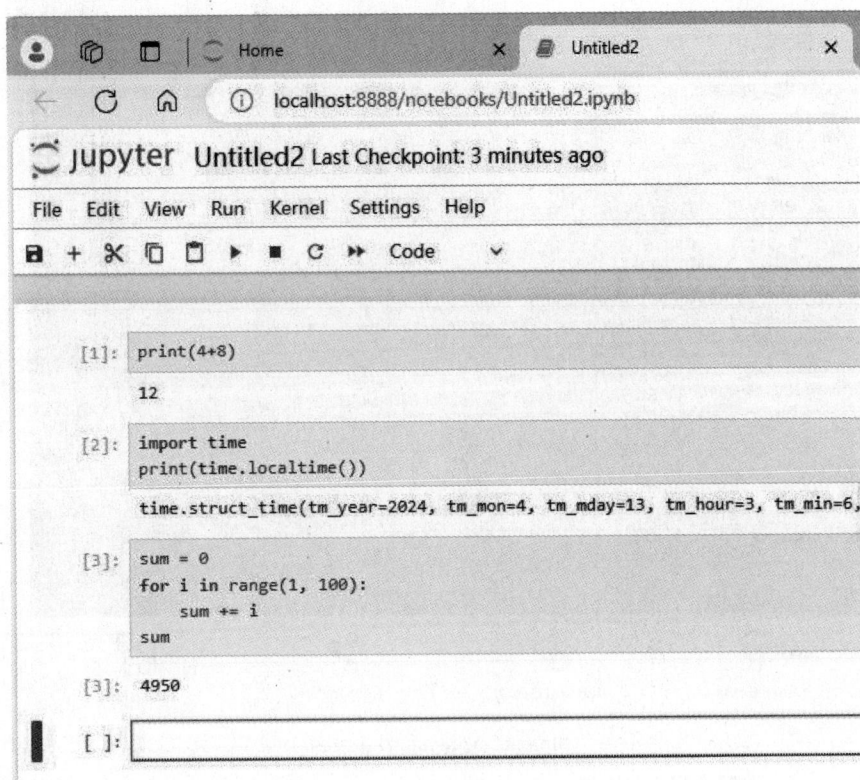

图2-24 Jupyter Notebook界面

Jupyter Notebook 支持四十余种编程语言，包括 Python、R、Julia、Scala 等，其中 Python 在 Jupyter Notebook 中得到了完美的支持，无论是数据分析、机器学习还是深度学习，都能轻松应对。其交互式特性是一大亮点，可以在 Web 浏览器中实时编写、运行代码，并立即查看结果。这种即时的反馈机制极大地提高了代码调试和数据分析的效率。此外，Jupyter Notebook 还提供自动完成、语法高亮等功能，使代码编写更加便捷高效。对 Python 而言，它使用的正是 IPython 作为后端的解析器。

2.4 VSCode 的安装及配置

本书以 VSCode 作为 IDE 进行 Python 语言的介绍与学习。先让我们从 VSCode 的安装开始吧。

2.4.1 安装 VSCode

同样的，建议在 VSCode 官网的下载页面 https://code.visualstudio.com/ 进行下载，如图 2-25 所示。

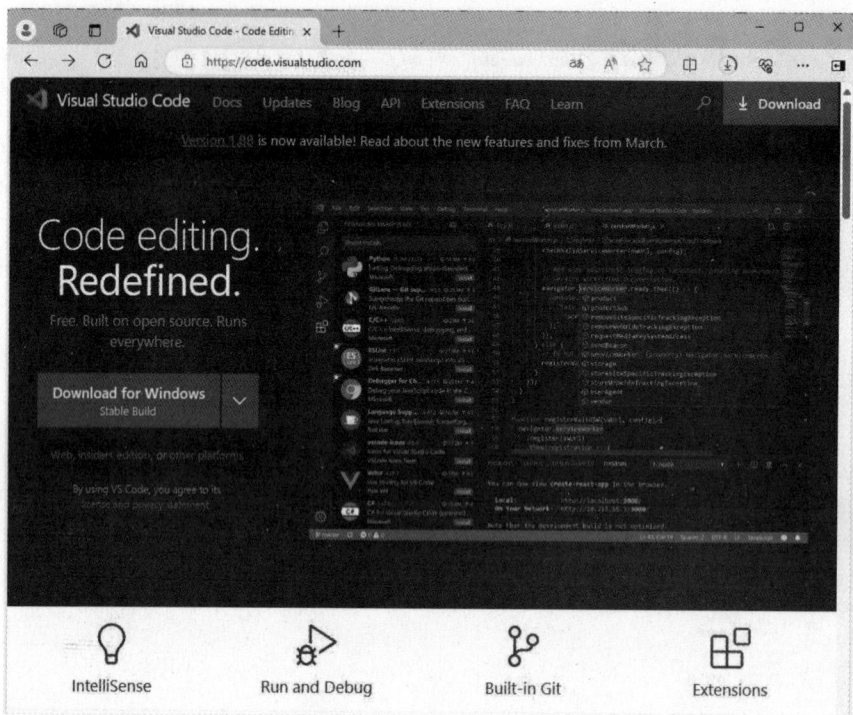

图2-25　VSCode下载页面

点击页面中的"Download for Windows"按钮，自动开始最新版本的下载。本书以 1.88.1.0 版本为例，读者根据需要选择版本进行下载即可。

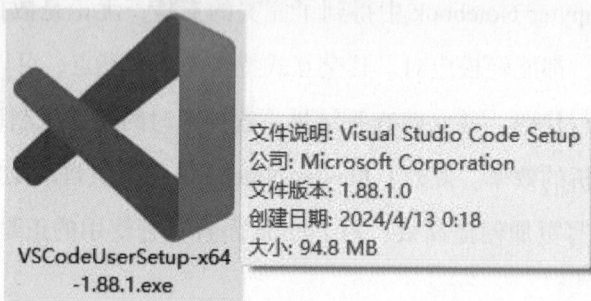

文件说明: Visual Studio Code Setup
公司: Microsoft Corporation
文件版本: 1.88.1.0
创建日期: 2024/4/13 0:18
大小: 94.8 MB

图2-26　下载好的VSCode安装包

打开浏览器的下载目录，找到该安装包（如图 2-26），双击进行安装，先勾选"我同意此协议"并点击下一步，如图 2-27 所示。

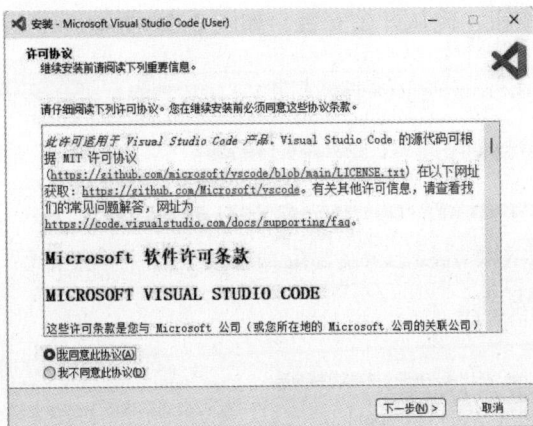

图2-27　勾选"同意用户协议"

在新弹出的窗口中选择一个安装路径，推荐保持默认即可，再点击下一步，如图2-28所示。

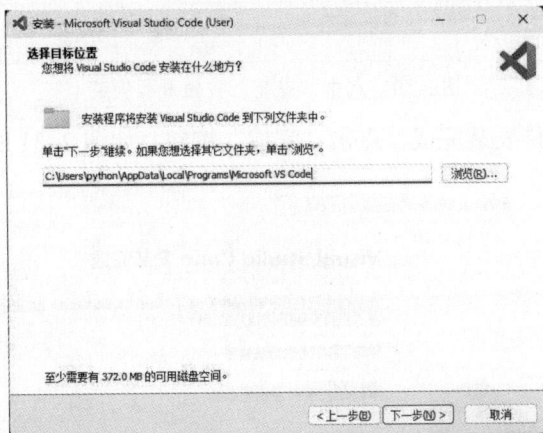

图2-28　选择安装路径

接下来的两步直接点击"下一步"即可，如图2-29所示。

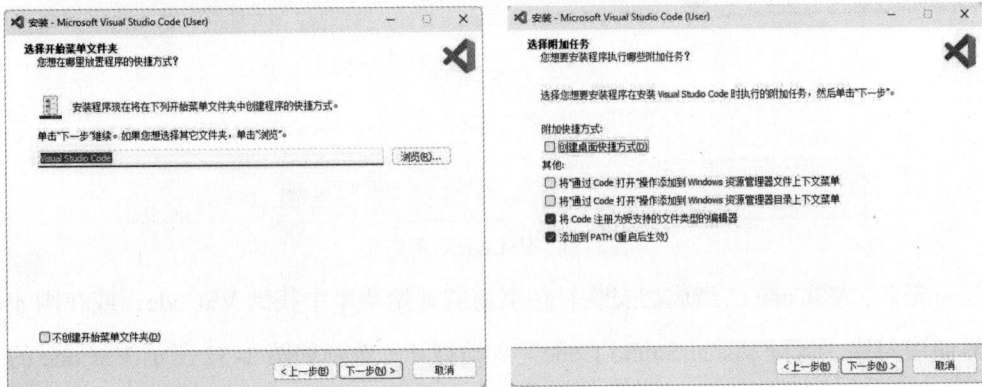

图2-29　继续下一步

点击"安装"按钮，确认开始安装，如图 2-30 所示。

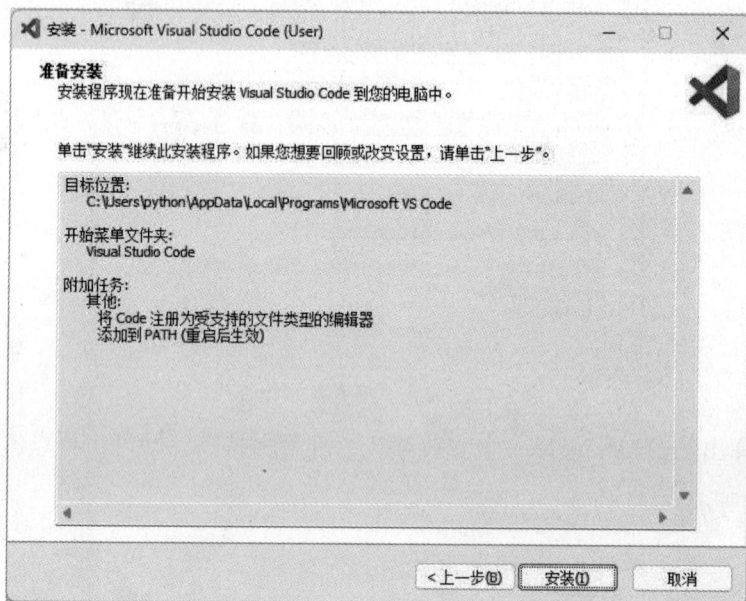

图2-30 点击"安装"按钮进行安装

稍等片刻，等待安装完成，点击"完成"按钮，如图 2-31 所示。

图2-31 VSCode安装完成

至此，VSCode 已经成功安装。在桌面或开始菜单中找到 VSCode，或在刚才界面中勾选"运行 Visual Studio Code"自动打开，看到如图 2-32 所示 VSCode 的主界面。

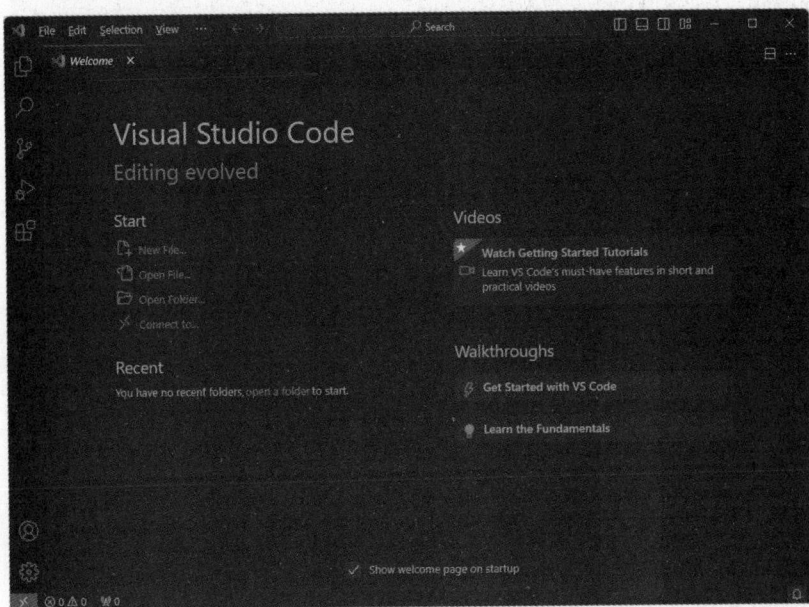

图2-32　VSCode主界面

　　默认的 VSCode 是深色主题，暗色背景，如果想要调整为明亮的背景，可点击界面左下角的设置按钮，选择"Themes（主题）–Color Theme（颜色主题）"，如图 2-33 所示。

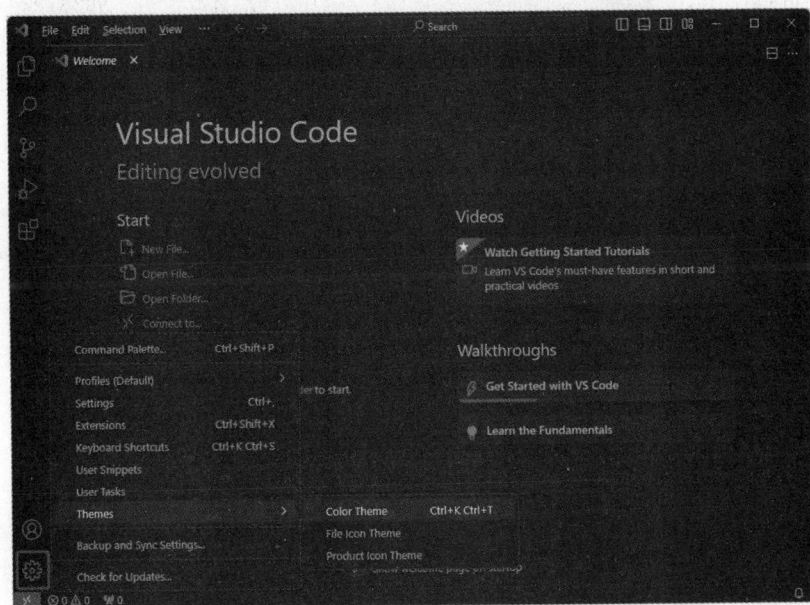

图2-33　选择"主题–颜色主题"

　　在上方弹出的选择栏中，选择一种喜欢的主题（分割线上面为明亮的主题，下面为暗色的主题），如图 2-34 所示。

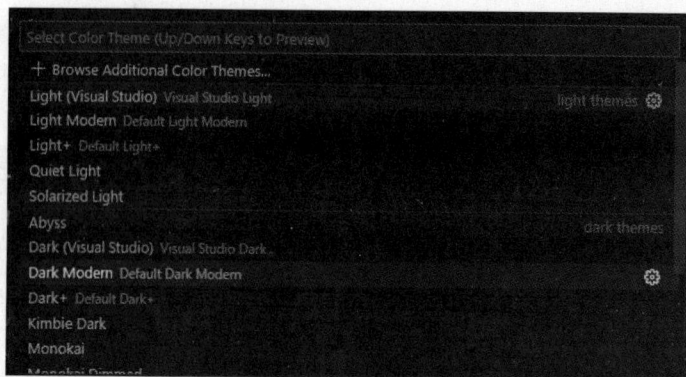

图2-34　选择一种喜欢的主题

2.4.2　VSCode 汉化

初学者可能对英文的界面不适应，可将 VSCode 设置为中文界面。对 VSCode 来说，中文语言包也是一种扩展，或者说插件，在 VSCode 界面左侧点击 Extensions（扩展），在弹出的窗口搜索栏中输入"Chinese"进行搜索，如图 2-35 所示。

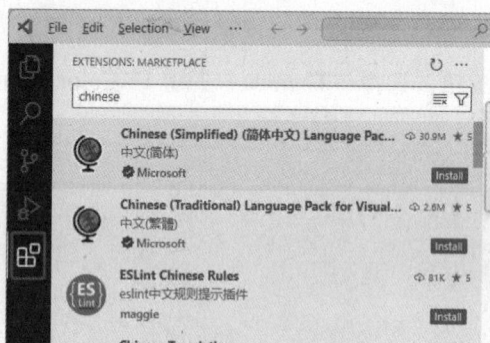

图2-35　搜索"Chinese"扩展

点击"Chinese (Simplified)（简体中文）"右侧的"Install（安装）"按钮进行扩展的安装，安装完毕根据界面右下角提示，点击"Change Language and Restart（更换语言并重启）"按钮，如图 2-36 所示。

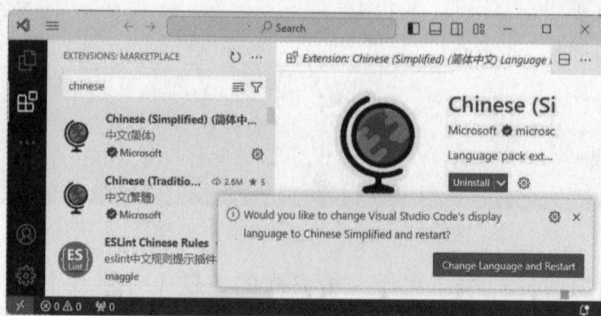

图2-36　点击右下角的"Change Language and Restart（更换语言并重启）"

重新启动后，如图 2-37 所示，可以看到 VSCode 已经汉化成功，方便我们使用。

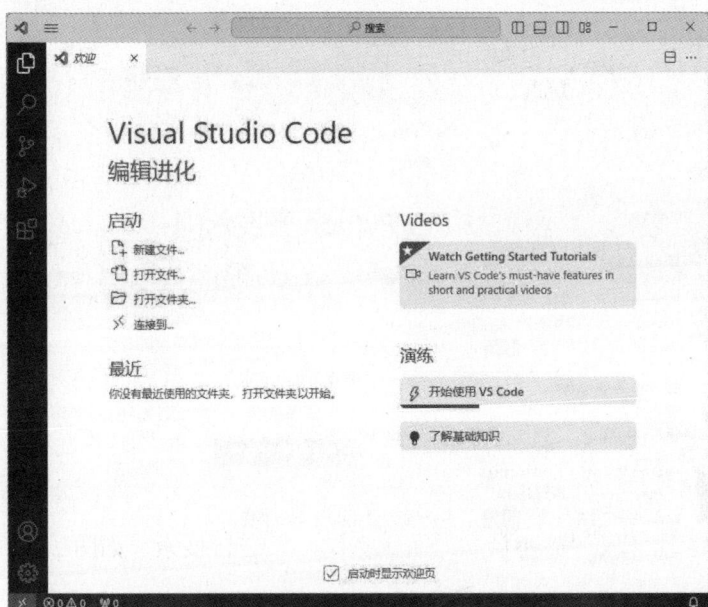

图2-37　汉化完成的VSCode

2.4.3　VSCode 连接 Python

VSCode 是一个通用的编辑器，支持众多编程语言是通过安装每种语言的插件来完成的。新安装的 VSCode 默认不支持 Python 的开发，需进行扩展的安装。

打开 VSCode，在界面左侧栏点击"扩展"，在弹出的顶部搜索栏中输入"python"，点击公司名为"Microsoft"的 Python，注意甄别其他同名的、同图标的扩展。如图 2-38 所示，点击"安装"。

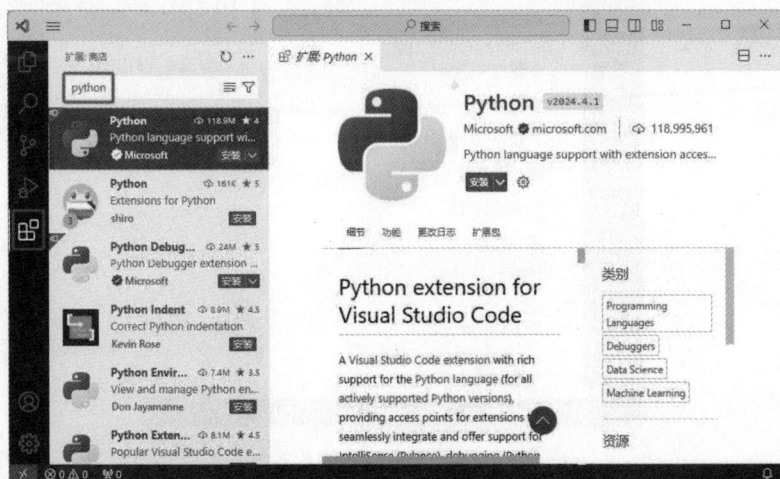

图2-38　扩展里搜索"Python"的结果

等待安装完成后，将弹出"欢迎页"，表示 Python 扩展安装成功，如图 2-39 所示。

图2-39　VSCode的Python欢迎页

在扩展安装完成之后，根据提示，我们需要继续配置 Python 环境。先设置 Python 解释器，点击 VSCode 左下角的设置按钮，在弹出的菜单选择"命令面板..."，如图 2-40 所示。

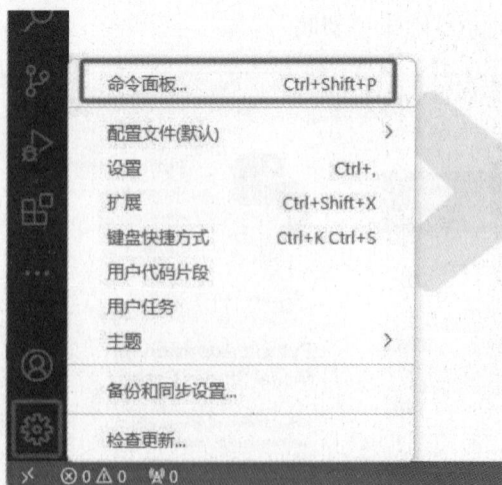

图2-40　选择"设置-命令面板"

在顶部弹出的命令面板中依次键入"python select"，如图 2-41 所示。

图2-41 输入"Python select"

如图 2-42 所示，可以看到推荐了一个"Python：选择解释器"，点击该项，在下一步中选择下面"推荐的项目"，完成设置。VSCode 自动找到我们 Python 的安装地址并推荐给我们，只需要点击即可。如果在安装 Python 时更改了安装路径，则需要另外指定。

图2-42 点击"推荐的项目"，完成解释器的设置

接下来创建工作区。首先在 D 盘（如果没有 D 盘，可选择 C 盘）下新建一个命名为"Python"（或其他自己喜欢的名字）的文件夹作为本书所有 Python 源代码的文件夹。点击 VSCode 左侧的"资源管理器"按钮，点击"打开文件夹"，如图 2-43 所示。

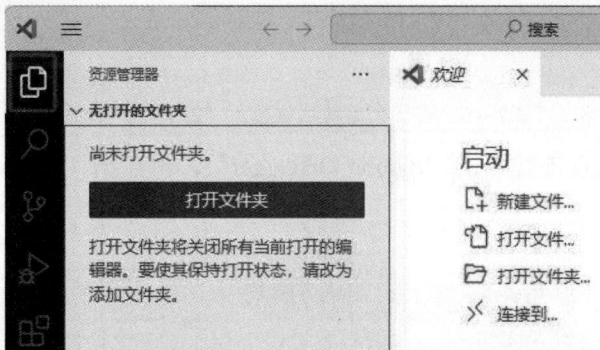

图2-43 点击"资源管理器"按钮，点击"打开文件夹"

选择我们刚才创建的"D:\Python"文件夹，完成设置。接下来点击"新建文件夹 ..."，为本章例子新建一个"2"的文件夹，每章均以章的序号作为文件夹的名称，如图 2-44 所示。

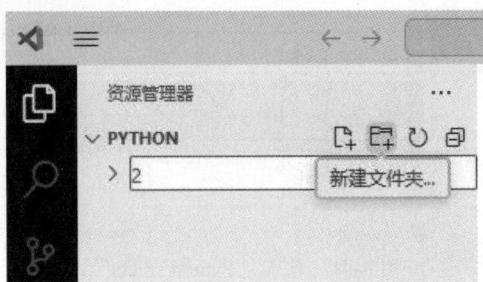

图2-44 新建一个名为"2"的文件夹

点击"新建文件…",键入"2-1.py",新建一个名为"2-1.py"的 Python 文件,如图 2-45 所示。

图2-45 新建一个名为"2-1.py"的Python文件

在右侧的编辑框中输入"2-1",再按下 F5 功能键,准备运行调试,此时顶部弹出"选择调试器"对话框,如图 2-46 所示。

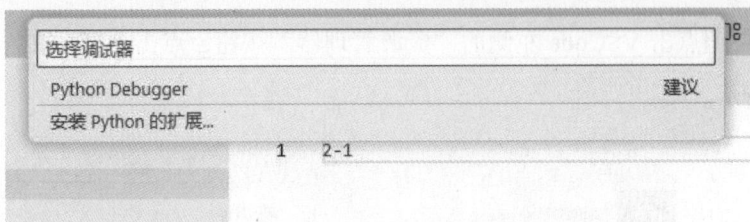

图2-46 在代码编辑区域输入"2-1"并按F5

接下来我们点击建议的"Python Debugger",再点击"Python 文件",如图 2-47 所示。

图2-47 点击"Python文件"

如图 2-48 所示，在下方"终端"窗口中可以看到没有其他错误，至此，VSCode 成功连接 Python。

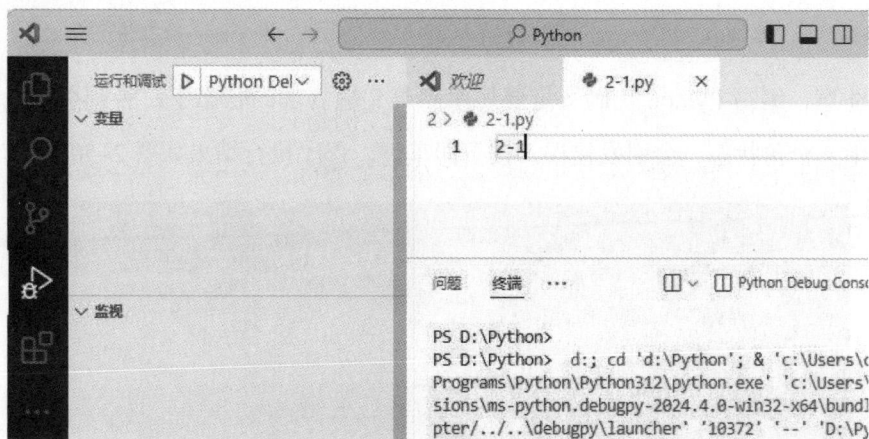

图2-48 没有其他报错，安装配置成功

2.5 我的第一个 Python 程序

刚才为了演示方便，只是输入一个简单的表达式"2-1"，接下来我们开始编写第一个 Python 程序。作为所有语言的经典入门案例，一般都是通过打印"Hello World"来完成。

2.5.1 Python 命令行

Python 命令行是 Python 解释器提供的交互式界面，允许用户直接输入 Python 代码并立即查看执行结果，无须编写完整的脚本文件。在命令行中，用户可以执行 Python 语句、调用函数、定义变量和类等操作，这对于学习 Python 或进行快速测试和调试极为便利。

按"Windows + R"组合键打开系统"运行"对话框，输入 cmd 并回车，打开命令行窗口，输入 python 并回车，打开 Python 命令行，如图 2-49 所示。

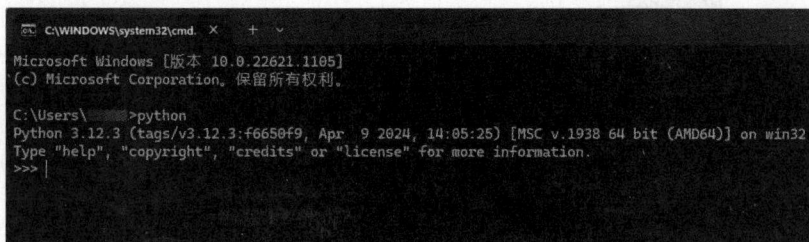

图2-49 在命令行中输入python并回车

">>>"是 Python 的提示符，表示已进入 Python 命令行模式，可以直接编写 Python 代码。接下来键入：

```
print("Hello World")
```

注意，编写 Python 代码一定要切换到英文输入法的状态下，否则引号、括号均为中文全角状态，会引发错误。按下回车键，程序执行结果如图 2-50 所示。

图2-50　程序运行结果

Python 打印出我们指定的字符串，第一个程序成功运行。

2.5.2　VSCode

尽管 Python 命令行无须额外安装 IDE 即可编写和学习 Python，但在编辑和代码提示等方面可能不够便捷。在成功安装 VSCode 后，让我们在 VSCode 中编写代码。首先在上一小节的文件夹"2"中点击新建文件，创建一个名为"2-2.py"的文件，如图 2-51 所示。

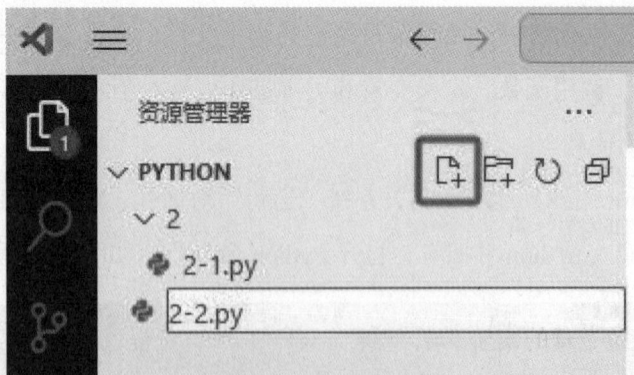

图2-51　新建"2-2.py"文件

在右侧代码编辑窗口中输入我们的程序。如图 2-52 所示，随着字符的输入，光标下方给出了相应的补全和提示。

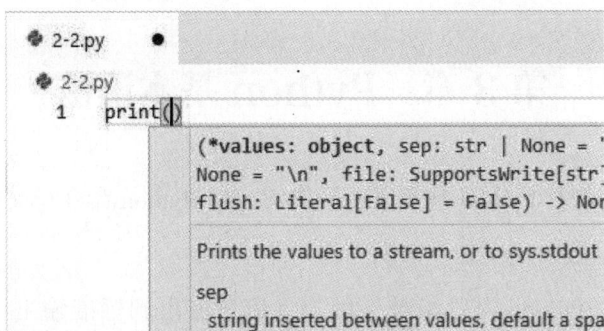

图2-52 print函数原型提示

这也正是 IDE 之于 Python 命令行窗口的优越之处。继续编写完代码，然后按下 F5，执行代码，可以看到在下方的"终端"窗口中，输出了程序的运行结果，成功打印了字符串"Hello World"，如图 2-53 所示。

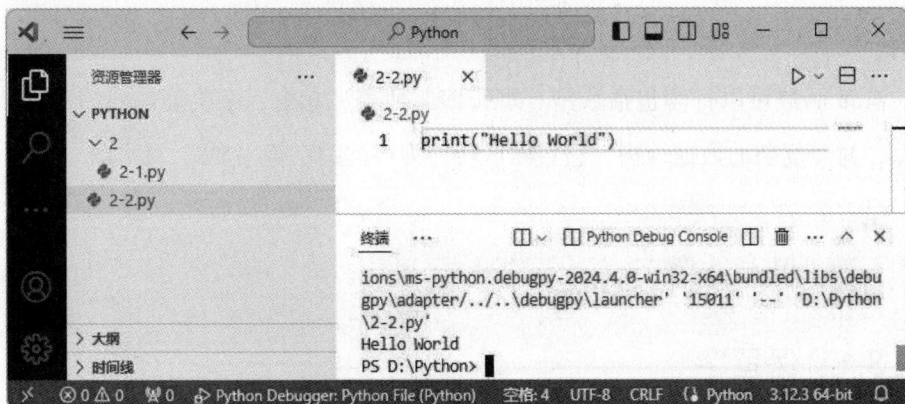

图2-53 程序运行结果

2.6 小结

本章是 Python 学习过程中至关重要的一步——安装和配置开发环境。我们详细介绍了如何安装 Python 解释器以及配置开发环境。通过逐步的指导，读者能够轻松地搭建起自己的 Python 开发环境，并学会如何在不同的操作系统上运行 Python 程序。这一章的内容为后续的 Python 编程学习提供了必要的准备，让读者能够在正确的环境中进行编程实践，为后续的学习和应用奠定坚实的基础。

第 3 章　Python 基本语法

本章知识点涉及 Python 基本语法的讲解，以 Python 命令行交互的展示为主，主要使用 print 函数来呈现各个知识点的功能。

print 是一个 Python 内置函数，用于将信息输出到标准输出设备（通常是屏幕），该方法常用于调试目的、展示程序的输出结果或者仅仅与用户进行交互。最简单的 print 函数调用只包含要输出的字符串或变量，如上一章的"print("Hello World")"，也可以传递多个参数给 print 函数，它们将连续打印出来，默认情况下用空格分隔，例如：

```
print("The sum is", 36)   # 输出： The sum is 36
```

print 函数可以打印包括数字、字符串、列表、元组、字典等在内的各种数据类型，对于复杂的数据结构，它会默认转换为可读的字符串形式，例如：

```
my_list = [1, 2, 3]
print(my_list)  # 输出：[1, 2, 3]
```

3.1 保留字

Python 的保留字（即关键字，keywords）是 Python 语言内置的、具有特殊意义的词汇，它们区分大小写，不能用作任何标识符名称。表 3-1 是截至 3.12.3 版本 Python 的所有保留字：

表 3-1　Python 的所有保留字

False	await	else	import	pass
None	break	except	in	raise
True	class	finally	is	return
and	continue	for	lambda	try
as	def	from	nonlocal	while
assert	del	global	not	with
async	elif	if	or	yield

3.2 语法风格

Python 是一种高级编程语言，以其清晰、简洁和可读性高的代码而受到广泛赞誉。它的设计哲学强调了代码的可读性和简单直观的语法，这反映在它的多种语法风格上。为使代码更加一致和拥有更强的可读性，Python 社区遵循一套编码规范约定，被称为 PEP 8，它包括了关于代码布局、命名约定、编程建议等的指导原则。

3.2.1 标识符

Python 的标识符是用来识别变量、函数、类、模块等对象的名称，标识符的命名规则如下：

（1）标识符的第一个字符必须是字母（大写或小写）或者一个下划线（_）；

（2）标识符的其他部分可以由字母、下划线（_）或数字（0 ~ 9）组成；

（3）标识符不能与 Python 的保留字相同；

（4）Python 3 支持 Unicode 字符集，因此可以使用非 ASCII 字符作为标识符，但通常不推荐，因为可能导致编码问题；

（5）标识符命名通常遵循一定的命名规范，如驼峰命名法（CamelCase）或下划线命名法（snake_case），在 Python 社区中，下划线命名法更为常见，因为它更易于阅读和理解。

3.2.2 区分大小写

Python 是区分大小写的语言，这意味着 Var 和 var 是两个完全不同的标识符。在实际编码中，开发者在引用变量、函数或类时需保持一致的大小写，否则 Python 解释器将无法识别，导致语法错误。

3.2.3 缩进

不同于大多数编程语言的使用大括号 {} 来定义代码块的开始和结束，Python 使用缩进来定义代码块，这个独特之处使得 Python 的代码布局、逻辑结构和执行流程更加清晰和一致。

缩进在 Python 中用于表示控制流语句（如 if、for、while 等）的代码块、函数定义、类定义等，可以使用空格或制表符来实现，但建议使用空格，因为制表符在不同环境中的显示效果可能不一致，PEP 8 建议使用 4 个空格作为缩进的标准。缩进必须保持一致，在同一代码块中，所有语句的缩进级别必须相同，否则

Python 解释器将无法正确解析代码块的结构，引发 IndentationError 异常。

3.2.4　多行语句

Python 支持将一条长语句分成多行来书写，这有助于提高代码的可读性。可以使用反斜杠 "\" 将长语句分成多行，注意反斜杠后面不能有任何字符（包括空格和注释），否则会导致语法错误，例如：

```
x = 1 + 2 + 3 + \
    4 + 5 + 6 + \
    7 + 8 + 9
```

使用括号（包括小括号（ ）、中括号 [ ] 和大括号 { }）也可以将语句分成多行，在这种情况下，括号内的语句可以跨越多行书写，无须使用反斜杠。

在 Python 中，一行可以书写多个语句，只需使用半角分号 ";" 将它们隔开。但需要注意的是，这种写法并不常见，因为 Python 的语法风格倾向于简洁明了，一行一个语句更容易阅读和理解。

3.2.5　简洁性

Python 的语法结构清晰明了，没有复杂的语法规则和烦琐的符号，这使得 Python 代码易于阅读和理解，降低编程门槛。它提供许多内置函数和库，这些函数和库的功能强大且易于使用，通过调用这些函数和库，我们可以快速实现各种功能，而无须编写复杂的代码。Python 支持动态类型，这意味着我们无须在声明变量时指定其类型，Python 解释器会根据变量的值自动推断其类型，并在运行时进行类型检查，这种动态类型特性使得 Python 代码更加简洁灵活。此外，Python 支持列表推导式、字典推导式等简洁的语法结构，这些结构可以让我们用更少的代码实现更复杂的功能。

3.3　变量和常量

3.3.1　变量

变量是一个用于存储信息的"容器"，它可以存储不同的数据类型，如数字、文本（字符串）、布尔值（真 / 假）、列表、对象等。变量具有两个基本属性：变量名和变量值。变量名是为变量指定的一个标识符，用于在程序中引用变量。变量值是存储在变量中的实际数据，可以是任何有效的数据类型，并且可以在程序运行期间更改。

变量是编程中的核心概念，用于存储各种必要数据，例如用户年龄、商品价格及网页标题等。一旦数据被存入变量，我们就可以用变量名来访问这些数据，方便在程序的其他部分使用，避免重复输入，减少代码量，提高代码的清晰度和可读性。变量也扮演在程序各环节间传递数据的角色，例如，函数通常接受输入数据作为参数，并通过返回值输出结果数据，这些数据传递均依赖于变量。

由于 Python 是一种动态类型语言，因此在 Python 中无须显式声明变量的类型。变量的定义与声明是同时进行的，即在首次为变量赋值时，该变量即被自动定义，例如：

```
# 声明并定义一个整数类型的变量
id = 1
# 声明并定义一个字符串类型的变量
name = 'python'
# 声明并定义一个浮点数类型的变量
price = 69.8
# 声明并定义一个布尔类型的变量
is_deleted = False
```

在上面的例子中，id、name、price、is_deleted 都是变量名，等号右边的值（如1、python、69.8、False）则是分配给这些变量的值。

变量被声明和定义之后，就可以在代码中使用它。使用变量通常意味着读取它的值，或者给它指定一个新的值，例如：

```
>>> print(id)          # 使用变量名 id 获取其值
1
>>> id=2               # 使用变量名 id，指定一个新的值
>>> print(id)
2
>>> 'hello '+name      # 使用变量名 name 获取其值
'hello python'
```

3.3.2 常量

在编程语言中，常量是一个固定值，其值在程序的整个执行过程中不会改变。常量可以是任何基本数据类型，如整数、浮点数、字符串或布尔值等。通过使用

常量，可以给硬编码的值赋予有意义的名称，使得代码更易于理解和维护。常量的值通常在定义后不能被修改，这有助于防止在代码中意外更改重要的值，如数学常数或配置参数等。

Python 语言本身并没有提供内置的常量类型，但是 Python 社区遵循一个约定——使用全大写字母来命名变量，则表示它们应该被视为常量，并且不应该被修改，例如：

```
# 定义一个常量（约定）
PI = 3.1415926
MAX_PATH = 256
```

在这个例子中，PI 和 MAX_PATH 被定义为"常量"。虽然 Python 允许修改这些变量的值，但是按照约定，一旦定义为常量，就应该保持其值不变。

3.3.3 幻数的避免

在编程语言中，幻数（Magic Numbers）指的是那些直接写入代码中，缺乏上下文解释的具体数值，阅读代码的人通常难以理解这些值的含义。例如，代码直接使用的 3.14159 或 42 等数值，而没有任何解释。这种做法降低了代码的可读性。如果代码中多次使用同一个幻数，且后续需要修改该数值，开发者必须逐一找出所有使用该数值的地方进行修改，这种情况极易导致遗漏或出错，影响程序的可维护性。

为了避免幻数，通常的做法是将这些数值定义为常量或变量，并给它们赋予有意义的名称。这样，当阅读代码时能更容易地理解这些数值的含义，并且在需要修改时只需改变一处定义即可。例如：

```
# 使用幻数的例子
area = 3.14159 * r ** 2
# 多处引用，不方便，并且容易输入错误、不一致
c = 3.1415 * 2 * r
# 避免幻数，定义常量
PI = 3.14159
area = PI * r ** 2
c = PI * 2 * r
```

再如：

```
password = '12345678'
6 <= len(password) <= 12
```

上述代码用于验证密码的合法性,然而数值 6 和 12 的使用缺乏明确解释。若密码策略更新,要求密码长度至少为 8 位,最多为 20 位,开发者需在代码中逐一查找并修改这些数值,这可能导致遗漏和错误。为提高代码的可维护性,应在代码起始处统一地将这些幻数定义为变量,例如:

```
# 定义常量来表示密码的至少长度和最大长度
MIN_PASSWORD_LENGTH = 6
MAX_PASSWORD_LENGTH = 12
```

然后在判断的地方,直接引用变量名:

```
MIN_PASSWORD_LENGTH <= len(password) <= MAX_PASSWORD_LENGTH
```

通过这种方式,变量的含义清晰,修改密码长度限制时只须更新变量值即可,减少了代码维护的复杂性。

3.4 数据类型

Python 有多种内置数据类型,这些数据类型决定了变量可以存储什么类型的数据,以及可以对这些数据进行哪些操作。这些数据类型可以大致分为以下几类:

◇ 基本数据类型

包括整型(int)、浮点型(float)、布尔型(bool)、字符串(str)。

◇ 容器数据类型

包括列表(list)、元组(tuple)、字典(dict)、集合(set)。

◇ 特殊数据类型

NoneType,有一个值 None,用来表示空值或者没有值。

此外,Python 还支持更复杂的数据类型,如日期和时间类型(datetime 模块中的 date、time、datetime),以及 Python 标准库和第三方库中定义的许多其他类型。

在内置数据类型中,最基础的类型是数字和字符串类型。

3.4.1 数字类型

Python 中的数字类型是其核心数据类型之一，用于表示和处理数学运算中的数值。这些数字类型不仅支持基本的数学运算，还提供许多内置的函数和方法，用于执行更复杂的数学任务。

◇ 整型（int）

整型用于表示没有小数部分的数字，包括正整数、负整数和零，用 int 表示，其范围取决于具体的 Python 实现和操作系统。由于 Python 使用动态内存分配和任意精度的算术，在大多数现代计算机上，整型可以表示非常大的数，并且没有固定的上限。在进行数学运算时，如果操作数中有浮点数，整型会自动转换为浮点数。

整型支持的操作有：

（1）基本算术运算：加（+）、减（-）、乘（*）、除（/）、整除（//）、取余（%）、幂（**）；

（2）比较操作：等于（==）、不等于（!=）、大于（>）、小于（<）、大于等于（>=）、小于等于（<=）；

（3）位运算：与（&）、或（|）、异或（^）、左移（<<）、右移（>>）、取反（~）。

◇ 浮点型（float）

浮点数类型用于表示带有小数部分的数字，包括正浮点数、负浮点数和零。浮点数类型在 Python 中用 float 表示，其精度和范围取决于具体的 Python 实现和计算机硬件。由于计算机内部表示浮点数的限制，浮点数的精度是有限的。特别是在进行多次运算时，可能会导致精度损失。可以使用科学记数法表示极大或极小的浮点数，例如，1.23e5 表示 1.23×10^5。浮点型有几个特殊值，如 inf（无穷大）、-inf（负无穷大）和 nan（不是一个数字）。

浮点型支持的操作有：

（1）和整型相同的基本算术运算和比较操作；

（2）类型转换：可以使用内置函数 float 将其他类型转换为浮点数类型；

（3）特殊方法：浮点数类型还提供了一些特殊方法，如 is_integer 用于检查浮点数是否为整数，as_integer_ratio 用于将浮点数转换为分数形式等。

◇ 复数（complex）

复数类型用于表示包含实部和虚部的数字，形式为 a+bj，其中 a 是实部，b 是虚部，两者都是浮点数，j（或 J）是虚数单位，支持基本的数学运算和函数。

复数类型支持的操作有：

（1）算术运算：支持加（+）、减（−）、乘（*）、除（/）等算术运算；

（2）属性访问：可以通过 real 和 imag 属性分别访问复数的实部和虚部；

（3）共轭复数：可以使用 conjugate 方法获取一个复数的共轭复数；

（4）类型转换：可以使用内置函数 complex 将其他类型转换为复数类型，或者通过传递实部和虚部作为参数来创建。

数字类型比较简单，下面举几个例子说明其用法：

```
>>> 1+2-3e-4
2.9997
>>> 0.123046875.as_integer_ratio()
(63, 512)
>>> 3.00000000001.is_integer()
False
>>> 3.00000000000.is_integer()
True
>>> (4+5.0j).real
4.0
>>> (4-5.0j).imag
-5.0
>>> complex(3)
(3+0j)
```

3.4.2 字符串类型

字符串（string）作为存储文本信息的基本数据类型，在各种程序和数据处理任务中扮演着重要角色。它们能够包含字母、数字、标点符号以及其他特殊字符。在 Python 编程语言中，字符串被视为不可变的序列类型。这意味着一旦字符串被创建，其内容便不可更改。对字符串的任何修改操作实际上都会生成一个新的字符串对象。这种特性有助于提升 Python 程序的性能，并使得字符串操作在多线程环境下自然地保持线程安全性。

字符串可以通过简单的赋值语句创建，使用单引号（'）、双引号（"）或者三引号（"''"或"""""）来定义。例如：

```
s1 = 'Hello'
s2 = "python"
s3 = """Hello, python"""
s4 = '''This is a multi-line
string example.'''
```

使用三引号定义的字符串可以跨越多行，这在编写包含多行文本的数据或编写文档字符串时非常有用。

在 Python 3 中，所有字符串均为 Unicode 字符串，这一特性至关重要，因为它简化了处理国际化文本的过程。每个字符都采用 Unicode 编码表示，而非简单的字节序列，这使得 Python 程序能够适应多种语言环境，从而在全球范围内使用。

字符串可以用运算符 + 连接在一起，用运算符 * 表示重复，例如：

```
print('Hello ' + 'python')    # 输出：Hello python
print('python' * 3)           # 输出：pythonpythonpython
```

此外，字符串还有很多复杂的操作，我们将在后面利用一整章来介绍字符串完整的功能及操作。

3.4.3　类型间转换

在 Python 中，int、float 和 string 是三种常见的内置数据类型。下面是这三种类型之间相互转换的示例，以及需要注意和避免的问题。

◇ 转为 string

int 及 float 类型转换为 string 类型，只需使用 str 函数，这种转换是安全的，任何整数、浮点数都可以被转换为字符串。例如：

```
>>> str(1)
'1'
>>> str(2.3)
'2.3'
```

◇ 转为 float

int 及 string 类型可使用 float 函数转换为 float 类型。int 转 float 是安全的，因为任何整数都可以被解释为浮点数。而如果字符串不能被解释为浮点数，例如包含字母、符号或无法被解析为浮点数的格式，float 函数将抛出一个 ValueError 错

误，所以在处理用户输入或外部数据时，要确保进行错误处理以捕获这种异常情况。例如：

```
>>> float(4)
4.0
>>> float('5e-3')        # 5×10⁻³
0.005
>>> float('0xFF')
Traceback (most recent call last):
  File "<stdin>", line 1, in <module>
ValueError: could not convert string to float: '0xFF'
```

◇ 转为 int

float 及 string 类型可使用 int 函数转换为 int 类型。float 转 int 时，当浮点数不是整数的情况下，转换会自动截去小数部分，造成精度缺失。string 转 int 时，如果字符串不能被解释为整数，例如包含字母、符号或小数点，int 函数将抛出一个 ValueError 错误，所以在处理用户输入或外部数据时，要确保进行错误处理以捕获这种异常情况。例如：

```
>>> int(3.000000)
3
>>> int(3.6)          # 直接截去
3
>>> int(-3.6)         # 直接截去
-3
>>> int('314159')
314159
>>> int('3.14159')
Traceback (most recent call last):
  File "<stdin>", line 1, in <module>
ValueError: invalid literal for int() with base 10: '3.14159'
```

当进行类型转换时，始终要考虑可能出现的异常情况，并进行适当的异常处理，对于用户输入或外部数据，应始终验证其类型和内容是否符合预期。最好使用 try-except 结构（后面章节涉及）来捕获类型转换时可能产生的异常，并允许程序妥善处理这些异常情况。

3.5 运算符与优先级

运算符是执行各种操作的符号，根据特定的规则对变量和值进行处理。在 Python 程序设计中，运算符发挥着核心作用，使得编写复杂计算的表达式成为可能。使用运算符，可以进行数学运算，比如加、减、乘、除，也可以进行大小或相等性比较，以控制程序流程。此外，运算符还能组合复杂的布尔逻辑，用于控制流条件判断，执行二进制位操作，进行底层计算，判定对象的内存地址是否相同，或检查某元素是否在一个集合中等。

3.5.1 算术运算符

算术运算符用于执行常见的数学运算，如加、减、乘、除等，Python 中的算术运算符主要有：+、-、*、/、//（整除求商）、%（取余数）、**（幂运算）。不同于大多数编程语言采用"^"符号，Python 采用"**"符号来进行幂运算。

加减乘除除了用于数值类型的运算外，还可用于某些定义了加法运算的对象上。"//"整除要求两个操作数必须为整型，否则将自动进行舍入处理，可能导致不属于期望的结果。尽量对两个正整数之间采用"%"取余操作，否则可能导致难以理解的结果。下面举几个例子进行简单说明：

```
>>> (1+2)*3/4      # (1+2)*3/4=3*3/4=9/4=2.25
2.25
>>> 7//3           # 7÷3=2 …… 1
2
>>> 7.9//3         # 自动舍入为 7//3
2.0
>>> 7.9//3.9       # 自动舍入为 7//3
2.0
>>> 7%3            # 7÷3=2 …… 1
1
>>> 7.9%3.1        # 不推荐使用，7.9÷3.1=2 …… 1.7
1.7000000000000002
>>> 2**10          # 2^10=1024
1024
>>> 64**0.5        # 64 的 0.5 次方即开平方根操作
8.0
>>> 'hello'+" python"    # 某些对象支持加法操作
'hello python'
```

3.5.2 比较运算符

比较运算符用于比较两个值的大小或是否相等，Python 中的比较运算符主要有：==（相等）、!=（不相等）、>（大于）、<（小于）、>=（大于等于）、<=（小于等于）。注意，">="和"<="不能写成全角的"≥""≤"。比较的结果返回的是布尔类型的 True、False，除了可用来比较数字类型以外，还可以用来比较一些特殊类型的变量，例如：

```
>>> 5==5.0                  # 自动将左操作数提升精度为 5.0 再进行比较
True
>>> 'Python'!='python'  # 基于 ASCII 码的比较
True
>>> 'Zebra'>'Zoo'          # 基于字母表顺序的比较（ASCII 码）
False
>>> import datetime
>>> datetime.datetime.now()>datetime.datetime(2020,1,1)
                              # 当前日期大于 2020 年 1 月 1 日
True
>>> dic={}
>>> dic.get('some_key')==None      # 获取键失败，得到 None
True
```

3.5.3 赋值运算符

赋值运算符用于将值分配给变量，最基本的赋值运算符是等号"="，它将右侧表达式的值赋给左侧的变量，与数学意义上表示相等的等号不同。除了基本的赋值运算符，还有一系列的复合赋值运算符，比如 +=、-=、*=、/=、%=、//=、**=、&=（按位与）、|=（按位或）、^=（按位异或）、<<=（左移）、>>=（右移）。这些运算符结合了算术运算和赋值运算，使得代码更加简洁，例如：

```
>>> a=10   # 将 10 赋给变量 a
>>> b=5    # 将 5 赋给变量 b
>>> c=a    # 将 a 的值赋给 c
>>> a=b    # 将 b 的值赋给 a
>>> b=c    # 将 c 的值赋给 b
>>> a,b
(5, 10)
```

上述操作实现变量 a、b 值的交换。再如：

```
x=10
x+=5                    # 相当于 x=x+5，现在 x 的值为 15
```

在数学中，类似 x=x+5 的等式可能永远不成立。在编程中，x=x+5 表示先计算右边的表达式，取出 x 的值 10，加上 5，得到 15，再将 15 赋值给 x，"="号读作赋值。其他操作符的运算类似。

Python 还支持链式赋值，即可以在一行中给多个变量赋相同的值，例如：

```
x=y=z=0                 # x、y、z 都被初始化为 0
```

Python 中的多重赋值允许在一条语句中给多个变量赋值，例如：

```
a,b,c=1,2,3             # a 被赋值为 1，b 被赋值为 2，c 被赋值为 3
```

这些特殊的赋值方法正体现 Python 简洁性的特点。

在 Python 中使用赋值运算符时，要确保左侧是有效的变量名或可赋值的表达式（如列表的元素、字典的值等），而右侧是值或可计算的表达式，例如：

```
>>> 5=5
  File "<stdin>", line 1
    5=5
    ^
SyntaxError: cannot assign to literal here. Maybe you meant '=='
instead of '='?
```

赋值符左侧是常量 5，无法被赋值，导致出错。

3.5.4 逻辑运算符

逻辑运算符用于组合布尔值（True 或 False）以及可以解释为布尔值的表达式（如整数、字符串、列表等），并进行逻辑运算，通常用于控制程序流程中的条件语句。Python 中的基本逻辑运算符有三个：and、or 和 not，分别代表与、或、非。

and 运算符用于检查所有给定的条件是否都为 True，如果成立，则整个 and 表达式的结果为 True。如果任何一个条件为 False，则结果为 False。

or 运算符用于检查给定条件中是否存在至少一个为 True。如果任何一个条件为 True，则整个 or 表达式的结果为 True。只有当所有条件都为 False 时，结果才为 False。

not 运算符用于反转布尔值的状态。如果条件为 True，则 not 运算符会返回

False，如果条件为 False，则返回 True。

表 3-2　逻辑真值表

操作数 1	操作数 2	and	or	not（操作数 1）
True	True	True	True	False
True	False	False	True	False
False	True	False	True	True
False	False	False	False	True

下面给出几个逻辑运算符的例子：

```
x > 9 and x < 100              # 判断 x 在 10 到 99 之间
isleap(today. year) and today.month == 2 and today.day == 29
                              # 判断今天是闰年并且是 2 月 29 日
x >= 0 and y >= 0             # 判断 x 和 y 同时大于或等于 0
input == 'Y' or input == 'y' or input == 'yes'
                              # 兼容判断用户输入是否是 Y 或者 y 或者 yes
```

需要注意的是，当使用逻辑运算符与整数、浮点数、字符串等非布尔值进行运算时，这些值会被自动转换为布尔值。非零整数和非空字符串会被视为 True，而零、空字符串和空列表等则会被视为 False，例如：

```
1 and True             # 非零整数被视为 True，结果为 True
"" or True             # 空字符串被视为 False，结果为 True
[1, 2, 3] and False
                       # 列表不为空，被视为 True，结果为 False，但列表本身不被改变
```

在处理逻辑运算时，Python 也遵循短路逻辑（Short-Circuit Evaluation）：对于 and 运算符，如果第一个条件为 False，将不会计算第二个条件，因为整个表达式的结果确定为 False。对于 or 运算符，如果第一个条件为 True，将不会计算第二个条件，因为整个表达式的结果确定为 True。这种短路行为对于防止不必要的计算和避免可能的程序错误（例如避免除以零的情况）非常有用。

3.5.5　位运算符

位运算符用来直接对整数的二进制位执行操作，并返回结果。Python 中常用的位运算符有 &（按位与）、|（按位或）、^（按位异或）、~（按位取反）、<<（左移）、>>（右移）。

&（按位与）对于每一对对应的二进制位，只有两个位都为1时，结果位才为1，否则为0。|（按位或）对于每一对对应的二进制位，只要有一个位为1，结果位就为1。^（按位异或）对于每一对对应的二进制位，当两个二进制位相异时结果位为1，相同则为0。~（按位取反）对于二进制数的每一位，1变0，0变1，这个是一元操作符，只需要一个操作数。

表3-3　按位求值表

位1	位2	&			^	~（位1）
1	1	1	1	0	0
1	0	0	1	1	0
0	1	0	1	1	1
0	0	0	0	0	1

例如：

```
>>> a = 12     # 1100（二进制值）
>>> b = 6      # 0110（二进制值）
>>> a & b      # 0100（二进制值），即十进制的 4
4
>>> a | b      # 1110（二进制值），即十进制的 14
14
>>> a ^ b      # 1010（二进制值），即十进制的 10
10
>>> ~a         # 0011（二进制值），a = 0000 1100，~a = 1111 0011，无符号数
的 243 或有符号数的 -13，Python 使用补码来表示负数，所以结果为 -13
-13
```

<<（左移）将二进制位向左移动指定的位数，左侧如果有溢出的位将被丢弃，而右侧则用0填充。如果不考虑溢出的情况，左移1位相当于将数值乘以2，左移2位相当于乘以4，依此类推。>>（右移）将二进制位向右移动指定的位数，对于有符号整数，新的左边最高位通常（但不总是）填充原来的符号位（这取决于所使用的机器和编程语言），这种填充方式称为符号扩展。右移1位相当于将数值对2整除，右移2位相当于将数值对4整除，依此类推。例如：

```
>>> 12 << 1    # 相当于12 * 2
```

```
24
>>> 12 << 2    # 相当于12 * 4
48
>>> 12 >> 1    # 相当于12 // 2
6
>>> 6 >> 1     # 相当于6 // 2
3
>>> 3 >> 1     # 相当于3 // 2
1
>>> 49 >> 3    # 相当于49 // 8
6
```

位运算符一般用于处理底层数据操作，如图形编程、设备驱动程序开发、加密算法、网络协议开发等领域，它们通常比标准的算术运算符要快，因为它们直接操作内存中的位。

3.5.6　成员运算符

成员运算符 in 主要用于检查一个值（如字符串、列表、元组等）是否存在于一个集合（如字符串、列表、元组、字典等）中，它返回一个布尔值（True 或 False）。如果某个元素是某个集合中的成员，返回 True。而如果使用逻辑运算符 not 取反，构成"not in"，则表示如果某个元素不是某个集合中的成员，则返回 True。例如：

```
>>> 'o' in 'Hello python'        # 检查字符串是否存在指定元素
True
>>> 'a' not in 'Hello python'    # 检查字符串是否不存在指定元素
True
>>> 3 in [1, 3, 5, 7]            # 检查列表中是否存在指定元素
True
>>> 49.8 in ('Python', 49.8, 3200)  # 检查元组是否存在指定元素
True
>>> 'apple' in {'apple': 5, 'pear': 6}  # 检查字典是否存在键
True
```

3.5.7　身份运算符

身份运算符用于比较两个对象的身份，即它们是否指向内存中的同一个对象。身份运算符有 2 个，"is"用于判断两个标识符是不是引用自一个对象，而"is not" 用于判断两个标识符是不是引用自不同对象。例如：

```
>>> a = 1
>>> b = 1
>>> a is b        # True, 因为 a 和 b 都指向同一个整数对象
True
>>> c = 257
>>> d = 257
>>> c is d        # False, 对于超过 256 的整数, Python 可能不会进行缓存
False
>>> s1 = 'python'
>>> s2 = 'python'
>>> s1 is s2      # True, 对于某些字符串, Python 会进行缓存
True
>>> a = [1, 2, 3]
>>> b = a
>>> c = [1, 2, 3]
>>> a is not b  # False, a 和 b 指向同一个列表对象
False
>>> a is not c  # True, a 和 c 指向不同的列表对象, 尽管它们的内容相同
True
>>> a == b == c # 判断内容是否相等
True
```

需要注意的是，即使两个对象的内容相同，它们也可能是不同的对象（在内存中有不同的地址）。在这种情况下，应该使用比较运算符中的"=="来比较它们的内容是否相等，而不是使用身份运算符来比较它们的身份。

3.5.8 运算符优先级

表 3-4 给出了不同运算符组合在一起时的运算优先级：

表 3-4　运算符优先级表

优先级	运算符	描述	结合性
1	()	圆括号	无
2	**	指数运算	右
3	~,+,-	按位取反，正号，负号	右
4	*,/,//,%	乘，除，整除，取模	左

（续表）

优先级	运算符	描述	结合性
5	+，-	加法和减法	左
6	<<，>>	左移，右移	左
7	&	按位与	右
8	^	按位异或	左
9	|	按位或	左
10	==，!=，>，>=，<，<=	比较运算符	左
11	is，is not	身份运算符	左
12	in，not in	成员运算符	左
13	not	布尔非	右
14	and	布尔与	左
15	or	布尔或	左

Python 中的表达式拥有最高优先级的运算符会首先被求值，同等优先级的运算符将按从左到右的顺序求值（除了指数运算符 **，它是从右到左的）。要强制改变运算顺序，可以使用圆括号"( )"来指定哪些运算应该优先执行，例如：

```
>>> False and False or True
True
>>> False and (False or True)
False
```

结合性则指示了当多个相同优先级的运算符出现在同一个表达式中时，它们是如何结合的：左结合性意味着从左到右进行计算，右结合性则意味着从右到左进行计算。

3.6 表达式和语句

在 Python 中，表达式（Expression）和语句（Statement）是两个基本的概念，它们组成程序代码的基础结构。

3.6.1 表达式

表达式是由简单的字面量（如数字、字符串等）、变量、函数调用，或者是这些元素的组合，通过运算符（如加法、减法、乘法等）连接起来的代码片段，可以被解释器计算并返回一个值。也就是说，表达式总是返回一个值，它可以计算出一个结果，这个结果可以是任何 Python 数据类型，比如数字、字符串、列表等，例如：

```
1 + 2                    # 返回 3
"Hello" + "Python"       # 返回 'HelloPython'
[1, 2, 3]                # 返回列表 [1, 2, 3]
add(2, 3)                # 假设这是一个加法调用，将返回方法的结果 5
```

3.6.2 语句

语句是 Python 程序的基本构建块，是执行一个动作或命令的代码单位，它可以是表达式、赋值、控制流（如 if、for、while 等）、方法定义、类定义、导入等。语句是 Python 程序中的指令，告诉解释器要做什么，通常不会有返回值（除了少数例外，如赋值表达式），而是执行某些操作或定义一些内容，比如赋值、循环、条件判断、函数定义等，例如：

```
my_var = 11              # 赋值语句
if days == 1:            # 条件判断语句
for i in range(7):       # 循环语句
def add(x, y):           # 函数定义语句
```

表达式和语句的区别在于，表达式是有返回值的，被用来计算值，而语句是执行某种操作，可能会改变程序的状态或者执行某项任务，用于构成程序的主体结构，不返回值。

表达式可以是语句的一部分，比如在赋值语句 a = 2 + 3 中，"2 + 3" 是一个表达式，它作为整个语句的一部分来计算值并赋给变量 a。语句通常包含一至多个表达式，并且可能不返回结果，即使语句可能会产生或计算出一个值作为执行过程的一部分，但这个值不是为了被返回或赋值，而是为了执行某个动作。

表达式通常是简单的代码片段，而语句可以包含更复杂的结构，如控制流语句和函数定义语句等。

3.7 注释

Python 中的注释是代码中的文本，用于解释代码的功能，但在程序运行时不

会被执行。它们有助于他人（或未来的自己）理解代码的意图、逻辑和功能。对于复杂的算法或逻辑流程，注释能够清晰地阐述每一步的目标和工作原理。在修改代码时，注释有助于追溯变更的原因和目的。注释也可以用来标记未完成的代码部分（例如使用 TODO 注释），或者提醒未来的开发者注意代码中的潜在问题。此外，注释可以用于生成 API 或项目文档，帮助他人理解如何使用代码或项目。在调试时，可以通过注释来暂时禁用某段代码，而不必删除它。在团队项目中，注释对于确保所有成员理解代码的功能和目标至关重要。总体而言，注释对于编写易于理解且便于维护的代码至关重要。

在 Python 中，注释有两种形式，即单行注释和多行注释。

◇ 单行注释

使用"#"符号开始，从"#"开始到行尾的所有内容都是注释内容，例如：

```
# 这是一个单行注释
print("Hello Python")    # 这也是一个单行注释，它和代码位于同一行
```

◇ 多行注释

虽然 Python 没有内置的多行注释语法，但可以使用三个引号（''' 或 """）来创建一个多行的字符串，然后不将它赋值给任何变量，这样它就可以作为多行注释使用。但应注意，这种方法本质上是创建了一个多行字符串，而不是真正的注释，这个知识点将在之后字符串章节进行讲解。在三引号之间的内容全部属于注释，例如：

```
'''
这是一个多行注释的例子
它可以覆盖多行
'''
"""
另一个多行注释的例子
使用的是双引号
"""
```

有效地使用注释可以大大增加代码的可读性和可维护性，但也要注意不要过度注释，良好的代码本身就是最好的文档，所以优秀的代码应该是"自解释的"，仅在必要的时候用注释来补充说明，例如：

```
# 以下方法实现 2 个数字的加法功能
def add(x, y):
    # 将 x 和 y 相加，赋值给 z
    z = x + y
    # 将相加之和打印出来
    print(z)
    # 将相加之和返回
    return z
```

以上每一句注释都是多余的，因为代码浅显易懂、结构清晰，过多的注释可能会使代码杂乱无章。而且随着时间的推移，如果代码更新而注释没有相应更新，可能会导致注释和代码不同步，从而产生误导。

3.8　小结

在本章中，我们系统地介绍了 Python 编程的基础语法规则。从变量和数据类型的定义，到运算符的使用和表达式的构建，读者能够逐步构建起 Python 编程的基石。通过 Python 基本语法的学习，读者将能够更好地理解 Python 的编程思维，为后续的学习和应用打下坚实的基础。

第4章　程序流程控制

程序流程控制是指在编程中用来控制代码执行顺序的机制，它决定了程序中的语句按照何种顺序执行，以及如何根据特定条件或事件来改变执行路径，对构建复杂的逻辑和实现程序的功能至关重要。程序执行的流程主要有顺序、分支、循环三种。

从本章起，鉴于代码结构复杂，不宜在 Python 命令行中进行有效缩进和便捷编辑，我们将采用 VSCode 作为集成开发环境（IDE），通过运行 py 文件来获取结果。

4.1　顺序结构

顺序结构是程序流程控制中最简单、最基础的结构。在顺序结构中，程序按照代码编写的顺序，从上到下依次执行每一条语句，每条语句都会被执行一次，且只执行一次，直到所有语句都执行完毕，这种结构的特点是程序执行流程清晰、直观，易于理解和编写。顺序结构适用于大多数简单的程序逻辑，如简单的数据计算、赋值操作等。

在 Python 中，顺序结构是默认的执行方式。当编写 Python 脚本时，解释器会从文件的第一行开始，逐行执行代码，直到文件的最后一行，不需要任何特殊的语法或关键字来定义。前面章节采用的演示程序均为顺序结构，其特点是从上到下依次执行一次。

顺序结构适用于以下场景：当任务不需要复杂的逻辑判断或重复操作时，可以使用顺序结构来处理数据。在程序开始时，通常需要进行一些配置和初始化工作，这些工作可以按照顺序结构来完成。当任务由一系列必须按特定顺序执行的步骤组成时，顺序结构是理想的选择。

注意，虽然顺序结构简单，但编写清晰、有条理的代码仍然很重要，在顺序结构中，如果某一行代码执行失败，可能会导致后续代码无法执行，因此，适当的异常处理机制是必要的。

4.2　分支结构

分支结构，也称为选择结构或条件结构，是程序设计中用于根据不同条件执行不同代码块的控制结构。它通常包括一个或多个条件判断语句和各自对应的代码块，根据条件表达式的值，程序会选择执行相应的代码块，每个代码块都对应一个条件判断的结果。分支结构使得程序能够处理更加复杂的情况，做出决策，并根据不同的情况采取不同的行动。它可用于检查用户输入的数据是否符合要求，并根据结果给出相应的反馈，或者根据数据的某些特性来选择不同的处理方法，或根据玩家的操作或游戏状态来决定下一步的动作等。

Python 提供了多种实现分支结构的语法结构，包括 if 语句、elif 语句和 else 语句。下面将详细介绍这些语法结构在 Python 中的应用。

4.2.1　if 语句

if 语句是 Python 中用于条件判断的基本结构，它的语法如下：

```
if condition:
    statement_block
```

其中，condition 是一个表达式，它返回一个 True 或 False 的布尔值，如果值为 True，则执行冒号后面的代码块，冒号为英文输入法状态下的半角冒号"："；否则什么都不会执行。代码块由缩进的语句组成，缩进通常是 4 个空格或一个制表符，但在同一个代码块中应该保持一致。

不同于其他众多编程语言使用花括号"{}"来括起代码块，Python 中使用缩进来表示代码块及代码层级关系。具有相同缩进的多行语句，视为同一代码块，如果缩进不当，程序将报错。还有一种情况，大多数 IDE 的制表符（Tab）占 4 个字符宽度，并且不显示任何字符，与 4 个半角空格从显示上来看几乎一致，这点从错误排查上来说有一定的困难，使用时需特别注意。例如：

试试看 4-1

```
01  x = 1
02  if x > 5:
03      print('x 大于 5')
04      print('x 大于 5')
05     print('x 大于 5')
06   print('x 大于 5')
```

代码第 3 至 6 行可看作 if 语句的代码块，第 3 行使用 4 个空格作为缩进，后面同一代码块的所有语句则必须使用相同数量的相同字符作为缩进。第 4 行使用制表符，第 5 行使用 3 个空格，第 6 行使用 2 个空格，都将导致代码运行错误。运行代码，将提示以下错误：

```
File "D:\Python\code\4\4-1.py", line 4
    print('x 大于 5')
TabError: inconsistent use of tabs and spaces in indentation
```

上述代码在 VSCode 中的呈现如图 4-1 所示。

```
code > 4 > 🐍 4-1.py > ...
  1     x = 1
  2     if x > 5:
  3         print('x大于5')
  4         print('x大于5')
  5         print('x大于5')
  6         print('x大于5')
```

图4-1　代码在VSCode中的呈现

可以看出第 3 行的 4 个空格缩进，和第 4 行的制表符缩进，从视觉上来看是完全一致的，这点需要时刻注意。IDE 可以自动标注错误的地方，如第 4 至 6 行的缩进错误，方便我们进行修复。

if 语句通常用于简单的判断，例如：

试试看 4-2

```
01  username = 'admin'
02  pwd = '123456'
03  age = 'asdf'
04  if len(username) < 6:
05      print('用户名太短，至少6位')
06  if pwd.isdigit():
07      print('密码过于简单，不能为纯数字')
08  if not age.isdigit():
09      print('年龄包含非法字符')
```

该例子模拟了用户提交的表单验证。第 4 行用于判断用户名的字符串长度是否小于 6 位，如果成立（条件为 True）则执行第 5 行语句，输出相应的错误信息。第 6 行判断密码是否为纯数字，如果成立则执行第 7 行语句。第 8 行使用了 not 作为否定，如果年龄不为纯数字，则执行第 9 行语句。该例子中涉及的字符串相关方法将在下一章详细介绍。运行程序，将输出以下结果：

```
用户名太短，至少 6 位
密码过于简单，不能为纯数字
年龄包含非法字符
```

此外，与其他编程语言不同，Python 在代码块内部定义的变量（即在代码块中首次赋值的变量），作用域属于当前模块，不局限于代码块内部，例如：

试试看 4-3

```
01  x = 5
02  if x > 0:
03      positive = True
04  print(positive)
```

变量 positive 在第 3 行 if 的代码块内部定义，而在第 4 行、代码块外部，仍然可以访问，输出 True。

4.2.2　if-else 语句

if 可以跟 else 结合使用，组合构成 if-else 语句，其语法为：

```
if condition_1:
    statement_block_1
else:
    statement_block_2
```

其中，condition_1 是一个布尔表达式，值为 True 则执行 if 下的代码块 statement_block_1；如果为 False 则执行 else 下的代码块 statement_block_2。注意 if 和 else 行末的半角冒号，引导两个不同的代码块。例如：

试试看 4-4

```
01  year = 2024
02  if (year % 4 == 0 and year % 100 != 0) or (year % 400 == 0):
03      print(f"{year} 年是闰年")
04      print(f"{year} 年有 366 天")
05  else:
06      print(f"{year} 年不是闰年")
07      print(f"{year} 年有 365 天")
```

代码第 2 行对年份变量 year 进行闰年规则的判别，如果能被 4 整除并且不能被 100 整除，或者能被 400 整除，则判定为闰年，在第 3、4 行，if 语句所引导的代码块进行输出。否则，就是布尔表达式的对立面，则执行由 else 语句引导的第 6、7 行组成的代码块。代码运行结果如下：

```
2024 年是闰年
2024 年有 366 天
```

4.2.3 if-elif-else 语句

除了 if-else 语句这种"非黑即白"的判断，还有另一种"分段式"的判断，在 if 和 else 之间加入任意数量的 elif（else if 的缩写）语句，其语法如下：

```
if condition_1:
    statement_block_1
elif condition_2:
    statement_block_2
elif condition_3:
    statement_block_3
……
else:
    statement_block_4
```

condition_1、condition_2 等为布尔表达式，如果 condition_1 为 True，则执行 statement_block_1 代码，并且不再检查后续的条件。如果 condition_1 为 False，则继续检查 condition_2。如果 condition_2 为 True，则执行 statement_block_2 的代码，并且不再检查后续的条件。如果所有的 elif 条件都为 False，则执行 else 部分 statement_block_4 的代码。else 部分是可选的，如果没有匹配的条件为 True，且没有提供 else 部分，则整个 if-elif-else 结构不执行任何操作。例如：

试试看 4-5

```
01  x = 86
02  if x >= 100:
03      print('x 为 3 位数')
04  elif x >= 10:
05      print('x 为 2 位数')
06  elif x >= 0:
07      print('x 为 1 位数')
```

```
08  else:
09      print('x 为负数')
```

第 2 行检查变量 x 是否 ≥ 100，如果成立则在第 3 行进行输出，如果不成立，那么 x 就是小于 100 的情况。在小于 100 的前提下，继续 elif 的判断，如果 x ≥ 10，则输出第 5 行的文本。如果判断不成立，那么 x 就是小于 10 的情况。在小于 10 的前提下，继续 elif 的判断，如果 x ≥ 0，则输出第 7 行的文本。如果上述判断均不成立，则 x < 0，在第 9 行输出相应结果。这段代码等价于：

```
if x >= 100:
    print('x 为 3 位数')
if 10 <= x < 100:
    print('x 为 2 位数')
if 0 <= x < 10:
    print('x 为 1 位数')
if x < 0:
    print('x 为负数')
```

只不过不如使用 elif 简洁。代码运行的结果如下：

```
x 为 2 位数
```

需注意，elif 条件的顺序至关重要。一旦遇到第一个为 True 的条件，程序将执行相应的代码块，并忽略后续的所有条件。由于 if-elif-else 结构按顺序检查条件，若首个条件为真，则后续条件不会被检查。这种特性在某些情况下可以提升性能，即将最可能为 True 的条件置于首位，以增加命中的概率。

注意，Python 中并没有类似其他编程语言的 switch-case 的语句，可使用 if-elif-else 结构来实现类似功能。

4.2.4 if 嵌套

if 语句除了单独使用，还可以嵌套起来使用，需严格注意代码块之间的缩进关系。例如：

试试看 4-6

```
01  a = 1
02  b = 2
03  c = 3
```

```
04  if a > b:
05      if a > c:
06          print(a)
07      else:
08          print(c)
09  else:
10      if b > c:
11          print(b)
12      else:
13          print(c)
```

该代码实现找出 3 个数中最大值的功能。第 4 行对变量 a 和 b 进行比较,如果 a > b,则最大值在 a 和 c 中产生,在第 4 行引导的第 5 至 8 行组成的代码块中进行处理。在第 5 行使用嵌套 if 对 a 和 c 进行比较,如果 a > c,则 a 的值就是三者的最大值,打印输出,否则就是 c 最大,结束代码块。

如果第 4 行的判断不成立,那么就是 a ≤ b,最大值在 b 和 c 中产生,在第 9 行 else 引导的第 10 至 13 行的代码块中进行处理。运行代码,将输出三者中的最大值,结果如下:

```
3
```

if 嵌套可以一直进行下去,例如试试看 4–5 可以改写为试试看 4–7 以达到同样的执行效果,只不过代码思路不如原来的清晰。

试试看 4-7

```
01  x = 86
02  if x >= 0:
03      if x >= 10:
04          if x >= 100:
05              print('x为3位数')
06          else:
07              print('x为2位数')
08      else:
09          print('x为1位数')
10  else:
11      print('x为负数')
```

4.3　循环结构

循环结构是一种控制程序流程的方式，它允许代码段根据指定的次数重复执行，或者重复执行直到满足某个特定的条件为止，这种重复执行的过程称为"迭代"。在处理大量重复性的任务或遍历数据结构时，循环结构能够显著提高程序的效率和可读性，减少重复的代码段，使程序更加简洁。

循环结构主要有两种形式：for 循环和 while 循环，这两种循环结构适用于不同的循环需求。

4.3.1　for-in 语句

for 循环用于遍历序列（如列表、元组、字符串等）或其他可迭代对象中的每个元素，并执行一系列操作。for 循环的语法如下：

```
for var in iterable:
    statement_block
```

其中，var 是在每次循环中代表当前元素的变量，iterable 是一个可迭代对象，如字符串、列表、元组、字典等，代码块 statement_block 中的指令会在每次迭代时执行，直到遍历完所有元素。

for 循环是一种可以预见次数的循环，其次数等于可迭代对象的元素个数。特别地，当能够明确循环次数，或者在给定的整数范围内进行循环迭代时，可以使用 range 函数。range 函数可用于生成一个不可变的整数序列，通常用于循环、列表、元组等的初始化。其原型为：

```
range(start=0, end[, step=1])
```

其中，start 为序列的起始值（包含），这是一个可选参数，默认为 0。end 为序列的结束值（不包含），这是必须提供的参数。step 为步长，即序列中每个元素之间的差值，可选参数，默认为 1。例如：

试试看 4-8

```
01  sum = 0
02  for i in range(101):
03      sum += i
04  print(sum)
```

```
05
06  fac = 1
07  for i in range(1, 10):
08      fac *= i
09  print(fac)
10
11  for i in range(10, 100):
12      if i % 9 == 0:
13          print(i, end='\t')
```

第 1 行将变量 sum 初始化为 0，第 2 行使用 range 函数产生从 0 到 100 的序列（不包含 101），i 为循环变量，每次循环的时候，i 的取值就分别为序列中的值 0、1、2……依次到 100。进入循环体中，变量 sum 每次都使自己的值加上 i，最终效果为计算 0 到 100 累加的值。

第 6 行将变量 fac 初始化为 1，第 7 行使用 range 函数产生从 1 到 9 的序列（不包含 10），最终效果为计算 9 的阶乘。注意，fac 应当初始化为 1，避免任何数乘以 0 都等于 0，range 也必须指定 start 起始值，否则将取到默认起始值 0，得出的结果也将为 0，导致出错。

第 11 行使用 range 函数产生从 10 到 99 的序列（不包含 100），第 12 行对每次的 i 进行判断，如果能被 9 整除，则在第 13 行使用 print 函数输出 i 的值，指定 end 参数为制表符的作用是代替默认的换行符，实现在同一行输出。最终效果为打印所有 2 位数中能被 9 整除的数。代码的运行结果如下：

```
5050
362880
18    27    36    45    54    63    72    81    90    99
```

还可以通过指定 step 参数来在 range 序列中获取间隔一定数量的数值，例如：

试试看 4-9

```
01  import time
02
03  for i in range(10, 100, 5):
04      print(i, end='\t')
05
06  print()
```

```
07    for i in range(10, 0, -1):
08        print(i, end='\t')
09        time.sleep(1)
```

第 3 行使用 range 函数产生从 10 到 99 的序列，指定了步长为 5，则序列将从起始值 10 开始，每次增加 5，直到大于或等于终止值（取不到终止值）。第 6 行对输出进行换行操作。第 7 行产生从 10 到 1 的序列，由于步长为负数，所以 start 必须大于 end，在第 8 行中打印当前的循环变量 i，代码第 1 行导入 time 模块，用于在第 9 行调用该模块中的 sleep 方法实现延时 1 秒的效果，实现从 10 到 1 的倒计时效果。运行程序，仔细观察输出的过程，最终在命令行将输出如下结果：

```
10   15   20   25   30   35   40   45   50   55   60   65   70   75   80   85   90   95
10   9    8    7    6    5    4    3    2    1
```

for 循环还可以嵌套使用，实现更复杂的功能，例如水仙花数的枚举：

试试看 4-10

```
01   for i in range(1, 10):
02       for j in range(10):
03           for k in range(10):
04               num = i * 100 + j * 10 + k
05               if i**3 + j**3 + k**3 == num:
06                   print(num, end='\t')
```

对一个三位数，如果百位的立方、十位的立方、个位的立方三者之和等于这个三位数本身，则该数为水仙花数。代码第 1 行让代表百位的 i 从 1 到 9 进行迭代（三位数，百位不允许为 0），第 2 行让代表十位的 j 从 0 到 9 进行迭代，第 3 行让代表个位的 k 从 0 到 9 进行迭代。第 4 行通过数学运算求得这个数，第 5 行进行水仙花数规则的判断，如果成立，则在第 6 行输出这个数。代码运行的结果如下：

```
153     370     371     407
```

该段代码使用了三重循环嵌套来实现最终的效果。

关于字符串、列表等其他复杂数据结构的 for-in 遍历，将在后续章节进行介绍。

4.3.2 while 语句

while 语句用于创建一个循环，该循环会不断执行其内部的代码块，直到指定的条件不再满足为止。区别于能预见循环次数的 for-in 语句，它用于不知道需要重复执行代码多少次的情况，或者需要根据某些动态条件来决定何时停止循环的情况。其语法为：

```
while condition:
    statement_block
```

其中，condition 是控制循环执行的条件，它是一个布尔表达式，如果值为
True，则执行代码块中的语句。每执行完一次代码块，将再次检查 condition 的值。
只要条件为 True，循环就会继续执行，当条件变为 False 时，循环停止。

例如，某项投资的年收益率是 5%，按复利计算，求多少年后能实现本息翻番，可以这么设计程序：

试试看 4-11

```
01  total = 100
02  year = 0
03  while total < 100 * 2:
04      total *= 1.05
05      year += 1
06  print(year=, total)
```

第 1 行假设本金为 100，第 2 行将年初始化为 0。第 3 行是 while 循环的开始，
判断条件为本息小于 200。进入循环体后，将本金乘以 1.05 得到第 1 年后的本息，
并且将年份加 1，执行第一次循环后，计算一次表达式"total < 100 * 2"的值，如
果成立（还没翻番），则继续执行循环体代码块第 4、5 行的代码。直到 total 的值
大于 200，则终止循环，在第 6 行打印年份和本息的值。代码运行的结果如下：

```
15 207.89281794113688
```

即 15 年后，本息之和为 207.89，第一次实现翻番。

从本例可以看出，使用 while 语句的好处是无须预知循环的次数，当不满足条
件时就一直执行，直到满足条件为止，比较灵活。

死循环（也称为无限循环）是一个永远不会自然终止的循环，因为它没有明
确的退出条件或者其退出条件永远不会被满足。这意味着循环体内的代码将无限
次地重复执行，直到程序被外部因素（如用户中断、系统错误或资源耗尽）终止。
死循环的一个常见例子是使用"while True"而没有任何 break 语句或者条件来修

改循环的状态。例如：

```
while True:
    print("这是一个死循环")
```

这段代码将会无限次地打印"这是一个死循环"，因为它没有退出循环的机制。在编写程序时，应该尽量避免死循环，因为它们会消耗大量的计算资源，并且可能导致程序无响应或系统崩溃。例如不小心将试试看 4-11 中的代码第 4 行写成：

```
total *= 1.00
```

这也将形成一个死循环，因为 total 的值永远为 100，while 的条件判断永远无法取得 False 值，程序无法在有限步数之后停止。如果需要编写一个 while 循环，应该确保有一个明确的退出条件，并在适当的时候使用 break 语句或者修改循环条件来终止循环。有时可能想要使用一个循环来等待某个事件（如用户输入、网络响应等），这时可以使用等待条件（如监听某个变量或队列）来避免死循环。但是，即使在这种情况下也应该确保有一个超时机制或者其他方法来处理等待条件永远不会被满足的情况。

此外，Python 中没有其他编程语言的"do-while"语句，即至少先执行一次循环体再执行判断的功能。

4.3.3　break 语句

在某些条件下，可能希望在循环中间提前退出循环，而不是完成所有迭代，这时可以使用 break 语句。break 语句立即终止当前循环，跳过循环中剩余的迭代和条件检查，然后继续执行循环后的代码。这样，当满足某个特定条件时，可以使用 break 语句强制结束循环的执行，而不需要等到循环条件自然变为 False。break 语句是控制循环流程的重要工具，特别是在处理无限循环或需要提前中止迭代的情况下非常实用。例如：

试试看 4-12

```
01  for n in range(2, 100):
02      ok = True
03      for i in range(2, int(n**.5) + 1):
04          if n % i == 0:
05              ok = False
```

```
06          break
07      if ok:
08          print(n, end='\t')
```

第 1 行获取 2 到 100 需要进行判断的每个数，第 2 行设置一个标识，默认为 True，表示先默认这个数为素数，如果找到可以整除的数则设置为 False。第 3 行对 2 到当前数字的平方根进行迭代。如果一个数存在大于其平方根的因子，则一定存在小于其平方根的因子，例如 36，有一个因子为 9，大于其平方根 6，那么必定有另一个小于 6 的因子 4，这样可以减少循环的次数。

第 4 行判断是否能够整除，如果找到可以整除的数，则在第 5 行清除这个标识，并且在第 6 行强制结束当前层的循环，即内层循环。找到了一个因子，则无须再循环判断剩余的数，第 6 行使用 break 可以节省效率，在该例中，省略掉第 6 行也可以得到同样正确的结果，只不过代码执行时间将变长，由于数字小，可能无法感知，如果数字足够大，则这样多余的判断带来的时间变长将会更加明显。

当内层循环执行完毕或异常 break，则执行第 7 行的判断，如果标识仍然为 True，意味着在内层循环中找不到该数的因子，则该数为素数，在第 8 行打印输出。程序输出的结果如下：

```
2   3   5   7   11  13  17  19  23  29  31  37  41  43  47  53
59  61  67  71  73  79  83  89  97
```

break 结合死循环，也可实现一些特殊的功能，比如试试看 4-11 可以改写为：

试试看 4-13

```
01  total = 100
02  year = 0
03  while True:
04      total *= 1.05
05      year += 1
06      if total > 100 * 2:
07          break
08  print(year, total)
```

第 3 行直接使用 "while True" 来开启一个死循环，而在循环体内部，第 6 行判断如果本息实现翻番，则在第 7 行使用 break 语句跳出这个死循环，该程序实现相同的功能。

4.3.4　continue 语句

continue 语句用于跳过当前循环迭代中的剩余代码，并开始下一次迭代。当在循环内部遇到 continue 语句时，程序将不再执行该次迭代中的剩余代码，而是立即开始下一次迭代（如果循环条件还满足的话）。例如一个报数游戏，所有为 7 的倍数的，或者个位包含 7 的，或者十位包含 7 的数字都不允许出现，我们可以使用 continue 语句来实现类似的报数游戏效果，例如：

试试看 4-14

```
01  for i in range(1, 100):
02      if i % 7 == 0 or i // 10 == 7 or i % 10 == 7:
03          continue
04      print(i, end=', ')
```

第 1 行设定报数范围为 1 到 99，第 2 行对迭代变量 i 进行判断，如果满足能对 7 整除，或除以 10 的得数或余数为 7，则进入第 3 行的 if 代码块，执行 continue 语句，跳过当前数字，否则则在第 4 行输出这个数字。代码执行的结果如下：

```
1, 2, 3, 4, 5, 6, 8, 9, 10, 11, 12, 13, 15, 16, 18, 19, 20, 22, 23,
24, 25, 26, 29, 30, 31, 32, 33, 34, 36, 38, 39, 40, 41, 43, 44, 45,
46, 48, 50, 51, 52, 53, 54, 55, 58, 59, 60, 61, 62, 64, 65, 66, 68,
69, 80, 81, 82, 83, 85, 86, 88, 89, 90, 92, 93, 94, 95, 96, 99,
```

4.3.5　for-else 和 while-else 语句

在 Python 中，for 循环和 while 循环都可以与 else 子句结合使用。这种结构在其他一些编程语言中并不常见，但在 Python 中，它提供了一种简洁的方式来处理循环结束后的逻辑，尤其是当循环正常结束（即没有遇到 break 语句）时。以 for-else 语句为例，其语法为：

```
for item in iterable:
    # 循环体内容
    if condition:
        break
else:
    # 当循环正常结束（没有遇到 break）时执行的代码
```

下面结合例子进行说明：

试试看 4-15

01 for i in range(10):
02   print(i, end=', ')
03 else:
04   print('\n循环正常结束，执行else语句内容')
05
06 for i in range(10):
07   if i > 5:
08   break
09   print(i, end=', ')
10 else:
11   print('\n循环break结束，执行else语句内容')
12 print( )
13
14 for i in range(10):
15   if i > 5:
16   continue
17   print(i, end=', ')
18 else:
19   print('\n循环continue结束，执行else语句内容')
```

上述代码使用3个基本相同的for循环，其中第2个循环使用break提前终止循环，而第3个循环使用continue来跳过一些值的输出。第2个循环由于在内部使用了break，将不会执行else中的语句。而第1、3个循环，由于可以正常遍历完整个序列，所以将执行else中的语句。代码运行的结果如下：

```
0, 1, 2, 3, 4, 5, 6, 7, 8, 9,
循环正常结束，执行else语句内容
0, 1, 2, 3, 4, 5,
0, 1, 2, 3, 4, 5,
循环continue结束，执行else语句内容
```

特别地，由于Python的这一特性，可将试试看4-12寻找质数程序改为更加简洁的版本而无须设置标识，如试试看4-16。

试试看 4-16

```
01  for n in range(2, 100):
02      for i in range(2, int(n**.5) + 1):
```

071
```

```
03          if n % i == 0:
04              break
05      else:
06          print(n, end='\t')
```

内层循环如果找到可以整除的因子，则使用 break 语句退出循环，此时由于找到因子而 break 终止，自然不会进入 else 输出结果。而如果在 2 到平方根的范围内找不到整除的因子，内层循环正常结束，则执行 else 中的代码，打印数字。这也体现了 Python 代码简洁的特点。该代码将输出一致的结果。

4.3.6 pass 语句

在 Python 中，pass 语句是一个空操作语句，它表示一个占位符或标记，当语法上需要一条语句但程序不需要任何操作时，可以使用该语句。pass 语句什么也不做，只是作为一个简单的占位符，允许程序继续运行而不执行任何操作。例如在 if、for、while 等控制流语句中，如果暂时不确定要执行什么操作，但想要保留结构，可以使用 pass 语句。特别地，相对于其他编程语言可以使用分号表示空语句，或使用 "{}" 表示空的代码块，Python 中并没有相应的功能，而使用空行又将导致代码结构错误，此时可以使用 pass 语句来避免。例如可以将试试看 4-14 改写为：

试试看 4-17

```
01 for i in range(1, 100):
02     if i % 7 == 0 or i // 10 == 7 or i % 10 == 7:
03         pass        # 什么也不做
04     else:
05         print(i, end=', ')
```

如果当前这个数满足不允许报数的情况则跳过，第 2 行的规则是比较直观、易于理解的。而这个条件的对立面则是：

```
i % 7 != 0 and i // 10 != 7 and i % 10 != 7
```

这样对立面的规则显然没有原来的直观。如果省去第 3 行的 pass 语句，则将导致 if-else 结构错误，此时的 pass 语句就必不可少。

需要注意的是，虽然 pass 语句本身不执行任何操作，但它确实会占用一行代码的空间，因此如果代码逻辑已经确定，不建议过多地使用 pass 语句，以免使代码变得冗长和难以阅读。

4.4 小结

本章介绍了 Python 中各种程序流程控制的结构，在开始编写更加复杂的程序前，这些结构的正确使用是非常重要的。分支结构可以有条件地执行代码，当使用分支嵌套，或者分支和循环一起套用时，可以创建出比较复杂的程序结构。本章的内容非常重要，确保完全消化，才进行后续章节的学习。

第 5 章　字符串

　　除了数值类型，字符串也是一种常用的数据类型。一般地，字符串使用半角单引号（'）或双引号（"）括起，区别于数值，比如 "1" 与 '1' 等价，但是与数值 1 就是两种不同的数据了。Python 语言中没有字符类型的概念，也可将长度等于 1 的字符串看成字符。本章详细介绍字符串的常见操作。

5.1　创建字符串

　　使用半角单引号（'）或双引号（"）括起来的内容，Python 解释器会认为是字符串类型，例如：

```
>>> str1 = "hello"
>>> str2 = 'python'
```

　　实际上，Python 为上述两个字符串分配了内存空间，并将所在内存地址分别赋值给 str1 和 str2 变量。字符串类型是不可变的，当改写字符串变量的值时，实际并非改变该变量所指的内存空间的字符串数据，而是分配新的内存空间给新的值，再把新的内存地址赋值给字符串变量，这点需要注意，例如：

试试看 5-1

```
01  str1 = 'hello'
02  print('修改前，str1 变量内存地址为：', id(str1))
03  str1 = 'python'
04  print('修改后，str1 变量内存地址为：', id(str1))
```

　　代码第 1 行创建了一个值为"hello"的字符串，并赋值给变量 str1，第 2 行用 id 函数获取该变量的内存地址，第 3 行尝试改变 str1 变量的值，由前面分析，并不会实际改变"hello"这个值，而是分配新的内存空间给新的字符串"python"，代码运行结果为（涉及内存地址的输出，每次运行结果不尽相同）：

```
修改前，str1 变量内存地址为： 40784368
修改后，str1 变量内存地址为： 40784624
```

5.2 序列操作

字符串可看作由一个个的字符组成的序列，具有序列的特征，可使用 Python
对序列的通用操作来进行字符串的索引、切片、运算等通用操作，本节重点介绍
对序列的通用操作，学会这些操作后，对本书后面章节介绍的列表、元组等序列
性质的数据结构，也可举一反三、类比掌握。由于字符串是序列的一种，本节提
到的"序列"，在尚未详细学习列表、元组等复杂数据结构前，可理解为字符串。

5.2.1 索引

考虑一个字符串"hello"，该字符串由 5 个字符组成，分别是"h""e""l"
"l""o"，其中，"h"是其第 1 个字符，"o"是其第 5 个字符。所有编程语言
中，元素都是从 0 开始数的，第 1 个字符索引为"0"，第 5 个字符索引为"4"，
第 n 个元素索引为"n-1"。根据下标（也就是索引）来访问序列的一个或多个元
素的操作称为索引。应当注意，索引必须有效，即在序列长度的范围内，最大索
引值为序列长度减 1。Python 中，下标使用半角方括号"[ ]"括起，比如：

```
>>> 'hello'[0] # 获取索引 0，即第 1 个元素
'h'
>>> "hello"[4] # 获取索引 4，即第 5 个元素
'o'
>>> 'hello'[5] # 超出索引值，引发错误
Traceback (most recent call last):
  File "<stdin>", line 1, in <module>
IndexError: string index out of range
```

Python 还支持从字符串末端往前索引，即反向索引，索引值"-1"永远表示
从末尾开始的位置，并往前递减。可将字符序列"hello"做成表 5-1 帮助理解：

表 5-1　字符串"hello"的正反向索引值

字符	h	e	l	l	o
正向索引值	0	1	2	3	4
反向索引值	-5	-4	-3	-2	-1

5.2.2 切片

从序列中抽取子序列的操作称为切片，比如从降序排列的数值序列中取得前

3 位成绩、从文件路径（字符序列）中取得扩展名或目录等。Python 中切片的语法为：

```
序列 [ 起始索引：结束索引：步长 ]
```

其中，前两个参数规定了在序列中截取的起止部分，分别是以起始索引到结束索引之间的左闭右开区间（即包含起始索引的元素，但不包含结束索引的元素），步长参数可省略（连同前面的冒号），表示获取序列中的连续元素，例如：

```
>>> #01234567
>>> 'beginner'[2:6]  # 从索引 "2" 获取到 "6"（不含 6）
'ginn'
```

字符串 "beginner" 索引为 "2" 的元素为 "g"，索引为 "6" 的元素为 "e"，切片结果并不包含该元素，截取的内容为第 3 到第 6 个元素之间的子字符串 "ginn"。

Python 中切片的索引参数也可以为负值，即从序列末端往前反向索引来获取切片，例如：

```
>>>#-87654321
>>> 'beginner'[-6:-2]  # 从索引 "-6"（即 2）获取到 "-2"（即 6，不含 6）
'ginn'
>>> 'beginner'[-2:-6]  # 起始索引大于结束索引，返回空串
''
```

其原理为：从表 5-2 可以看出，从索引 "-6" 开始，取至 "-2" 结束，与正向的 2 至 6 一致；而第 2 次从 "-2" 开始，取至 "-6"，由于 "-6" 比 "-2" 小，截取失败，返回空串，因此，（当步长为正值时）起始索引必须小于或等于结束索引。

表 5-2　字符串 "beginner" 的正反向索引值

字符	b	e	g	i	n	n	e	r
正向索引值	0	1	2	3	4	5	6	7
反向索引值	-8	-7	-6	-5	-4	-3	-2	-1

省略参数时，起始索引的默认值为 0，结束索引的默认值为序列最后（包含最后一个元素），例如：

```
>>> "hello world"[:5]  # 省略起始索引，默认为 0，注意冒号不可省略，否则变为索引 "5"
'hello'
```

```
>>> "hello world"[6:] # 省略结束索引，默认为到序列末尾，注意冒号不可省略，否则变
                            为索引"6"
'world'
>>> "hello world"[:]   # 都不指定，默认为获取整个序列
'hello world'
```

步长参数可用于获取序列中不连续的元素，其默认值为"1"，表示下一个获取的元素的索引比当前的大"1"，即获取连续的元素。如果设置为"2"，则得到的序列是每隔1个元素的序列（即获取1个、跳过1个）。含步长参数时，起始索引和结束索引也可以省略，其间的冒号不可省略，例如：

```
>>> '1234567890'[::2] # 从默认第 1 个元素开始，步长为 2
'13579'
>>> '1234567890'[1::2] # 从第 2 个元素开始，步长为 2
'24680'
```

字符串"1234567890"第一次没有指定起始索引，默认为0，从索引为0开始，每隔1个元素获取一次，获取到的是所有奇数字符。而第二次指定起始索引为1，则从第2个字符开始，获取偶数的字符序列。

步长为负数则表示从起始索引开始，分别将索引加上负值的步长得到下一个索引，以此来获取子序列，该情况下，起始索引必须大于结束索引，例如：

```
>>> "hello world"[::-1] # 冒号不可省略
'dlrow olleh'
>>> "hello world"[0:11:-1]
''
>>> "hello world"[11:5:-1]
'dlrow'
```

不指定起始及结束索引情况下，令步长等于"-1"，则从字符串末端往前，依次获取字符。当起始索引小于或等于结束索引时，无法获取任何元素。最后一个例子演示了从字符串末端到索引为"5"的第6个元素，逆序获取子串。

需要注意的是，步长不可为0，否则 Python 解释器将给出一个"ValueError"的错误。

5.2.3 运算

半角加号"+"用于将两个同一类型的序列串起来，得到新的序列。相加的两

个序列必须为同一种类型，否则将报错。例如：

```
>>> 'hello' + ' ' + 'world'  # 可连续相加
'hello world'
>>> '' + 252       # 无法像JavaScript等其他语言一样自动将数值转换为字符串
Traceback (most recent call last):
  File "<stdin>", line 1, in <module>
TypeError: can only concatenate str (not "int") to str
```

仅对字符串来说，对字面值的直接操作，"+"加号也可以省略，Python会自动帮我们合并字符串，例如：

```
>>> 'hello'' ''world'        # 3个字符串相加
'hello world'
```

半角乘号"*"（数字8的上档键）用于以指定的次数重复一个序列，可通俗理解为重复多少次，一般用于快速初始化，例如：

```
>>> arr = [3] * 50        # [3]为一个列表
>>> print(arr)
[3, 3, 3, 3, 3, 3, 3, 3, 3, 3, 3, 3, 3, 3, 3, 3, 3, 3, 3, 3, 3, 3, 3,
3, 3, 3, 3, 3, 3, 3, 3, 3, 3, 3, 3, 3, 3, 3, 3, 3, 3, 3, 3, 3, 3, 3, 3]
```

其他高级语言中要想实现创建一个50个元素的数组并赋初值为"3"，必须先定义一个数组，再循环赋值，而Python中只要一个简单的"[3] * 50"就可完成，充分体现Python简洁的特点。

运算符"in"用于判断元素是否包含在同一类型的序列中，称为成员资格运算。对字符串类型来说，可用来判断字符串中是否包含某子串。对列表来说，可用来判断列表中是否包含某元素。例如：

```
>>> '.com' in 'admin@example024.com' # 包含
True
>>> '.com' in 'admin@example024.cn' # 不包含
False
>>> 2 in 'admin@example024.cn ' # 2是数值类型，后面的为字符串类型
  File "<stdin>", line 1, in <module>
TypeError: 'in <string>' requires string as left operand, not int
```

"not in"则相反，用于判断一个序列中是否不包含某个元素，例如：

```
>>> if 'http' not in 'www.example024.cn':
...     print('URL Error')
...
URL Error
```

Python 内置函数 len 用于求序列长度，max 函数用于求序列里元素最大值，min 函数用于求序列里元素最小值，例如：

```
>>> x = '1478502369'
>>> len(x)     # 序列长度
10
>>> max(x)     # 序列里元素最大值，即最大的字符
'9'
>>> min(x)     # 序列里元素最小值，即最小的字符
'0'
```

5.3 格式化

字符串的格式化是利用 print 函数及各种格式化符号，将数值、字符串等按指定的格式进行输出。Python 字符串格式化符号列表见表 5-3。

表 5-3 Python 字符串格式化符号

符号	描述
%c	格式化字符及其 ASCII 码
%s	格式化字符串
%d、%i	格式化带符号整型
%u	格式化无符号整型
%o	格式化无符号八进制数
%x、%X	格式化无符号十六进制数
%f、%F	格式化浮点数，可指定小数点后的精度
%e、%E	用科学记数法格式化浮点数
%g	智能选择 %f 和 %e
%G	智能选择 %F 和 %E
%r	尝试使用 repr 函数将表达式转换为字符串

例如：

试试看 5-2

```
01  print('%c' % 65)                              # 输出字符 'A'
02  print('%c' % 'A')                             # 输出字符 'A'
03
04  print('%s' % 'Hello Python')                  # 字符串输出
05
06  print('%d' % 10)                              # 标准整数输出
07  print('%i' % -5)                              # 负数输出
08  print('%u' % 4096)                            # 无符号数输出
09
10  print('%o' % 23)                              # 整数的八进制形式
11  print('%x' % 10)                              # 整数的十六进制形式（小写）
12  print('%X' % 46)                              # 整数的十六进制形式（大写）
13
14  print('%X' % id(10))                          # 打印对象的内存地址
15  str1 = 'Python'
16  str2 = 'Python'
17  print('str1 的地址：%X' % id(str1))           # 输出 str1 的内存地址
18  print('str2 的地址：%X' % id(str2))           # 输出 str2 的内存地址（Python 对
                                                     短字符串进行缓存）
19
20  print('%f' % 3.1415926)                       # 浮点数，默认 6 位小数
21  print('%e' % 123456789)                       # 科学记数法显示
22  print('%E' % 0.0123456)                       # 科学记数法显示，使用大写的 E
23  print('%g' % 3.1415926)                       # 根据值显示的长短决定使用 %e 或 %f
24  print('%G' % 0.00001234)                      # 根据值显示的长短决定使用 %E 或 %F
25  print('%G' % 3.14)                            # 根据值显示的长短决定使用 %E 或 %F
26
27  import datetime
28  print('%r' % datetime.datetime.now())         # 调用对象的 repr 方法输出
29  print('%s' % datetime.datetime.now())         # 调用对象的 str 方法输出
```

代码运行结果为：

```
A
A
Hello Python
```

```
10
-5
4096
27
a
2E
7FF972A01AD8
str1 的地址：7FF9728F2360
str2 的地址：7FF9728F2360
3.141593
1.234568e+08
1.234560E-02
3.14159
1.234E-05
3.14
datetime.datetime(2024, 5, 13, 10, 6, 23, 620657)
2024-05-13 10:06:23.620657
```

　　除了使用格式化符号，还可以在符号中加入其他对格式的控制，如增加前导零、补齐位数等。Python 的格式化辅助控制符号见表 5-4。

表 5-4　Python 格式化辅助控制符号

符号	描述
*	定义宽度或者小数点精度
-	左对齐
+	在正数前面显示加号 "+"
（空格）	在正数前面显示空格
#	在八进制数前面显示 "0o"，在十六进制前面显示 "0x" 或者 "0X"
0	显示的数字前面填充 "0" 而不是默认的空格
%	'%%' 输出一个单一的 '%'
m.n	m 是显示的最小总宽度，n 是小数点后的位数（如果可用的话，m、n 为非负整数）

　　可灵活运用这些控制符号，实现更为复杂的格式化输出，例如：

试试看 5-3

```
01  print('[%06d]' % 7)                      # 整数，左边填充 0，共 6 位
02  print('[%+8d]' % 55)                     # 整数，右对齐，带符号，共 8 位
03  print('[%-8d]' % 22)                     # 整数，左对齐，共 8 位
04  print('[% d]' % (-23))                   # 整数，输出带空格或负号
05  print('[% d]' % 10)                      # 整数，输出带空格或负号
06
07  print('[%d%%]' % 46)                     # 百分比形式显示数字
08
09  print('[%.2f]' % 3.1415926)             # 浮点数，保留 2 位小数
10  print('[%8.3f]' % 3.1415926)            # 浮点数，共 8 位，3 位小数
11  print('[%-8.2f]' % 3.1415926)           # 浮点数，左对齐，共 8 位，2 位小数
12  print('[%.2e]' % 123456789)             # 科学记数法，保留 2 位小数
13  print('[%08.2f]' % 3.1415926)           # 浮点数，左边填充 0，共 8 位，2 位小数
14
15  print('[%8c]' % 'A')                     # 输出字符 'A'，右对齐，共 8 位
16  print('[%-8c]' % 'A')                    # 输出字符 'A'，左对齐，共 8 位
17
18  print('[%16s]' % 'Hello')               # 字符串，右对齐，共 16 位
19  print('[%-16s]' % 'Hello')              # 字符串，左对齐，共 16 位
20  print('[%.5s]' % 'Hello Python')        # 字符串，截取前 5 个字符
21  print('[%10.5s]' % 'Hello Python')      # 字符串，截取前 5 个字符，右对齐，共
                                              10 位
22  print('[%-10.5s]' % 'Hello Python')     # 字符串，截取前 5 个字符，左对齐，
                                              共 10 位
23
24  print('[%#o]' % 10)                      # 带有前缀 0o 的八进制形式
25  print('[%#x]' % 10)                      # 带有前缀 0x 的十六进制形式（小写）
26  print('[%#X]' % 10)                      # 带有前缀 0X 的十六进制形式（大写）
```

为了方便看清空格，在输出内容的左右各加了方括号显示左右边界。代码运行结果为：

```
[000007]
[     +55]
[22      ]
[-23]
[ 10]
```

```
[46%]
[3.14]
[   3.142]
[3.14   ]
[1.23e+08]
[00003.14]
[        A]
[A        ]
[          Hello]
[Hello          ]
[Hello]
[      Hello]
[Hello     ]
[0o12]
[0xa]
[0XA]
```

Python 3.6 版本还引入了一种"f-string",一般称为"字面量格式化字符串",可用来代替"%"的格式化符号,实现更方便的字符串格式化。"f-string"格式化字符串以字母"f"开头,后面跟着字符串,字符串中的表达式用大括号"{}"括起。程序运行时,Python 解释器将对"{}"括起的变量或表达式进行计算,再将值替换掉"{}"括起的内容,例如:

试试看 5-4

```
01  print(f'{2+3}')
02  x = 4
03  print(f'{3+x}')
04  name = 'Python'
05  print(f'Hello {name}')
06  dic = {'name': 'Python 从入门到精通', 'sales': 2500}
07  print(f'《{dic["name"]}》销量为: {dic["sales"]}')
```

代码第 1 行直接求简单的数学运算,第 3 行将 x 的值"4"代入并求得结果"7",第 5 行将变量 name 的值代入。f-string 还支持索引、字典的键来求值,第 7 行演示了对字典的自动求值替换(需注意外围单引号与键的双引号之间的匹配关系)。代码的运行结果为:

```
5
7
Hello Python
《Python 从入门到精通》销量为：2500
```

从以上程序可以看出，采用"f-string"比采用格式化符号更为直观，而且不需要判断使用"%d"还是"%s"，使代码更简洁。

在 Python 3.8 版本中，在"{}"中还引入了"="号，用于自动拼接运算表达式本身，及计算求值的结果，例如：

```
>>> a = 5
>>> print(f'{a+1}')
6
>>> print(f'{a+1=}')      # Python 3.8 及以上使用
a+1=6
```

在"f-string"中使用"="号后，会自动将"="号前的内容原封不动地重复，并在"="号后拼接上运算的结果，非常灵活。

对"f-string"来说，也有一套特殊的格式控制符，例如：

试试看 5-5

```
01  var = 3.14159
02  print(f"[{var:16}]")          # 16 个字符宽
03  print(f"[{var:<16}]")         # 16 个字符宽，并且左对齐
04  print(f"[{var:>16}]")         # 16 个字符宽，并且右对齐
05  print(f"[{var:^16}]")         # 16 个字符宽，并且居中对齐
06  print(f"{var:.2f}")           # 浮点数保留两位小数
07  print(f"[{var:0>16}]")        # 使用 0 填充，16 个字符宽
```

代码的输出如下：

```
[         3.14159]
[3.14159         ]
[         3.14159]
[    3.14159     ]
3.14
[0000000003.14159]
```

5.4 转义

由于 Python 中的字符串由单引号或双引号括起，如果字符串本身包含单引号或双引号，或者一些不可见的字符，比如换行符、制表符等，就需要用到转义字符来表示。转义字符用半角反斜杠 "\" 开头，后面接字符来表示特定的含义，常见的转义字符见表 5-5。

表 5-5　Python 的转义字符

符号	描述
\'	单引号
\"	双引号
\\	反斜杠
\n	换行符
\r	回车符
\t	水平制表符
\yyy	3 位的八进制数表示的字符，y 代表 0 ~ 7 的字符
\xyy	\x 开头的 2 位十六进制数表示的字符，y 代表 0 ~ f 的字符
\uyyyy	Unicode 字符（16 位），yyyy 代表 0 ~ f 的字符

一个综合的例子如下：

试试看 5-6

```
01  print("[Hello\nPython]")              # 换行符
02  print("Hello\tPython")                # 水平制表符
03  print("D:\\Python\\code\\")           # 反斜杠
04  print('It\'s 9 o\'clock!')            # 单引号
05  print("I say, \"Hello Python!\"")     # 双引号
06  print("\101\102\103")                 # 八进制数表示字符 ABC
07  print("\x41\x42\x43")                 # 十六进制数表示字符 ABC
08  print("\u0041\u0042\u0043")           # Unicode 字符表示 ABC
```

代码运行结果为：

```
[Hello
Python]
Hello Python
D:\Python\code\
It's 9 o'clock!
I say, "Hello Python!"
ABC
ABC
ABC
```

还有一个特殊的转义字符是原始字符串符号 r，它告诉 Python 直接使用字符串而不进行转义：

```
print(r"Hello\nPython")
```

这将输出"Hello\nPython"而不是将"\n"解释为换行符。原始字符串常用于正则表达式或文件路径等场景，例如：

```
path = r'D:\Python\code'
```

在 Python 中，以 u 开头的字符串通常是 Unicode 字符串，表示该字符串在内存中是以 Unicode 格式存储，通常是为了支持多语言字符的表示，特别是对于需要国际化的程序。以 u 开头的字符串字面量在 Python 2 中是必需的，用于指示字符串应当被视为 Unicode 字符串，例如：

```
str = u" 这是一个 Unicode 字符串 "        # 仅在 Python 2 中使用
```

在 Python 3 中，所有字符串都默认是 Unicode 字符串，所以通常不需要使用 u 前缀。

5.5　三引号

在 Python 中，三引号可以是三个单引号（'''）或三个双引号（"""），它们有以下用途：

5.5.1　多行字符串

三引号可用于创建包含多行文本的字符串，其中所有的换行和空格都会被保留。例如：

```
multi_line_string = """这是一个多行字符串示例,
它跨越了3行,
在某种场合下使用特别方便。"""
print(multi_line_string)
```

5.5.2 文档字符串（docstrings）

在函数、类、模块或方法定义下方，三引号用于编写文档字符串，它是一种特殊的字符串，被解释器用作文档化代码的说明。例如：

```
def concat(a, b):
    """这个函数实现2个任意类型的变量的直接字符串拼接。\n
    a、b: 基础类型或其他实现 __str__ 方法的对象 \n
    返回值: 字符串
    """
    return str(a) + str(b)
```

定义了以上函数并进行文档化代码说明之后，在 VSCode 中使用该 concat 函数将会给予使用提示，如图 5-1 所示。

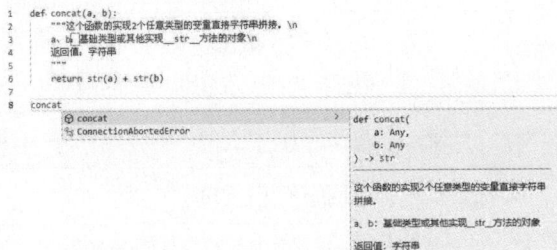

图5-1 concat函数的使用提示

5.5.3 忽略字符串（注释）

有时开发者使用三引号来临时禁用多行代码，类似 C/C++ 语言里的多行注释符号 "/* */"，虽然这不是推荐的做法，例如：

```
"""
这个多行注释被用来临时禁用下面的代码:
print("这行代码不会执行")
"""
```

5.5.4 保留格式的字符串

当需要一个保留其格式的字符串时，三引号非常有用，比如用于保持 SQL 查询的格式：

```
query = """
SELECT *
FROM goods
WHERE id = '1';
"""
print(query)
```

5.6 常用方法

Python 为字符串对象提供了大量实用的方法，字符串的常用方法及其含义见表 5-6。

表 5-6 字符串的常用方法

方法名	含义
upper()	将字符串中的小写字母转换为大写
lower()	将字符串中的大写字母转换为小写
capitalize()	将字符串的第一个字符转换为大写
title()	返回"标题化"的字符串，即所有单词都是首字母大写，其余字母均为小写
swapcase()	将字符串中大写转换为小写，小写转换为大写
len(str)	返回字符串长度
max(str)	返回字符串 str 中最大的字符
min(str)	返回字符串 str 中最小的字符
lstrip([char])	删除字符串开头的空白（空格、制表符、换行符）或指定字符
rstrip([char])	删除字符串末尾的空白（空格、制表符、换行符）或指定字符
strip([char])	在字符串上执行 lstrip([char]) 和 rstrip([char])
split(str="", num=string.count(str))	以 str 为分隔符截取字符串，如果 num 有指定值，则仅截取 num+1 个子字符串，默认截取全部
join(seq)	以指定字符串作为分隔符，将 seq 序列中所有的元素（以字符串表示）合并为一个新的字符串

方法名	含义
splitlines([keepends])	按照行（'\r'、'\r\n'、'\n'）进行分隔，返回一个包含各行作为元素的列表，如果参数 keepends 为 False 则不包含换行符，如果为 True，则保留换行符
startswith(prefix, beg=0, end=len(string))	检查字符串是否以 prefix 开头，是则返回 True，否则返回 False。如果 beg 或者 end 指定值，则在指定范围内检查
endswith(suffix, beg=0, end=len(string))	检查字符串是否以 suffix 结束，如果是，返回 True，否则返回 False。如果 beg 或者 end 指定值，则在指定范围内检查
replace(old, new[, max])	将字符串中的 old 替换成 new，如果指定 max 参数，则替换不超过 max 次
find(substr, beg=0, end=len(string))	检测 substr 是否包含在字符串中，如果包含返回开始的索引值，否则返回 -1。如果指定范围 beg 和 end，则在指定范围内进行检查
rfind(substr, beg=0, end=len(string))	类似于 find() 函数，只不过是从字符串的右边开始查找
count(substr, beg=0, end=len(string))	返回 substr 在字符串里出现的次数，如果 beg 或者 end 指定，则返回指定范围内 substr 出现的次数
index(substr, beg=0, end=len(string))	跟 find() 方法类似，只不过如果 substr 不在字符串中会报一个异常
rindex(substr, beg=0, end=len(string))	类似于 index()，只不过是从字符串的右边开始
isalnum()	如果字符串至少有一个字符并且所有字符都是字母或数字则返回 True，否则返回 False
isalpha()	如果字符串至少有一个字符并且所有字符都是字母或中文字则返回 True，否则返回 False
isdigit()	如果字符串只包含数字则返回 True，否则返回 False
islower()	如果字符串中包含至少一个区分大小写的字符，并且所有这些（区分大小写的）字符都是小写，则返回 True，否则返回 False

（续表）

方法名	含义
isnumeric()	如果字符串中只包含数字字符，则返回 True，否则返回 False
isspace()	如果字符串中只包含空白，则返回 True，否则返回 False
istitle()	如果字符串是标题化的则返回 True，否则返回 False
isupper()	如果字符串中包含至少一个区分大小写的字符，并且所有这些（区分大小写的）字符都是大写，则返回 True，否则返回 False
isdecimal()	如果字符串只包含十进制字符，则返回 True，否则返回 False

下面举一个综合介绍字符串各常见方法的例子：

试试看 5-7

```
01  str = 'pyTHon   '
02  print(f'{str.upper()=}')              # 全转大写
03  print(f'{str.lower()=}')              # 全转小写
04  print(f'{str.capitalize()=}')         # 首字母大写，其他小写
05  print(f'{str.swapcase()=}')           # 交换大小写，PYthON
06  print(f'{len(str)=}')                 # 长度，9（包含 3 个空格）
07  print(f'{max(str)=}')                 # ASCII 码最大的字符，y
08  print(f'{min(str)=}')                 # ASCII 码最小的字符，空格
09
10  str2 = '   hello python   \t\r\n'
11  print(f'{str2.title()=}')             # 每个单词首字母大写
12  print(f'{str2.strip()=}')             # 删除前后空白（空格、制表符、换行符）
13  print(f'{str2.lstrip()=}')            # 删除左边空白（空格、制表符、换行符）
14  print(f'{str2.rstrip()=}')            # 删除右边空白（空格、制表符、换行符）
15
16  path = 'D:\\Python\\code\\1.py'
17  print(f"{path.startswith('D:')=}")    # 是否以 D: 开头，True
18  print(f"{path.endswith('.py')=}")     # 是否以 .py 结尾，True
```

```
19  print(f"{path.replace('D:', 'C:')=}")          # 将 D: 替换为 C:
20  s = path.split('\\')                            # 将字符串以 \ 字符分割成列表
21  print(f'{s=}')                                  # 输出列表，包含 4 个部分的元素
22  print(f"{'|'.join(s)=}")                        # 将列表使用 | 字符串成字符串
23  print(f"{path.find('\\')=}")                    # 从左边查找 \ 的位置，2（从 0 开始）
24  print(f"{path.rfind('\\')=}")                   # 从右边查找 \ 的位置，14
25  print(f"{path.count('\\')=}")                   # \ 字符的个数，3
26
27  print(f"{path.find('Java')=}")                  # 查找 Java，找不到，-1
28  try:
29      print(f"{path.index('Java')=}")             # 找不到，引发异常
30  except:
31      pass
32  print(f"{path.rindex('\\')=}")                  # 从右边查找 \ 的位置，14
33
34  print(f"{'3.14'.isalnum()=}")                   # 是否只包含数字字母，False
35  print(f"{'Python3'.isalnum()=}")                # 是否只包含数字字母，True
36  print(f"{'Python 3'.isalpha()=}")               # 是否纯字母，False
37  print(f"{'3.14'.isdigit()=}")                   # 是否纯数字 0-9，False
38  print(f"{'Python'.islower()=}")                 # 是否全小写，False
39  print(f"{'五十五'.isnumeric()=}")                # 是否数字，中文也算，True
40  print(f"{'Ⅵ'.isnumeric()=}")                    # 是否数字，罗马数字也算，True
41  print(f'{"１２３４".isnumeric()=}')               # 是否数字，全角也算，True
42  print(f'{"①②③④".isnumeric()=}')               # 是否数字，圆圈数字也算，True
43  print(f"{'\t \n'.isspace()=}")                  # 是否全空白，制表符和回车也算，True
44  print(f"{'Hello python'.istitle()=}")           # 是否每个单词首字母大写，False
45  print(f"{'Python'.isupper()=}")                 # 是否全大写，False
46  print(f"{'3.14'.isdecimal()=}")                 # 是否只包含十进制字符，False
47  print(f'{"１２３４".isdecimal()=}')               # 是否数字，全角也算，True
48  print(f'{"①②Ⅵ五".isdecimal()=}')               # 是否数字，圆圈数字、中文数字、罗
                                                      马数字都不算，False
```

请结合方法的含义及注释加以理解，代码运行的结果如下：

```
str.upper()='PYTHON   '
str.lower()='python   '
str.capitalize()='Python   '
str.swapcase()='PYthON   '
len(str)=9
```

```
max(str)='y'
min(str)=' '
str2.title()='    Hello Python  \t\r\n'
str2.strip()='hello python'
str2.lstrip()='hello python  \t\r\n'
str2.rstrip()='    hello python'
path.startswith('D:')=True
path.endswith('.py')=True
path.replace('D:', 'C:')='C:\\Python\\code\\1.py'
s=['D:', 'Python', 'code', '1.py']
'|'.join(s)='D:|Python|code|1.py'
path.find('\')=2
path.rfind('\')=14
path.count('\')=3
path.find('Java')=-1
path.rindex('\')=14
'3.14'.isalnum()=False
'Python3'.isalnum()=True
'Python 3'.isalpha()=False
'3.14'.isdigit()=False
'Python'.islower()=False
'五十五'.isnumeric()=True
' Ⅵ '.isnumeric()=True
" 1 2 3 4 ".isnumeric()=True
" ①②③④ ".isnumeric()=True
'
'.isspace()=True
'Hello python'.istitle()=False
'Python'.isupper()=False
'3.14'.isdecimal()=False
" 1 2 3 4 ".isdecimal()=True
" ①②Ⅵ五 ".isdecimal()=False
```

5.7 小结

　　本章详细介绍了 Python 字符串的创建、操作、格式化及常用方法，字符串将贯穿整个 Python 学习过程，务必深入理解，特别是进行序列操作，正体现了 Python 高效开发的特点。

第6章　常见数据结构

列表、字典、元组和集合是 Python 四种基本的数据结构，它们各自有不同的特点和用途，在 Python 编程中非常常用。它们提供灵活的方式来组织和操作数据，本章将重点介绍这 4 种数据结构的用法。

6.1　列表

列表（List）是一种非常灵活的数据结构，用于存储有序的元素集合。

6.1.1　列表的定义

列表可以通过方括号"[ ]"来定义，元素之间用逗号分隔，类似于其他编程语言的数组、列表，可 Python 的列表又有所不同，同一列表的元素可以是任何不同的数据类型，包括数字、字符串、其他列表、字典等，例如：

```
# 创建一个包含不同类型元素的列表
lst = [1, 'two', 3.0, [4, 5], {'key': 'value'}]
```

这样就定义了一个包含 5 个元素的列表，第 1 个元素为整型，第 2 个元素为字符串，第 3 个元素为浮点数，第 4 个元素为列表，第 5 个元素为一个字典，相当灵活。

6.1.2　列表的嵌套

列表可以嵌套，即列表中的元素也可以是列表，例如上述例子中的第 4 个元素 [4, 5]。特别地，如果列表中的每个子列表长度都相等，则构成一个类似二维数组的效果，例如：

```
matrix = [
    [1, 2, 3],
    [4, 5, 6],
    [7, 8, 9]
]
print(matrix[1][1])     # 第 2 行第 2 列，输出：5
```

6.1.3 索引和切片

列表是一种序列，这意味着列表的元素可通过类似操作字符串一样的索引来访问，正索引从 0 开始，负索引表示从列表末尾开始计数，例如：

```
# 访问列表元素
print(lst[0])    # 输出：1
print(lst[-1])   # 输出：{'key': 'value'}
```

与字符串的切片类似，列表的切片操作用于获取列表的一个子序列，其语法为：

```
序列 [起始索引:结束索引:步长]
```

例如：

```
print(lst[1:3])  # 输出：['two', 3.0]，从第 1 个元素开始取，取不到第 3 个元素，
                 #   注意下标是从 0 开始的
```

其他索引和切片完整的例子及参数的含义，请参照前面章节字符串的索引和切片的内容。

6.1.4 修改列表

列表是可变的，这意味着可直接通过索引修改列表中的元素，例如：

```
lst[0] = '①'     # 将第 0 个元素的值修改为①
print(lst)       # 输出：['①', 'two', 3.0, [4, 5], {'key': 'value'}]
```

6.1.5 添加和删除元素

可使用列表的 append 方法在列表末尾添加元素，使用 insert 方法在指定位置插入元素，注意下标从 0 开始，例如：

```
lst.append(('㈥', 'Ⅶ'))           # 在末尾追加一个元组的元素
lst.insert(1, '新插入元素')         # 在列表的第 1 位（下标从 0 开始）插入一个字符
                                  #   串元素
print(lst)    # 输出：['①', '新插入元素', 'two', 3.0, [4, 5], {'key':
              #   'value'}, ('㈥', 'Ⅶ')]
```

可使用列表的 remove 方法通过指定要删除的元素的值来删除元素，其中指定的值必须存在于列表中，否则将引发一个 ValueError 错误。可使用 pop 方法删除并返回指定索引的元素，例如：

```
lst.remove(('六', 'Ⅶ'))    # 删除元素
popped = lst.pop(1)
print(lst)        # 输出：['①', 'two', 3.0, [4, 5], {'key': 'value'}]
print(popped)     # 输出：'新插入元素'
lst.remove(4)     # 由于值 4 不属于列表，将引发 ValueError: list.remove(x): x
                    not in list
```

6.1.6 列表的遍历

可使用 for-in 语句来遍历列表中的元素，例如：

```
for val in lst:
    print(val, end='\t')    # 输出每个元素：①  two  3.0  [4, 5]  {'key':
                              'value'}
```

其中每次迭代时的变量 val 即为列表中的每一个值。如果还需要获取索引，可使用 Python 的 enumerate 函数，例如：

```
for i, val in enumerate(lst):
    print(f'{i}: {val}', end='\t')
```

在每一次循环中，i 取到的值为当前的索引，val 为当前的值。代码的运行结果如下：

```
0: ①  1: two  2: 3.0  3: [4, 5]  4: {'key': 'value'}
```

6.1.7 运算符

和字符串一样，列表支持 +、*、in 运算符，分别表示拼接、重复和判断是否包含，例如：

```
>>> [1, 2, 3] + [4, 5, 6]
[1, 2, 3, 4, 5, 6]
>>> ['3', 4] * 3          # 重复 3 次
['3', 4, '3', 4, '3', 4]
>>> 3 in ['3', 4.0]       # 数字 3 不包含于列表中，列表第 0 个元素为字符串 '3'
False
```

6.1.8 列表的复制

复制列表时需要注意，简单的赋值操作"lst2 = lst1"实际上是创建了一个指向 lst1 的引用，而不是一个新的列表。要创建一个独立的新列表，必须使用列表

对象的 copy 方法，或使用切片操作，来生成原列表的一份新拷贝，例如：

试试看 6-1

```
01  lst1 = [1, 2, 3, 4, 5]
02  lst2 = lst1.copy()     # 复制
03  lst2[0] = 777          # 成功修改
04  lst3 = lst1[:]         # 复制
05  lst3[1] = 888          # 成功修改
06  lst4 = lst1            # 引用指向
07  lst4[2] = 999          # 修改了 lst1
08  print(f'{lst1=}')
09  print(f'{lst2=}')
10  print(f'{lst3=}')
11  print(f'{lst4=}')
```

采用第 2 行或第 4 行的操作对列表 lst1 进行复制后，对新列表的任何操作，将不会影响原列表 lst1。而第 6 行只是创建了一个指向 lst1 的引用，所以在第 7 行操作 lst4，实际上等同于修改列表 lst1。代码执行的结果如下：

```
lst1=[1, 2, 999, 4, 5]
lst2=[777, 2, 3, 4, 5]
lst3=[1, 888, 3, 4, 5]
lst4=[1, 2, 999, 4, 5]
```

6.1.9 函数与列表方法

Python 提供了几个函数来操作列表，见表 6-1。

表 6-1 Python 提供操作列表的函数

函数	说明
len(list)	返回列表元素个数
max(list)	返回列表元素最大值
min(list)	返回列表元素最小值
list(seq)	将序列转换为列表

除上述介绍的方法外，列表还有几个常用的方法，见表 6-2。

表6-2　列表的常用方法

方法	作用
count(obj)	统计某个元素在列表中出现的次数
index(obj)	从列表中找出某个值第一个匹配项的索引位置
extend(seq)	在列表末尾一次性追加另一个序列（字符串、元组等）中的多个值
reverse()	将列表中的元素逆序
sort(key=None, reverse=False)	对原列表进行排序
clear()	清空列表

上述函数、方法综合的演示程序如下：

试试看 6-2

```
01  print('字符串转列表：', list('qwerty'))
02  lst = list((3, 7, 4, 1, 3, 5))
03  print('元组转列表：', lst)
04  print('列表长度为：', len(lst))
05  print('最大元素为：', max(lst))
06  print('最小元素为：', min(lst))
07
08  print('3出现的次数：', lst.count(3))
09  print('第一个3的位置：', lst.index(3))
10  lst.extend((2, 5))
11  print('在末尾追加2个元素后：', lst)
12  lst.reverse()
13  print('逆序之后的列表：', lst)
14  lst.sort()
15  print('排序之后的列表：', lst)
16  lst.clear()
17  print('清空后的列表：', lst)
```

代码比较简单，请结合运行结果进行分析：

```
字符串转列表：['q', 'w', 'e', 'r', 't', 'y']
元组转列表：[3, 7, 4, 1, 3, 5]
列表长度为：6
```

```
最大元素为： 7
最小元素为： 1
3 出现的次数： 2
第一个 3 的位置： 0
在末尾追加 2 个元素后： [3, 7, 4, 1, 3, 5, 2, 5]
逆序之后的列表： [5, 2, 5, 3, 1, 4, 7, 3]
排序之后的列表： [1, 2, 3, 3, 4, 5, 5, 7]
清空后的列表： []
```

列表是 Python 中最常用的数据结构之一，它提供丰富的操作和方法来处理和组织数据。由于其可变性，非常适合用于存储和操作可以更改的数据集合。

6.2 字典

字典（Dictionary）是一种无序的、可变的集合，它存储的是键值对（key-value pairs），适用于需要快速查找和存储数据的场景。

6.2.1 字典的定义

字典通过花括号"{}"或使用 Python 函数 dict 来定义，每个键值对之间用逗号分隔，键和值之间用冒号":"分隔。其中，值可以是任何数据类型，但键必须是不可变类型，如使用字符串、数字、元组充当，而不可以是列表。例如：

```
# 空字典
empty_dic = {}
empty_dic2 = dict()
# 分别以数字、字符串、元组作键
dic_ex = { 1: 'val1', '2': 'val2', (3, '5'): 'val3' }
# 定义一个字典
dic = { "id": "1", "name": "Python 从入门到精通", "price": 69.8}
```

6.2.2 访问字典中的值

可以通过字典的键来得到相应的值，例如：

```
# 访问键值
print(dic['price'])        # 输出：69.8
```

6.2.3 字典的嵌套

字典可以嵌套，即字典中的值可以是其他字典，例如：

```
# 嵌套字典
nested_dict = { 'python': dic }
# 打印嵌套字典里的字典的键值：Python 从入门到精通
print(nested_dict['python']['name'])
```

6.2.4 修改字典

字典是可变的，可以添加新的键值对，也可以修改已有键的值，例如：

```
# 增加新键值对
dic['sales'] = 3004     # 增加销量记录
# 修改值
dic['price'] = 79.8
print(dic)          # {'id': '1', 'name': 'Python 从入门到精通', 'price':
                      79.8, 'sales': 3004}
```

6.2.5 删除键值对

可使用 del 关键字删除字典中的键值对，或使用字典的 pop 方法删除指定键，并返回该键的值，例如：

```
# 删除键值对
del dic['price']    # 删除后：{'id': '1', 'name': 'Python 从入门到精通 ',
                      'sales': 3004}
sales = dic.pop('sales')  # 删除后：{'id': '1', 'name': 'Python 从入门到精通 '}
print(sales)            # 得到：3004
```

6.2.6 字典的遍历

可使用 for-in 语句来遍历字典的键、值或键值对，有以下三种方法：

```
# 遍历字典
for key in dic:
    print(key, dic[key])    # id 1 和 name Python 从入门到精通
for key, value in dic.items():
    print(key, value)       # id 1 和 name Python 从入门到精通
# 遍历字典的值
for value in dic.values():
    print(value)            # 1 和 Python 从入门到精通
```

6.2.7 字典的复制

复制字典和列表类似，"dict2 = dict1"创建了一个引用，而不是一个新的字

典，应当使用字典的 copy 方法来生成新字典：

```
# 复制字典
dic2 = dic.copy()
dic2['name'] = 'C++ 从入门到精通 '     # 修改新字典
print(dic)                # 不影响原来字典：{'id': '1', 'name': 'Python 从入门到精通'}
```

6.2.8 函数与字典方法

Python 提供了几个函数来操作字典，见表 6-3。

表 6-3　Python 提供操作字典的函数

函数	说明
len(dict)	计算字典元素个数，即键的总数
str(dict)	输出字典，可以打印的字符串表示

除上述介绍的方法外，字典还有几个常用的方法，见表 6-4。

表 6-4　字典的常用方法

方法	作用
fromkeys(seq, value=None)	以序列 seq 中元素做字典的键创建一个新字典，value 为所有键对应的初始值，默认为 None
items()	以列表嵌套元组返回一个视图对象
keys()	返回一个所有键的视图对象
values()	返回一个所有值的视图对象
get(key, default=None)	返回指定键的值，如果键不在字典中返回 default 设置的默认值
setdefault(key, default=None)	和 get() 类似，但如果键不存在于字典中，将会添加键并将值设为 default
update(dict)	将另一个字典 dict 的键值对更新到该字典里
popitem()	返回并删除字典中的最后一对键和值
key in dict	如果键在字典 dict 里返回 True，否则返回 False
clear()	删除字典中所有元素

下面给出一个上述函数、方法综合的演示程序：

试试看 6-3

```python
01  dic = dict.fromkeys(['id', 'name'])
02  print('初始字典为： ', dic)
03  print('字典长度为： ', len(dic))
04  dic['id'] = 1
05  dic['name'] = 'Python 从入门到精通'
06  print('输出字典： ', str(dic))
07
08  print('字典所有键值为： ', dic.items())
09  print('字典所有键为： ', dic.keys())
10  print('字典所有值为： ', dic.values())
11
12  print('get 不到 key，返回 None： ', dic.get('sales'))
13  print('get 不到 key，取默认值： ', dic.get('price', 69.8))
14  print('setdefault 得不到 key，增加键，其值设为 None 并返回 None： ', dic.
        setdefault('sales'))
15  print('setdefault 得不到 key，增加键，其值设为默认值并返回该值： ', dic.
        setdefault('price', 69.8))
16  print('setdefault 修改后字典为： ', dic)
17
18  dic.update({'sales': 3004, 'image_url': 'py.png'})
19  print('update 后字典为： ', dic)
20  print('删除并得到最后一个键值对： ', dic.popitem())
21  print('popitem 后字典为： ', dic)
22
23  print('字典包含键"sku"？ ', 'sku' in dic)
24  dic.clear()
25  print('清空后的字典： ', dic)
```

代码比较简单，请结合运行结果进行分析：

```
初始字典为： {'id': None, 'name': None}
字典长度为： 2
输出字典： {'id': 1, 'name': 'Python 从入门到精通'}
字典所有键值为： dict_items([('id', 1), ('name', 'Python 从入门到精通')])
字典所有键为： dict_keys(['id', 'name'])
字典所有值为： dict_values([1, 'Python 从入门到精通'])
get 不到 key，返回 None： None
```

```
get 不到 key，取默认值： 69.8
setdefault 得不到 key，增加键，其值设为 None 并返回 None： None
setdefault 得不到 key，增加键值，其值设为默认值并返回该值： 69.8
setdefault 修改后字典为： {'id': 1, 'name': 'Python 从入门到精通', 'sales':
None, 'price': 69.8}
update 后字典为： {'id': 1, 'name': 'Python 从入门到精通', 'sales': 3004,
'price': 69.8, 'image_url': 'py.png'}
删除并得到最后一个键值对： ('image_url', 'py.png')
popitem 后字典为： {'id': 1, 'name': 'Python 从入门到精通', 'sales': 3004,
'price': 69.8}
字典包含键 "sku"？ False
清空后的字典： {}
```

字典是 Python 中重要的数据结构，它提供快速的键值查找能力，适用于需要根据唯一标识符快速访问数据的场景。字典的可变性使得它能够灵活地添加、修改和删除数据，由于字典是无序的，它不支持索引和切片操作，但提供了丰富的内置方法来操作和遍历数据。

6.3　元组

元组（Tuple）是一种有序的、不可变的序列数据类型，它可以存储任意类型的数据，包括数字、字符串、列表、甚至是其他元组。由于元组是不可变的，可用于存储不应该被修改的数据，如配置信息、坐标等。在函数中返回多个值时，也可以以元组形式返回。

6.3.1　元组的定义

元组通过圆括号"( )"来定义，元素之间用逗号分隔。如果元组只包含一个元素，需要在元素后面加上逗号，否则括号会被当作运算符使用，例如：

```
# 创建元组
tup = ()                # 空元组
tup = (1, 'two', 3.0, [4, 5], (6, 7))
print(type((1,)))       # (1,) 是一个元组，<class 'tuple'>
print(type((1)))        # (1) 括号无意义，是一个 int，<class 'int'>
```

6.3.2　访问元组中的元素

元组是有序的，可通过索引来访问元组中的元素，正索引从 0 开始，负索引表示从元组末尾开始计数，例如：

```
# 访问元组中的元素
print(tup[0])                    # 输出：1
print(tup[-1])                   # 输出：(6, 7)
```

6.3.3　元组的不可变性

元组是不可变的，这意味着一旦创建，就不能添加、删除或修改元素，例如：

```
# 尝试修改元组会引发错误
tup[0] = 2                       # 引发 TypeError: 'tuple' object does not support
                                   item assignment
```

6.3.4　元组的切片

虽然元组本身不可变，但可以对元组进行切片操作，创建一个新的元组，语法和字符串、列表相同，例如：

```
# 元组切片
slice = tup[1:3]
print(slice)                     # 输出：('two', 3.0)
```

6.3.5　元组的遍历

可使用 for-in 语句来遍历元组中的元素，例如：

```
# 遍历元组
for item in tup:
    print(item, end=', ')        # 输出：1, two, 3.0, [4, 5], (6, 7),
```

6.3.6　运算符

元组和字符串一样，支持 +、*、in 运算符，分别表示拼接、重复和判断是否包含，例如：

```
>>> (1, 2, 3) + (4, 5, 6)
(1, 2, 3, 4, 5, 6)
>>> ('3', 4) * 3                 # 重复 3 次
('3', 4, '3', 4, '3', 4)
>>> 3 in ('3', 4.0)              # 数字 3 不包含于元组中，元组第 0 个元素为字符串 '3'
False
```

6.3.7　函数与元组方法

Python 提供了几个函数来操作元组，见表 6-5。

表 6-5　Python 提供操作元组的函数

函数	说明
len(tuple)	返回元组元素个数
max(tuple)	返回元组元素最大值
min(tuple)	返回元组元素最小值
tuple(seq)	将序列转换为元组

除上述介绍的方法外，元组还有几个常用的方法，见表 6-6。

表 6-6　元组的常用方法

方法	作用
count(obj)	统计某个元素在元组中出现的次数
index(obj)	从元组中找出某个值第一个匹配项的索引位置

下面给出一个上述函数、方法综合的演示程序：

试试看 6-4

```
01  tup = tuple('365473')
02  print('从序列生成的元组为：', tup)
03  print('元组长度为：', len(tup))
04  print('最大元素为：', max(tup))
05  print('最小元素为：', min(tup))
06
07  print('"3"出现的次数：', tup.count('3'))
08  print('第一个"3"的位置：', tup.index('3'))
09  print('元组包含数字3？', 3 in tup)
```

代码比较简单，请结合运行结果进行分析：

```
从序列生成的元组为： ('3', '6', '5', '4', '7', '3')
元组长度为： 6
最大元素为： 7
最小元素为： 3
"3"出现的次数： 2
第一个"3"的位置： 0
元组包含数字3？ False
```

元组提供一种存储不可变序列数据的方式，它的有序性和不可变性使得在某些场景下非常有用，尤其是在需要确保数据不被意外修改的情况下。虽然元组的方法和操作不如列表丰富，但在性能和安全性方面有其独特的优势。

6.4 集合

集合（Set）是一种无序的、不重复的、可增删的元素集合，其元素可以是数字、字符串、元组等，但不能是列表、字典或集合等可变类型。集合支持数学上的集合操作，如并集、交集、差集和对称差集。集合可用来去除列表中的重复元素，或者快速检查元素是否在集合中。

6.4.1 集合的定义

集合通过花括号"{}"或 set 函数来定义。注意，如果使用空的花括号创建的是一个空字典，而不是空集合。集合中的元素是唯一的，不允许重复，如果创建集合时包含重复元素，集合会自动去除重复项。例如：

```
# 创建集合
s = set()                    # 空集合
s = {2, 3, 5, 5, 5, 7}       # {2, 3, 5, 7}，自动移除重复元素
```

6.4.2 集合的添加和删除

集合是可增删的，可以通过集合的 add 或 update 方法添加元素，如果元素已存在，则不进行任何操作。两者的区别在于，add 一次增加一个元素，而 update 可接受任何包含元素的序列，例如：

```
# 添加
s.add(11)                   # {2, 3, 5, 7, 11}
s.add(11)                   # {2, 3, 5, 7, 11}
s.update([2, 3], (11, 17))  # 添加一个列表和一个元组
print(s)                    # {2, 3, 5, 7, 11, 17}
```

可通过 remove 或 discard 方法删除元素，两者的区别在于，如果元素不存在，remove 将引发异常，而 discard 不会，例如：

```
# 删除
s.remove(11)                # {2, 3, 5, 7, 17}
s.discard(13)               # {2, 3, 5, 7, 17}，13不存在，什么也不操作
#s.remove(13)                # 引发异常 KeyError: 13
```

注意，集合的元素无法索引，也不允许修改，例如：

```
# s[0] = 1                # 引发 TypeError: 'set' object does not support
                          item assignment
```

s[0] 本身也将引发 "TypeError: 'set' object is not subscriptable" 异常。

6.4.3　集合的遍历

可使用 for-in 语句来遍历集合中的元素，例如：

```
# 遍历集合
for item in s:
    print(item, end=', ')  # 2, 3, 5, 7, 17,
```

6.4.4　集合的复制

复制集合和列表类似，"set2 = set1" 创建了一个引用，而不是一个新的集合，应当使用集合的 copy 方法来生成新集合：

```
# 复制集合
set2 = s.copy()
set2.remove(2)       # {3, 5, 7, 17}
print(s)             # 不影响原来集合: {2, 3, 5, 7, 17 }
```

6.4.5　集合的数学操作

集合支持多种数学操作，包括并集 union、交集 intersection、差集 difference 等，这三个方法均产生一个新的集合，例如：

```
# 集合的数学操作
set1 = {1, 2, 3}
set2 = {3, 4, 5}
# 并集
print(set1.union(set2))          # 输出：{1, 2, 3, 4, 5}
# 交集
print(set1.intersection(set2))   # 输出：{3}
# 差集
print(set1.difference(set2))     # 输出：{1, 2}
print(set1)                      # 输出：{1, 2, 3}，没有改变
```

另外还有交集方法 intersection_update 和差集方法 difference_update，它们直接在集合上进行操作，并且没有返回值，例如：

```
# 交集
set1.intersection_update(set2)
print(set1)                         # 输出：{3}，直接在 set1 上操作
set1 = {1, 2, 3}
# 差集
set1.difference_update(set2)
print(set1)                         # 输出：{1, 2}，直接在 set1 上操作
```

6.4.6 函数与集合方法

除上述介绍的方法外，集合还有几个常用的方法，见表6-7。

表6-7 集合的常用方法

方法	描述
len(set)	计算集合元素个数
isdisjoint(set)	判断两个集合是否没有相同的元素，如果没有则返回 True，否则返回 False
issubset(set)	判断是否为 set 的子集
issuperset(set)	判断是否为 set 的超集
pop()	随机移除并返回一个元素，由于集合的无序性，该方法不实用
clear()	移除集合中的所有元素

下面给出一个上述方法综合的演示程序：

试试看 6-5

```
01  set1 = {2, 3, 5}
02  set2 = {2, 3, 5, 7, 11}
03  print('set1 集合长度为：', len(set1))
04  print('两个集合没有相同元素？', set1.isdisjoint(set2))
05  print('set1 是 set2 的子集 (set1 包含于 set2，set1⊆set2) ？', set1.
        issubset(set2))
06  print('set2 是 set1 的超集 (set2 包含 set1，set2⊇set1) ？', set2.
        issuperset(set1))
07  set1.clear()
08  print('清空后的集合：', set1)
```

代码比较简单，请结合运行结果进行分析：

```
set1 集合长度为：3
两个集合没有相同元素？False
set1 是 set2 的子集 (set1 包含于 set2, set1⊆set2)？True
set2 是 set1 的超集 (set2 包含 set1, set2⊇set1)？True
清空后的集合：set()
```

集合提供了一种存储无序、不重复元素的数据结构，其不可重复性和支持的数学操作使得它们在处理需要唯一性或集合运算的场景中非常有用。集合的查找速度快，适合用于元素的快速查找和去重。虽然不支持索引和切片，但集合在某些特定情况下可以提供比列表和字典更高效的解决方案。

6.5 小结

本章学习了列表、字典、元组和集合这 4 种数据结构的性质，4 种数据结构的特性比较见表 6-8。

表 6-8 4 种数据结构的特性比较

数据结构 特性 / 类型	列表	字典	元组	集合
可增删	是	是（键值对）	否	是
可修改	是	是（值）	否	否
是否有序	有序	有序 * （Python 3.7+）	有序	有序 * （Python 3.7+）
可索引	是	是（键可索引）	是	否
可重复	是	否（键不允许）	是	否
能否切片	是	否	是	否

◇ 可增删

列表支持添加（append、extend）和删除（remove、pop）元素。字典支持添加（通过赋值新键值对）和删除（del 或 pop）键值对，但键本身不可增删。元组是不可变的，不支持元素的增删。集合支持添加（add、update）和删除（remove、discard）元素。

◇　可修改

列表的元素可以被修改，通过索引赋值。字典的值可以被修改，通过键赋值。元组的元素不可修改，因为元组是不可变的。集合的元素不可修改。

◇　是否有序

列表和元组是有序的，元素的顺序在创建时确定。字典和集合在 Python 3.7 以上版本中保证插入顺序，但在之前的版本中是无序的。

◇　可索引

列表和元组都支持索引，可以通过索引来访问或修改元素。字典通过键来索引，可以访问或修改对应的值。集合不支持索引，因为它们是无序的。

◇　可重复

列表和元组允许元素重复。字典的键必须是唯一的，但值可以重复。集合不允许元素重复，重复的元素会被自动去重。

◇　能否切片

列表和元组支持切片操作，可以从序列中获取子序列。字典和集合不支持切片，因为它们不是序列类型。

请注意，Python 3.7 以上版本中，字典和集合的顺序得到了保证，即它们会记住元素的插入顺序，在之前的版本中，字典和集合是无序的。

虽然元组是不可变的，但如果将可变对象（例如列表）作为元组的元素，那么这些可变对象本身的内容是可以改变的。

第7章　函数

到目前为止，我们所使用的演示代码都是以单个代码块的形式出现，其中也有条件执行的分支语句和重复执行的循环语句，这种代码结构的作用是有限的。某些任务往往可能在一个程序中执行好几次，例如日志输出、定时清除缓存、排序操作等。这时可以把这样相同的代码块组合成函数来实现封装。函数是 Python 编程中的基本构建块之一，理解和熟练使用函数对于编写高效、可维护的代码至关重要。本章我们重点学习函数的各方面知识点。

7.1　什么是函数

函数（Function）是一段可重复使用的代码块，它执行特定的任务。函数可以接受输入参数（也可以没有参数），并且可以返回一个或多个结果。在编程中，函数有助于将复杂的程序分解成更小、更易于管理的部分，从而提高代码的可读性、可维护性和可复用性。函数的作用主要有：

◇ 可读性

函数名通常描述了其功能，使得代码更容易被理解。

◇ 可复用性

通过定义函数，可以将某段代码封装起来，然后在程序的多个地方调用该函数，避免代码冗余。

◇ 可维护性

当需要修改程序逻辑时，只需修改函数内部，而不影响函数的调用。

◇ 模块化

将程序分解成多个函数，每个函数负责一个特定的任务，使得代码结构更清晰。

◇ 抽象化

隐藏实现细节，只暴露必要的接口，使得使用函数的人不需要了解函数的内部工作原理。

7.2 函数的定义

函数使用关键字 def（define 的缩写）来定义，其语法如下：

```
def func_name(parameters):
    # 函数体部分，可以包含一系列的语句
    # 函数体应当保持一致的缩进
    return result          # 可选的返回语句
```

其中，func_name 是函数的名称，遵循标识符的命名规则，圆括号中的 parameters 是函数的形式参数（Formal Parameter，简称形参）列表，可以包含零个或多个参数，参数之间使用半角逗号分隔。圆括号后使用半角冒号 ":" 提示函数体的内容，函数体是实现函数功能的代码块。

return 语句用于指定函数的返回值，一个函数可以没有返回值。如果没有 return 语句，函数将默认返回 None。整个函数体和 return 语句，构成函数的代码块部分，其缩进应当保持一致。例如：

试试看 7-1

```
01  # 定义一个名为 add 的函数，包含 a 和 b 两个形式参数
02  def add(a, b):
03      # 函数体部分：实现加法计算
04      c = a + b
05      # 有返回值，返回变量 c 给函数调用者
06      return c
07
08  # 定义一个名为 str_out 的函数，包含 obj 一个参数
09  def str_out(obj):
10      # 函数体部分，打印输出
11      # 不需要任何返回值，所以没有 return 语句
12      print(str(obj))
```

7.3 函数的调用

定义函数后，可以通过函数名和参数列表（如果有）来调用函数。实际上，在前面章节已经大量调用 Python 内置的 print 函数进行打印输出，函数的调用对我们并不陌生。其语法为：

```
func_name(arguments)
```

其中，func_name 是函数的名称，arguments 是传递给函数的实际参数（Actual Parameter，也称作 Argument，简称实参）列表，它们必须与函数定义中的形式参数列表的个数相匹配，例如：

试试看 7-2

```
01  def add(a, b):
02      c = a + b
03      return c
04
05  def str_out(obj):
06      print(str(obj))
07
08  str_out(add(2, 3))
09  add(5)
```

在前面 2 个函数定义的基础上，在第 8 行先使用数值 2 和 3 作为实际参数列表，调用 add 函数，得到返回值 5，再将 5 作为实际参数调用 str_out 函数，打印输出。而函数 add 需要 2 个参数，第 9 行只提供了 1 个参数，将引发异常。代码的运行结果如下：

```
5
Traceback (most recent call last):
  File "d:\Python\code\7\7-2.py", line 9, in <module>
    add(5)
TypeError: add() missing 1 required positional argument: 'b'
```

即使一个函数没有形参列表，调用函数时的圆括号也不允许省略，例如：

```
>>> def my_print():
...     print('hello python')
...
>>> my_print
<function my_print at 0x0000021FA0D68A40>
>>> my_print()
hello python
```

"my_print" 是对函数的一个引用，函数本质也是一个对象，打印的是对象名和地址信息。而"my_print()"才是对函数的调用。

7.4 函数的返回值

通过函数进行数据交换的简单方式是利用返回值来传递。如函数定义时所述，函数通过 return 语句返回一个或多个值，多个值可使用元组形式返回。如果函数没有 return 语句，或者 return 后面没有表达式，那么函数将返回 None。例如：

试试看 7-3

```
01  def root(a, b, c):
02      delta_sqrt = (b ** 2 - 4 * a * c) ** .5
03      x1 = (-b + delta_sqrt) / (2 * a)
04      x2 = (-b - delta_sqrt) / (2 * a)
05      return (x1, x2)
06
07  print(root(4, -2, -12))
```

root 函数实现了使用求根公式求二元一次方程 $ax^2 + bx + c = 0$ 两个根的功能。函数将返回 2 个值，所以使用元组返回。第 7 行执行了一次调用，分别令 a、b、c 等于 4、-2、-12，求得的结果如下：

```
(2.0, -1.5)
```

函数内部执行到 return 语句将立即返回，后面的代码都不会执行，这并不意味着 return 语句只能是函数体的最后一句，可以在函数体内部任何地方使用 return，例如：

试试看 7-4

```
01  def my_func():
02      print('进入函数')
03      return
04      for i in range(0, 100):
05          print(i)
06
07  my_func()
```

函数体内部第 1 行执行打印之后，第 2 行就是 return 语句，my_func 执行至此就立即返回，不再往下执行打印数字的操作。再如：

试试看 7-5

```
01  def abs(x):
02      if x >= 0:
03          return x
04      return -x
05
06  print(abs(5))
07  print(abs(-2.3))
```

abs 函数实现了求绝对值的功能，代码第 2 行判断如果参数 x 非负，则立即返回。剩余的情况就是负数了，也无须再写 else 语句，直接返回 x 的相反数即可。这意味着，很多时候我们可能需要从分支、循环的内部直接提前返回，无须执行完整个函数，比如：

试试看 7-6

```
01  def find(seq, val):
02      for i in seq:
03          if i == val:
04              return True
05      return False
06
07  print(find([3, 7, 1, 2, 5, 8, 2, 4, 6], 1))
```

find 函数实现在给定的可迭代序列中寻找是否存在值为 val 的元素。第 2 行对序列进行迭代，第 3 行依次判断每个值是否与给定的 val 参数值相等。只要有一个相等，立即在第 4 行返回 True，表示找到，而无须完成剩余的迭代，提高程序效率。当循环迭代完毕仍无返回，则执行第 5 行的 return False。

7.5　参数传递

7.5.1　原理

不同于其他大多数语言的按值传递或按引用传递，Python 中函数参数的传递机制是按对象引用传递，也称为按对象传递或按共享传递，因为 Python 中所有的数据都是对象，包括数字、字符串、列表、字典等。当将一个任意类型的变量传递给函数时，实际上是将变量的引用传递给了函数。这意味着函数内部对参数的修改可能会影响到原始变量的值，这取决于参数所引用的对象是否是可变的。例如：

试试看 7-7

```
01  def addr(i, s):
02      print(f'函数内部, int 地址为: {id(i):X}, str 地址为: {id(s):X}')
03
04  integer = 5
05  string = 'hello'
06  print(f'函数外部, int 地址为: {id(integer):X}, str 地址为: {id(string):X}')
07  addr(integer, string)
```

addr 函数内部打印 2 个形式参数的地址，在第 6 行打印 2 个变量的地址。第 7 行将 2 个变量传递给 addr 函数。代码将输出：

```
函数外部, int 地址为: 7FF97A1A1A38, str 地址为: 1AC76ACDB30
函数内部, int 地址为: 7FF97A1A1A38, str 地址为: 1AC76ACDB30
```

可以看到，不同于其他编程语言，连整型变量也是通过变量的引用传递给函数的。

7.5.2　不可变对象

不可变对象包括数字、字符串、元组等，如果将不可变对象当作参数传递给函数，函数内部无法改变这些对象的值，因为它们是不可变的。任何尝试修改不可变对象的操作都将导致创建一个新的对象，为了验证这个事实，我们看看以下例子：

试试看 7-8

```
01  def modify_int(x, y):
02      print(f'函数内部, x 地址为: {id(x):X}, y 地址为: {id(y):X}')
03      x += 3
04      y = 5
05      print(f'修改值后, x 地址为: {id(x):X}, y 地址为: {id(y):X}')
06
07  a, b = 1, 2
08  print(f'函数外部, a 地址为: {id(a):X}, b 地址为: {id(b):X}')
09  modify_int(a, b)
10
11  print(a, b)
```

第 7 行令 a 和 b 分别等于 1 和 2，在第 8 行打印它们的地址，第 9 行调用函数 modify_int。进入函数后，在第 2 行打印函数内形参的地址，由前面分析得知，传递的是对对象的引用，所以函数体中的地址应该等于在外部的地址。第 3 行对 x 增加 3，试图对外部变量 a 的引用进行修改。第 4 行直接给 y 赋值为 5，试图对外部变量 b 的引用进行修改。由于传递进来的 a 和 b 都是数字类型，是不可变类型，所以任何修改都将导致创建新的对象，即，无法在原来变量的内存空间中修改值，必须在新开辟的内存空间中存放新修改的值，导致内存地址的不同。第 11 行在函数调用后再次打印 a 和 b 的值。代码输出的结果如下：

```
函数外部，a 地址为: 7FF97A1A19B8，b 地址为: 7FF97A1A19D8
函数内部，x 地址为: 7FF97A1A19B8，y 地址为: 7FF97A1A19D8
修改值后，x 地址为: 7FF97A1A1A18，y 地址为: 7FF97A1A1A38
1 2
```

7.5.3 可变对象

可变对象包括列表、字典等，如果将可变对象传递给函数，函数内部对参数的修改会影响到原始对象，因为函数和调用者共享同一个对象，例如：

试试看 7-9

```
01  def modify(lst, dic):
02      lst.append(4)
03      del dic[2]
04
05  my_list = [1, 2, 3]
06  my_dict = {1: 'a', 2: 'b'}
07  modify(my_list, my_dict)
08  print(my_list, my_dict)
```

第 5 行定义了一个列表，第 6 行定义了一个字典，第 7 行将这两个对象通过参数传递给 modify 函数。函数内部对列表追加了一个元素，对字典删除了一对键值对。函数执行完毕后，第 8 行打印这两个对象，可以预见，由于列表和字典均为可变对象，函数内部对形式参数的修改，直接体现在对实际参数的修改，函数外部的对象的值将发生变化。代码执行的结果如下：

```
[1, 2, 3, 4] {1: 'a'}
```

结果符合预期。不过，并不是所有对可变对象的修改都体现在对原对象的修改，例如：

试试看 7-10

```
01  def change(lst, dic):
02      lst = [1, 2, 3, 4]
03      dic = {1: 'a'}
04      print("函数内部: ", lst, dic)
05
06  my_list = [1, 2, 3]
07  my_dict = {1: 'a', 2: 'b'}
08  change(my_list, my_dict)
09  print("执行完函数: ", my_list, my_dict)
```

与试试看 7-9 不同的是，函数体内部不是在原对象上进行操作，而是通过赋值来改变对象的值，尽管在函数内部来看，值与试试看 7-9 一致，但是赋值操作是通过在内存中开辟一块新的区域，存放了数据，再把引用赋值给变量，引用发生改变，所以无法对函数体外原来的对象产生改变。代码执行的结果如下：

```
函数内部:  [1, 2, 3, 4] {1: 'a'}
执行完函数:  [1, 2, 3] {1: 'a', 2: 'b'}
```

需从本质上理解参数传递、可变对象、不可变对象的原理，才能在实际编程中少出错。

7.6　参数类型

在 Python 函数的参数传递中，根据在函数定义和调用时的行为和要求来划分，有 4 种不同类型的参数，它们分别是必需参数、关键字参数、默认参数和不定长参数。

7.6.1　必需参数

必需参数也被称为位置参数（Positional Argument），它们是在函数调用时必须按正确的顺序传递给函数的参数。如果函数定义中期望有两个参数，那么在调用函数时也必须传递两个参数，并且顺序不允许出错，否则会引发错误，例如：

试试看 7-11

```
01  def calc(book, price):
02      print(f'5本{book}书的价格是{price*5}')
03
04  calc('python', 69.8)
05  calc(69.8, 'python')
06  calc('python')
```

该例子用于给定书名和单价来计算 5 本书的总价。第 4 行给定书名为 python，单价 69.8，得到正确的运行结果。第 5 行实际参数顺序颠倒了，恰巧函数体内部不至于发生异常，但是得到奇怪的结果。第 6 行参数数量不匹配，将引发异常。代码运行的结果如下：

```
5本python书的价格是349.0
5本69.8书的价格是pythonpythonpythonpythonpython
Traceback (most recent call last):
  File "D:\Python\code\7\7-11.py", line 6, in <module>
    calc('python')
TypeError: calc() missing 1 required positional argument: 'price'
```

7.6.2 关键字参数

为避免参数顺序错误，并且让调用更加灵活，Python 中提供关键字参数，它允许在函数调用时通过提供"参数名＝值"的形式传递参数。这使得函数调用时可以不按照参数在函数定义中的顺序来传递参数，从而提高代码的可读性，例如：

试试看 7-12

```
01  def calc(book, price):
02      print(f'5本{book}书的价格是{price*5}')
03
04  calc('python', 69.8)
05  calc(price=69.8, book='python')
```

第 5 行通过使用关键字参数，显式地指定参数的名称和对应的值，可以灵活地安排参数的顺序，而不必遵循函数定义时参数的顺序，在一定程度上突显了 Python 语言的灵活性。代码运行的结果如下：

```
5本python书的价格是349.0
```

5 本 python 书的价格是 349.0

7.6.3 默认参数

默认参数是在函数定义时赋予默认值的参数，在调用函数时，如果没有传递这些参数，则会使用定义时设置的默认值，如果传递了这些参数，则会覆盖默认值。例如：

试试看 7-13

```
01  def calc(book, price=50):
02      print(f'5 本 {book} 书的价格是 {price*5}')
03
04  calc('python', 69.8)
05  calc('c++')
```

第 1 行 calc 函数定义的参数列表中，为 price 参数提供了一个默认值 50，在第 4 行的调用中，提供了形参列表第 2 位的 price 参数，则使用提供的值进入函数体。第 5 行的调用中，省略了 price 参数，则将使用函数提供的 price 默认值 50 进入函数体。代码运行的结果如下：

```
5 本 python 书的价格是 349.0
5 本 c++ 书的价格是 250
```

注意，默认参数必须位于形参列表的最后，也就是不允许将非默认参数排在默认参数后面，例如以下写法将导致语法错误。

```
def calc(price=50, book):
```

如果有多个默认参数，可依次排列。调用时除了按顺序给定实际参数外，如果要省略参数列表中间的参数，而提供后面的参数，则必须使用关键字参数进行指定，例如：

试试看 7-14

```
01  def calc(book, price=50, sales=2500):
02      print(f'{sales} 本 {book} 书的价格是 {price*sales}')
03
04  # 标准调用
05  calc('python', 69.8, 1000)
06  # 意图将 1000 传递给 sales，实际传递给第 2 位的 price
```

```
07   calc('c++', 1000)
08   # 必须使用关键字参数进行传递
09   calc('c语言', sales=1000)
10   # 全部使用关键字参数传递，则可以不分顺序
11   calc(sales=1000, price=49.8, book='java')
```

可结合注释进行理解。代码运行的结果如下：

```
1000 本 python 书的价格是 69800.0
2500 本 c++ 书的价格是 2500000
1000 本 c 语言书的价格是 50000
1000 本 java 书的价格是 49800.0
```

7.6.4 不定长参数

不定长参数允许在函数调用时传递任意数量的参数。通常使用 *args 来接收任意数量的位置参数，这些参数会被打包成一个元组，在函数内部可以通过 args 来访问。例如：

试试看 7-15

```
01   def add(*args):
02       sum = 0
03       for i in args:
04           sum += i
05       return sum
06
07   print(add())
08   print(add(5))
09   print(add(1, 2, 3, 4.0))
```

第 1 行函数定义中，参数使用了 *args 作为不定长参数，它允许接收零至任意多个参数。函数体内部则通过 args 来访问传递进来的所有参数，类型为可迭代的元组。第 3 行使用 for-in 循环进行迭代，取得每一个元素值，累加后输出。第 7 行不提供任何参数，第 8 行提供 1 个参数，第 9 行提供 4 个参数。代码运行的结果如下：

```
0
5
10.0
```

而由于 args 的类型是元组，所以不允许修改，试图对 args 进行任何修改都将引发异常，例如：

试试看 7-16

```
01  def add(*args):
02      print(type(args))      # 输出: <class 'tuple'>
03      args[0] = 5            # 引发异常TypeError: 'tuple' object does not
                                 support item assignment
04
05  print(add(1, 2, 3, 4.0))
```

也可以使用 **kwargs 来接收任意数量的关键字参数，这些参数会被打包成一个字典，在函数内部可以通过 kwargs 这个字典来访问。例如：

试试看 7-17

```
01  def book_attr(book, price, **kwargs):
02      dic = {}
03      dic['name'] = book
04      dic['price'] = price
05      print(type(kwargs))
06      dic.update(kwargs)
07      # for k, v in kwargs.items():
08      #     dic[k] = v
09      print(f'当前书籍的所有属性: {dic}')
10
11  book_attr('python', 69.8, image_path='\\2.png', sales=2500,
        is_deleted=False)
```

该函数用于记录书籍的属性，其中书名和定价为基本属性，其他均为扩展属性，提供多少记录多少。循环体内部先定义一个空的字典，将书名和定价记录进去。第 5 行查看 kwargs 的类型，第 6 行直接调用字典上的 update 方法，通过提供另一个字典，将里边的键值对全部复制到目标字典中，以此来代替第 7、8 行的循环赋值。第 9 行打印整个字典，查看书籍的所有属性。第 11 行的函数调用中，除了前面 2 个参数是必须指定、有明确含义外，后面的键值对均为可选，有什么属性就提供什么属性，达到灵活处理的目的。代码运行的结果如下：

```
<class 'dict'>
```

当前书籍的所有属性：{'name': 'python', 'price': 69.8, 'image_path': '\\2.png', 'sales': 2500, 'is_deleted': False}

7.7 变量作用域

变量的作用域决定了变量在代码的哪个部分是可见的，也就是说，它在哪里可以被访问和修改。变量根据其声明位置的不同，拥有不同的作用域。Python 中变量的作用域主要有以下四种。

7.7.1 局部作用域

局部作用域（Local Scope）是指在函数内部声明的变量，这些变量只在函数内部可见，函数外部无法访问，如果试图访问，Python 会抛出一个 NameError 异常。每当函数被调用时，将创建一个新的局部作用域。例如：

试试看 7-18

```
01  def func1():
02      var1 = 0
03      print(var1)
04
05  def func2():
06      var2 = 0
07      print(var2)
08      print(var1)      # 将产生 NameError 错误
09
10  func1()
11  func2()
12  print(var2)          # 将产生 NameError 错误
```

函数 func1 和 func2 创建了各自的局部作用域，变量 var1 和 var2 在各自的作用域里，被各自的函数体使用。当试图在 func2 中访问 func1 的 var1 变量，将产生 NameError 错误。同样的，在第 12 行试图访问 func2 中的局部变量也将导致错误。

7.7.2 封闭作用域

封闭作用域（Enclosing Scope）是嵌套函数中的一个概念。当使用函数嵌套时，内层函数可直接访问外层函数的局部作用域中的变量。例如：

试试看 7-19

```
01  def outer():
02      x = 'outer x'
03      def inner():
04          print(x)        # 访问外部函数的局部变量
05      inner()
06
07  outer()                 # 输出: outer x
```

第 1 行定义了外层函数，第 2 行定义了一个外层函数中的局部变量。第 3 行定义了一个嵌套的内层函数，第 4 行直接在内层函数中打印输出外层函数的变量。代码运行结果为：

```
outer x
```

但是，只能访问不能修改，一旦试图修改外层函数中的不可变变量，将在内层函数中自动创建一个新的局部变量，而非修改外层函数的变量，除非使用 nonlocal 关键字来声明一个变量引用其最近的外层函数（但不是全局）的变量，例如：

试试看 7-20

```
01  def outer():
02      x = 'outer x'
03      y = 'outet y'
04      def inner():
05          x = 'inner x'       # 将创建一个新的局部变量
06          nonlocal y          # 使用 nonlocal 关键字, 用于声明 y 是外层的 y
07          y = 'new y'         # 修改的是外层的 y
08          print(x, y)         # 内层的 x, 修改的 y
09      inner()                 # 调用一次 inner 函数
10      print(x, y)             # 外层的 x, 修改的 y
11
12  outer()                     # 调用 outer 函数
```

先看看代码的运行结果：

```
inner x new y
outer x new y
```

第 5 行在内层函数中对不可变变量字符串类型的 x 赋值，实际是声明了一个新的内层局部变量，所作的修改只对内层函数作用域生效，无法修改外层的 x。而第 6 行使用关键字 nonlocal 来定义 y，表示共享外层的 y，第 7 行对 y 的修改实际就是修改外层的 y。请结合注释及运行结果去理解封闭作用域的概念。

而如果修改的是外层函数中的可变变量，情况则有所不同，例如：

试试看 7-21

```
01  def outer():
02      lst = []
03      dic = {}
04      def inner():
05          lst.append(3)      # 直接修改外层变量
06          dic[2] = 4         # 直接修改外层变量
07      inner()
08      print(lst, dic)        # 看看在内层能否修改成功
09
10  outer()
```

在内层函数中，未使用 nonlocal 对外层变量 lst 和 dic 进行声明，但是在第 5、6 行分别对这两个可变变量进行操作，从以下的代码运行结果来看，是可以修改成功的：

```
[3] {2: 4}
```

当然，这只是从理论上出发，在实际编程中，不建议使用同名的变量，这不利于代码的可读性。

7.7.3　全局作用域

全局作用域（Global Scope）是指在所有函数和类定义之外声明的变量。这些变量在整个文件的任何地方都可以被访问。如果需要在函数内部修改全局变量，必须使用 global 关键字，否则将创建函数内的局部变量。例如：

试试看 7-22

```
01  def func():
02      x = 5
03      global y
04      y = 6
```

```
05      print('函数内部: ', x, y, z)
06
07  x, y, z = 1, 2, 3
08  func()
09  print('函数外部: ', x, y, z)
```

第 7 行在全局作用域下定义了 x、y、z 三个变量，并赋予初始值，第 8 行调用函数。进入函数后，第 2 行给变量 x 赋值，由于未使用 global 来声明 x，将自动创建一个函数内局部变量并赋值为 5。第 3 行声明 y 为全局的变量 y，第 4 行的赋值操作的是全局的 y。第 5 行打印三个变量的值，x 为局部的 5，y 为全局的经过修改的 6，z 为直接访问全局的 z 值 3。退出函数后，第 9 行在外部打印三个变量的值，显然只有 y 被修改过。代码执行的结果如下：

```
函数内部: 5 6 3
函数外部: 1 6 3
```

7.7.4 内置作用域

内置作用域（Built-in Scope）是 Python 内部的命名空间，由 Python 解释器在启动时创建，它存放 Python 的内置函数和异常，比如 len 函数、print 函数等。这些名称在程序启动时就被加载进入内置作用域，它们在任何模块的任何位置都是可访问的。

7.7.5 作用域查找顺序

当在函数内部使用未声明的变量时，Python 会按照"LEGB"的顺序进行搜索：

Local（L）：首先搜索变量所在的最内部作用域（函数或者局部范围）；

Enclosing（E）：接着搜索任何封闭函数的作用域（如果有的话）；

Global（G）：然后搜索全局作用域（模块级别作用域）；

Built-in（B）：最后搜索内置作用域（Python 语言级别作用域）。

这个规则对理解变量在 Python 程序中的可见性和生命周期至关重要。这个顺序意味着，如果在函数内部有一个变量名，Python 会首先在当前函数（局部作用域）中查找这个变量名。如果没找到，Python 会在任何嵌套的函数中查找（如果有的话），然后是全局作用域，最后是内置作用域。如果在所有这些作用域中都找不到变量名，Python 会抛出一个 NameError。例如：

试试看 7-23

```
01  def outer_func():
02      # 声明 var1 为 global, 引用最近的外层函数变量
03      global var1
04      # 将修改全局 var1, 创建局部 var2、var4
05      var1 = var2 = var4 = "enclosing"
06
07      def inner_func():
08          # 声明 var2 为 nonlocal, 引用最近的外层函数的变量
09          nonlocal var2
10          # 将创建局部 var1
11          var1 = "local"
12          # 打印局部作用域, 嵌套作用域 *2, 全局作用域, 内置作用域
13          print("内部: ", var1, var2, var4, var3, len)
14
15      inner_func()
16      # 打印局部作用域, 局部作用域, 全局作用域, 内置作用域
17      print("外部: ", var1, var2, var3, len)
18
19  var1 = var2 = var3 = "global"
20  outer_func()
21  print("全局: ", var1, var2, var3, len)
```

第 19 行创建了 3 个全局变量, 进入 outer_func 后, 第 3 行使用 global 声明 var1, 第 5 行对该变量进行修改。由于 var2、var4 未使用 global 声明, 此处将创建 2 个局部变量, 即 var2 和 var4。第 15 行调用嵌套函数 inner_func, 进入函数后, 第 9 行将 var2 使用 nonlocal 声明, 表示沿用外层的 var2。第 11 行对 var1 定义并赋值, 由于未使用任何修饰符声明, 将创建一个内层函数局部变量。

第 13 行中, 内层函数找到 var1 和 var2, 而变量 var4 在当前作用域里找不到, 自动往外层寻找, 在外层作用域中找得到 var4, 所以使用外层 var4 的值。变量 var3 在外层函数中找不到, 继续往更外层——全局中寻找, 在全局中找得到 var3, 所以使用全局 var3 的值。标识符 len 在全局中也找不到, 则继续在 Python 的作用域中寻找, 找到内置函数 len。所以, 第 13 行打印的是: 内层的 var1, 共享外层的 var2、var4, 全局的 var3, Python 作用域里的 len (函数)。

第 17 行打印的是全局的经过修改的 var1、外层局部的 var2、全局的 var3、

Python 的 len。

第 21 行打印的是全局的经过修改的 var1，全局的 var2、var3，Python 的 len。代码运行的结果如下：

```
内部：local enclosing enclosing global <built-in function len>
外部：enclosing enclosing global <built-in function len>
全局：enclosing global global <built-in function len>
```

7.8 匿名函数

匿名函数，也称为 lambda 函数，是一种没有名称的小型函数，它可接受任意数量的参数，但只能有一个表达式，在语法上使用 lambda 关键字来定义，而不是使用 def 关键字。其基本语法如下：

```
lambda arguments: expression
```

其中，arguments 部分是函数的参数，可以有多个参数，用逗号分隔。expression 是函数体，它是一个单一的表达式，而不是一个代码块，在函数调用时表达式会被求值并返回结果。lambda 函数拥有自己的命名空间，且不能访问自己参数列表之外的或全局命名空间里的参数。

当需要一个简单的函数功能，但不想定义一个完整的函数时，可以使用匿名函数来简化代码。当函数只是临时性使用一次时，使用匿名函数可以避免定义一个可能永远不会再次使用的函数。另外，某些需要一个函数作为参数的高阶函数，如 map、filter、reduce 函数等，需要匿名函数作为其参数。例如：

试试看 7-24

```
01  # 使用 lambda 函数作为排序的 key 函数
02  books = [{'name': 'Python', 'price': 69.8}, {'name': 'C++',
        'price': 49.8}, {'name': 'Java', 'price': 89}]
03  books.sort(key=lambda book: book['price'])
04  print(books)  # 输出：按价格排序的商品列表
05
06  # 使用 lambda 函数临时实现求平方和再开方的计算，其他地方无须使用
07  sqrt_root = lambda a, b: (a **2 + b ** 2) ** .5
08  print(sqrt_root(3, 4))
```

```
09
10   # 使用 lambda 函数和 map 函数将元组中的每个元素加倍
11   tup = (1, 2, 3, 4, 5)
12   doubled = map(lambda x: x * 2, tup)
13   print(list(doubled))  # 输出: [2, 4, 6, 8, 10]
```

第一个例子中，虽然列表的 sort 方法可以直接排序，但是第 2 行列表的元素是字典，字典元素之间由于 Python 不知道比较依据，无法直接比较，由此第 3 行通过 lambda 函数给 sort 函数提供 key，用来给列表字典按照价格进行排序。第 7 行使用 lambda 函数实现一个简单的计算，无须通过 def 来定义函数。第 12 行使用 lambda 函数提供给 map 函数，用于使元组的值加倍，在第 13 行再转换成列表形式输出。代码执行的结果如下：

```
[{'name': 'C++', 'price': 49.8}, {'name': 'Python', 'price': 69.8},
{'name': 'Java', 'price': 89}]
5.0
[2, 4, 6, 8, 10]
```

匿名函数简洁，定义快速，可以在需要函数对象的任何地方使用。然而它们也有局限性，由于只能包含一个表达式，所以不适用于复杂的函数逻辑，对于复杂的函数，应该使用 def 关键字定义常规函数。

7.9 装饰器

装饰器（Decorator）是一种设计模式，允许用户在不修改原有函数或类的定义的情况下，给函数或类动态地增加或修改额外的功能，本身是一个可调用对象（通常是一个函数），它接受一个函数作为参数，并返回一个新的函数，返回的函数会包含原函数的加强功能。这就如它的名字一样，"装饰"或"包装"一个函数，以便在执行原函数的前、后执行额外的代码，而不需要改变原函数的定义。装饰器使用 @decorator_name 语法放置在函数或类的定义之前。

装饰器常用于自动记录函数调用的细节（如执行时间、参数、返回值、时长等），检查参数和返回值是否合法，检查调用函数的用户是否有权限执行，存储函数调用的结果以便后续调用可以直接使用缓存的结果，提高效率等。下面举一个例子进行简单说明：

试试看 7-25

```
01  import math
02
03  def must_positive(func):
04      def wrapper(*args, **kwargs):
05          print(f"调用函数：{func.__name__}")
06          if args[0] <= 0:
07              print(f"参数 {args[0]} 不是正数，非法调用！")
08              return
09          result = func(*args, **kwargs)
10          print(f"完成调用：{func.__name__}，执行结果：{result}")
11          return result
12      return wrapper
13
14  # 使用装饰器
15  @must_positive
16  def ln(n):
17      return math.log(n)
18
19  @must_positive
20  def invsqrt(n):
21      return math.sqrt(1/n)
22
23  print(ln(-5))
24  print(invsqrt(-4))
25  print(ln(2.7))
26  print(invsqrt(64))
```

第 3 行定义了一个装饰器函数，和普通函数的定义没有特别不同，特点是接受一个函数对象作为参数。第 4 行定义一个包裹函数，用于在目标函数前后插入适当代码，对目标函数进行包裹加工，然后在装饰器函数中，将该包裹函数返回。在内层嵌套函数 wrapper 中，第 9 行为实际调用目标函数并返回结果，第 11 行为实际返回值。在第 9 行前面的代码，则为调用目标函数之前额外插入的代码，第 9 行后面的代码为调用目标函数之后额外插入的代码。这里我们在调用前验证参数是否小于等于 0，如果小于等于 0 则不允许继续调用目标函数，防止出错，并给予信息提醒。在执行函数前后，分别再打印函数调用的相关信息。除了第 3、4、9、

11、12 行为装饰器的固定写法外，其他行均可任意发挥。

第 16、20 行定义了 2 个函数，分别调用 math 标准库中的 log 和 sqrt 函数，为此，第 1 行导入 Python 的 math 库（关于库导入，将在后续章节提及，此处只需知道 log 和 sqrt 是存在于 math 库中即可）。自然对数的参数必须大于 0，求倒数的平方根时参数也必须大于 0，所以在第 15、19 行分别使用字符 @ 加上装饰器名称，构成"@must_positive"进行修饰。第 23 至 26 行分别模拟函数调用，代码运行的结果如下：

```
调用函数：ln
参数 -5 不是正数，非法调用！
None
调用函数：invsqrt
参数 -4 为负数，非法调用！
None
调用函数：ln
完成调用：ln，执行结果：0.9932517730102834
0.9932517730102834
调用函数：invsqrt
完成调用：invsqrt，执行结果：0.125
0.125
```

函数实际执行的过程如下：第 23 行调用 ln(-5)，由于 ln 函数被装饰器修饰，进入第 5 行打印相关信息，执行到第 6 行判断参数，由于 -5 小于 0，输出第 7 行信息，并在第 8 行提前返回（None），不允许进入 ln 的函数体执行，这里装饰器起到了验证、拦截的作用。第 9 至 11 行的代码均无法执行。于是第 23 行打印输出 None。第 24 行的调用同理，在第 6 行的验证中无法通过，拦截调用，返回 None，打印输出 None。如果没有装饰器的验证，程序将在第 23 行调用 ln(-5) 时发生"ValueError: math domain error"异常，提前终止程序的调用。读者可将第 15、19 行代码去掉，观看实际执行结果。

第 25 行调用 ln(2.7)，进入第 5 行打印信息，第 6 行验证通过，进入第 9 行实际调用函数，执行 ln 函数体的内容（第 17 行）。执行完毕之后，返回到第 10 行打印信息，第 11 行返回结果。相当于 ln 函数本身执行前后都加上了打印调用信息。所有都执行完毕之后，再在第 25 行打印输出 ln(2.7) 的执行结果。第 26 行的调用正常，原理也相同。可在学习完第 10 章调试技巧后，利用单步执行技术进行调试，就可以更清楚地了解装饰器的原理。

关于装饰器的其他用法，将在后续章节继续提及。

7.10　小结

在本章的学习中，我们深入探讨了 Python 中函数的概念、定义和使用。函数作为代码块，能够封装特定的逻辑功能，并通过参数和返回值实现模块间的数据交换。通过本章的学习，读者不仅学会了如何定义和调用函数，还掌握了函数的作用域、匿名函数（lambda 表达式）、装饰器等高级特性。这些知识点对于提高代码的可读性、可维护性和复用性至关重要，是 Python 编程中不可或缺的一部分。

此外，Python 本身不支持传统意义上的函数重载（Overload），即不能像其他编程语言一样，直接定义多个同名函数，仅通过参数的数量或类型不同来区分它们。这是因为 Python 不会根据函数签名（即参数数量和类型）来区分函数，如果尝试定义多个同名函数，后面的定义会覆盖前面的定义，这意味着最后定义的函数将是唯一可用的函数。可使用默认参数、不定长参数列表来模拟函数重载的功能。

第 8 章 面向对象编程

8.1 面向对象简介

面向对象编程（Object-Oriented Programming，OOP）是一种编程范式，它利用"对象（Object）"来设计软件和数据结构，解决了传统编程技术引发的问题：前面章节介绍的编程方法被称为函数式编程，每个程序都是独立的应用程序，即所有功能都被包含在一个或几个代码模块中。然而，使用 OOP 技术，我们常常要使用更多的代码模块，每个模块提供特定的功能，且模块之间相互独立。这种模块化编程方法提供更大的多样性，增加代码重用的机会，提高项目的可维护性，并使团队分工更加便利。在传统的应用程序中，程序执行的顺序是简单且线性的。而使用 OOP 技术，即使获得相同的执行结果，其实现方式也完全不同。

"面向对象"中的对象，是 OOP 应用程序的一个组成部分，它封装了应用程序的一部分，这部分可以是一个过程、一些数据或一些更抽象的实体。我们前面章节讨论的所有数据类型都是对象，它们包含变量成员和函数类型。这些对象中的变量构成了存储在对象中的数据，而包含的函数则提供了访问对象的功能。在OOP 中，对象的类型有一个特殊名称——类。我们可以通过类的定义来实例化对象，也就是创建该类的一个实例。类的实例和对象的含义相同，但类和对象是两个不同的概念。类是一个抽象的概念，而对象是类的一个实例。

在 Python 中，面向对象编程的特点主要有：

◇ 封装

封装（Encapsulation）是指将数据（属性）和操作数据的方法（行为）封装在一起，形成一个对象。在 Python 中，可以通过定义类来创建对象，类定义了对象的属性和方法，而对象是类的实例。

◇ 继承

继承（Inheritance）是指一个类（子类）可以继承另一个类（父类）的属性和方法，这样可以实现代码的重用，同时也可以在子类中添加新的属性和方法，或者重写父类的方法。

◇ 多态

多态（Polymorphism）是指同一个方法可以在不同的对象上有不同的行为。在 Python 中，多态可以通过继承和方法重写来实现。

◇ 抽象

抽象（Abstraction）是指隐藏对象的复杂性，只向外界提供简单的接口。在 Python 中，可以通过定义抽象基类（Abstract Base Classes，ABC）来实现抽象。

8.2 对象的属性和方法

在面向对象的编程语言中，对象可以被视为现实世界或抽象概念中的"事物"的计算机表示。例如，一只狗、一名学生、一个圆形或者一个复杂的系统（如游戏中的角色）都可以被表示为一个对象。每个对象都有其独特的身份，并可能具有与之相关的特征和行为。

8.2.1 对象的属性

对象的属性（Property）是描述该对象特征的变量。这些特征可以是颜色、大小、名称等任何能够描述对象的属性。例如，一个汽车对象可能具有颜色（黑色）、座位数（5座）和品牌（红旗）等属性。属性帮助我们了解对象的具体情况，告诉我们这个对象是什么样的。

同一类的对象虽然具有相同的属性种类，但每个对象不必相同，这通常表现为每个对象各自的属性值不同。例如，一辆车可能是黑色、5座、红旗品牌，而另一辆车可能是红色、2座、保时捷品牌。这两辆车都属于"车"这一类，是车的两个不同对象，拥有相同的属性（颜色、座位数、品牌），但属性值不同。

8.2.2 对象的方法

对象的方法（Method）是对象能够执行的操作或行为，定义了对象可以做什么，通常是定义在类中的函数，但需要通过对象来调用。方法让对象能够执行某些动作或响应某些事件，例如，一个代表狗的对象可能有一个"吃"的方法，当我们调用这个方法时，对象就会执行"吃"这个动作（在 Python 中可能是相应的狗粮变量减少）。再如，一个代表汽车的对象可能有一个"行驶"的方法，当我们调用这个方法时，对象就会执行行驶的动作（例如本身的坐标发生变化）。

方法本质上是函数，定义在类中的函数，一般称为方法，例如：

```
def add(a, b):
    return a + b
class Math:
    def sub(a, b):
        return a - b
```

一般称为 add 函数和 Math 类的 sub 方法，尽管本质上都是函数。

8.2.3 对象和类的关系

类是对象的模板或蓝图，它定义了对象应有的属性和方法，但并不实际存储数据或执行操作。而对象则是根据类创建的实例（Instance），它包含了实际的数据（即属性值），并且可以执行类定义的方法。假设有一个名为"Dog"的类，它定义了狗的一些属性和方法，如名字、年龄、吃等。然后可以使用这个类来创建多个不同的狗对象，每个对象都有自己独特的名字和年龄，并且可以执行"吃"这个方法。这些对象都是根据"Dog"类创建的，但它们各自是独立的，可以拥有不同的数据和行为。

8.3 Python 中的面向对象

8.3.1 名词解释

除了前面提到的类、对象、属性、方法外，还有几个名词需要特别解释。

实例变量：在类的声明中，用于表示属性的变量称为实例变量，实例变量通过 self 关键字来修饰。

类变量：类变量在整个实例化的对象中是共享的，它们定义在类中，但在方法之外，类变量通常不作为实例变量使用。

数据成员：类变量或实例变量用于处理类及其实例对象的相关数据。

局部变量：定义在方法中的变量，其作用范围仅限于当前实例的类。

实例化：创建类的一个实例，即该类的具体对象。

构造函数：构造函数是一种特殊的方法，用于在创建对象时初始化对象的状态，它通常与类同名，并在实例化对象时自动调用。

静态方法：静态方法是属于类而不是类的实例的方法，它们可以通过类名直接调用，不需要创建类的实例。静态方法不能访问类的实例变量或实例方法。

8.3.2 类的定义

类（Class）是用于创建对象的蓝图或模板。通过类可以定义一种类型的数据，以及这种类型的数据可以拥有的属性和方法。定义类时使用 class 关键字，后面跟着类的名称和冒号。类的名称通常采用驼峰命名法，即每个单词的首字母大写，并且不使用下划线。注意，Python 中类的定义不使用大括号 {} 来包围类的主体，而是依靠缩进来区分代码块，这是与其他一些语言（如 Java 或 C++）的一个明显不同点。定义一个类的基本语法格式如下：

```
class ClassName:
    # 类属性（可选）
    class_attribute = value

    # 初始化方法（通常被称为构造函数或 __init__ 方法，第一个参数必须为 self，剩余
      参数按需增加）
    def __init__(self, arg1, arg2, ...):
        # 实例属性（在 __init__ 方法中定义）
        self.instance_attribute1 = arg1
        self.instance_attribute2 = arg2
        # ...

    # 类的其他方法（第一个参数必须为 self，剩余按需增加）
    def method_name(self, other_params):
        # 方法体
        pass
```

在类的主体部分，一般用来定义以下内容：

构造函数（Constructor）：__init__ 方法是一个特殊的方法，用于在创建新对象时初始化对象的状态。它总是接受一个名为 self 的参数（对对象自身的引用），然后接受任何数量的其他参数。self 参数是对类实例自身的引用。在类的方法中，可通过 self 参数来访问和修改对象的属性。当创建一个类的实例时，__init__ 方法会自动被调用。

类属性：类属性是在类级别定义的，如 class_attribute，并在所有实例之间共享。它们可以通过类名或实例名来访问。

实例属性：实例属性在每个实例中都是唯一的，它们通常在 __init__ 方法中定

义，如 instance_attribute1 和 instance_attribute2，并通过 self 关键字来引用。

实例方法：在类中定义的普通方法都是实例方法，第一个参数必须是 self，它代表类的实例。实例方法可以通过实例来调用，也可以通过 self 在方法内部调用其他实例方法。实例方法定义了类的行为。

试试看 8-1

```
01  class Publication:                  # 出版物的类
02      # 类属性
03      press_name = ''                 # 出版社名称
04
05      # 构造函数，接受 name、price 两个参数
06      def __init__(self, name, price):
07          # 构造函数中通过 self. 定义的是实例属性
08          self.name = name            # 出版物名称
09          self.price = price          # 出版物价格
10          self.impression = 0         # 印次初始化
11
12      # 定义一个出版的方法
13      def publish(self):
14          self.impression += 1        # 印次增加
15          # 模拟出版动作
16          print(f'{self.name} 出版物第 {self.impression} 次印刷 ')
```

在这个例子中，我们定义了一个 Publication 出版物的类，它有 3 个属性，name、price 和 impression，以及 1 个方法 publish，接下来我们进行讲解。

8.3.3　类的属性

类属性（静态属性）和实例属性（对象属性）是类定义中的两种不同类型的属性，它们在定义、访问和使用上有所区别。类属性是与整个类相关联的，用于存储所有实例共享的信息，实例属性是与类的特定实例相关联的，用于存储实例的独特状态信息。

◇　类属性（静态属性）

类属性是在类级别中定义的，不属于任何特定的实例，通常用于存储与整个类相关的信息，而不是与单个实例相关的信息。类属性在类中定义的位置如下：

```
class ClassName:
```

```
        class_variable = value    # 这里定义了一个类属性
        # 其他方法和属性 ...
```

例如试试看 8-1 中的：

```
class Publication:                    # 出版物的类
    press_name = ''                   # 出版社名称
```

对同一批出版物来说，出版社的名称 press_name 是共用的，不属于任何一份出版物，这样设计也可以避免信息冗余，不需要在每一个出版物的对象都记录出版社的名称。

类属性可以通过类名直接访问和修改，也可以通过类的实例访问，但不推荐这样做，因为这可能导致混淆。由于所有的类的实例共享类属性，修改类属性将会影响所有该类的实例。

◇ 实例属性（对象属性）

实例属性是与类的特定实例相关联的属性，它们用于存储该实例的独特状态信息。实例属性通常在类的构造函数 __init__ 方法中定义，并且使用 self 关键字来引用。self 参数是一个指向新创建实例的引用，允许在类的不同方法之间共享实例属性。实例属性在类中定义的位置如下：

```
class ClassName:
    def __init__(self, arg1, arg2, ...):
        self.instance_attribute1 = arg1   # 这里定义了一个实例属性
        self.instance_attribute2 = arg2   # 这里定义了另一个实例属性
    # 其他方法和属性 ...
```

在这里，instance_attribute1 和 instance_attribute2 是实例属性，它们通过 self.instance_attribute 的形式在类内部定义。这些属性可以通过 self.instance_attribute 的形式在类的其他方法中引用，或者通过 obj.instance_attribute 的形式在类的外部引用。例如试试看 8-1 中的：

```
class Publication:                    # 出版物的类
    # 构造函数, 接受 name、price 两个参数
    def __init__(self, name, price):
        # 构造函数中通过 self. 定义的是实例属性
        self.name = name              # 出版物名称
```

```
self.price = price          # 出版物价格
self.impression = 0         # 印次初始化
```

对一份出版物来说，它拥有自己的名称 name、价格 price 以及印次 impression，这些信息是属于每一个独立的出版物对象，所以应当定义成实例属性。

实例属性只能通过类的实例访问和修改，且修改某个实例的属性不会影响其他实例的属性。Python 作为动态语言，允许在实例创建之后，在 __init__ 方法以外的地方给新的实例属性名赋值，如 obj.new_attribute = some_value。虽然这种做法增加了灵活性，但不推荐使用，因为它可能使代码难以理解与维护，特别是当属性在多个位置被动态添加时。在类的方法中动态添加实例属性可能导致意外的行为，因为这些属性无法在所有实例中保持一致性。通常，最佳做法是在类的 __init__ 方法中定义所有预期的实例属性，这有助于保持代码的清晰性和一致性。

◇ 私有成员

在 Python 中，实例变量和方法默认是公开的，这意味着它们可以在类的外部被访问和修改。如果希望限制对某些属性或方法的访问，可以通过在它们的名字前加上双下划线 "__" 来使其成为 "私有" 成员，例如 __private_attribute。这种私有成员的命名方式实际上是通过名称重整（name mangling）来实现的，这是一种命名规范，用于避免子类意外地覆盖父类的属性或方法。例如：

试试看 8-2

```
01  class Publication:                      # 出版物的类
02      def __init__(self, name, price):
03          self.name = name               # 出版物名称
04          self.__inner_code = 'GD001'    # 出版物内部编码
05
06      # 定义一个内部提交的方法
07      def __submit(self):
08          print(f'{self.name}编号 {self.__inner_code} 内部提交')
09
10  # 尝试在类外部访问私有属性或方法
11  pub = Publication('Python', 69.8)
12  # print(pub.__inner_code)     # 将引发 AttributeError
13  # pub.__submit()              # 将引发 AttributeError
```

```
14  print(pub._Publication__inner_code)      # 可以调用
15  pub._Publication__submit()               # 可以调用
```

第 4 行通过双下划线定义一个 inner_code 的内部编码，由于这个编码无须给类的使用者看，所以定义为私有成员，期望类的使用者无法使用类似 "pub.__inner_code" 来访问。第 7 行定义了一个 submit 的方法，由于是内部提交，也无须给类的使用者调用，所以定义为私有方法，期望类的使用者无法通过 "pub.__submit()" 来调用。第 11 行创建类的一个实例，第 12、13 行企图通过正常访问属性、调用方法的途径来访问 "私有" 成员，将引发错误。实际上，Python 将双下划线的成员自动解析为 "_Publication__inner_code" 和 "_Publication__submit"，即 "_类名__成员名"，通过该途径，仍然可以访问 "私有" 成员。代码运行的结果如下（屏蔽第 12、13 行）：

GD001
Python 编号 GD001 内部提交

从该例可以看出，尽管名称重整使得直接访问私有成员变得困难，但并没有完全阻止在类外部访问它们，仍然可以通过访问重整后的名称来访问这些私有成员。

◇ 属性访问

Python 还提供了 @property 装饰器，允许将方法作为属性来访问，而不是通过方法调用，可以用来控制属性的访问和修改，例如：

试试看 8-3

```
01  class Publication:                       # 出版物的类
02      def __init__(self, name):
03          self.name = name                 # 出版物名称
04          self._sales = 0                  # 销量初始化
05          self._inner_code = 'GD001'       # 内部编码
06
07      # 定义一个属性
08      @property
09      def sales(self):
10          return self._sales
11      @sales.setter                        # @属性名.setter
```

```
12      def sales(self, value):
13          if value < 0:           # 赋值规则判别：必须非负
14              raise ValueError("Value cannot be negative")
15          self._sales = value
16          print('sales 做了人为修改')
17
18      # 定义一个没提供 setter 的只读属性
19      @property
20      def inner_code(self):
21          return self._inner_code
22
23  pub = Publication('Python')
24  pub.sales = 2500                    # 属性写
25  print(pub.sales)                    # 属性读
26  print(pub.inner_code)               # 属性读
27  # pub.inner_code = 'GD002'          # 将引发 AttributeError
28  # pub.sales = -1                    # 将引发 ValueError: Value cannot be
                                        #   negative
```

第 4、5 行定义了 2 个实例属性。第 8 至 16 行为销量属性 sales 增加了属性读写的方法。其中，属性读使用 @property 装饰器引导，方法体返回实例变量。属性写使用 "@ 属性名 .setter" 的语法作为装饰器来引导，写方法中，可以对赋值传入的 value 进行验证，比如本例中是判断非负，如果负数则抛出一个异常。

第 19 至 21 行为内部编码 inner_code 增加了属性读的方法，由于是内部编码，不允许更改，所以不提供 setter 属性写方法，方法体返回实例变量。

第 24 行是 sales 属性写的测试，第 25 行是 sales 属性读的测试。属性写和单纯操作实例变量的区别在于，属性写可以提供值的验证，或者做一些额外联动的操作，比如对属性 sales 赋值，可以在属性写方法中，增加日志记录，如本例第 16 行，或者增加对数据库的修改等等，这是对实例属性赋值所无法做到的。

第 27 行尝试修改 inner_code 属性，将引发 "AttributeError: property 'inner_code' of 'Publication' object has no setter（属性 inner_code 未提供属性写方法）" 异常，第 28 行尝试将 sales 属性赋一个负数的值将引发自定义的 ValueError 异常。

代码执行的结果如下（屏蔽第 27、28 行）：

```
sales 做了人为修改
```

访问 inner_code 属性和直接访问 _inner_code 实例属性的区别在于，属性可通过不提供 setter 方法来达到只读的目的，而实例属性一般是可读写的。使用只读属性可防止某些属性值被非法改写。

8.3.4 类的方法

类的方法是定义在类内部的函数，用于指定对象的行为，这些方法能够操作实例的状态或执行特定的操作。每个类方法至少需要一个参数，这个参数通常命名为 self，它提供了对类实例自身的引用。在方法内部使用 self 能够访问和修改实例的属性，以及调用实例的其他方法。基本的类方法定义语法如下：

```
class ClassName:
    def method_name(self, arg1, arg2,...):
        # 方法体
```

◇ 实例方法

实例方法是最常见的方法类型，它至少需要一个通常命名为 self 的参数，该参数指向调用该方法的实例对象。实例方法可以访问和修改实例的属性，并且可以调用同一类中的其他实例方法，例如试试看 8-1 中的：

```
class Publication:                      # 出版物的类
    # 定义一个出版的方法
    def publish(self):
        self.impression += 1     # 印次增加
        # 模拟出版动作
        print(f'{self.name} 出版物第 {self.impression} 次印刷')
```

在这个例子中，publish 方法就是一个实例方法，它操作了实例属性 self.impression，访问了实例属性 self.name。

◇ 类方法

类方法是与类相关联的方法，它作用于整个类而不是单个实例，使用 @classmethod 装饰器来定义，并且至少需要一个通常命名为 cls 的参数，该参数指向类本身，而不是实例对象，使用 cls 来在方法中访问类的属性和其他类方法。注意，self 和 cls 是约定俗成的命名，虽然可以使用其他名称，但建议遵循这个约定以提高代码的可读性。

类方法通常用于修改类的状态或执行与类相关的操作，而不需要创建类的实例。例如：

试试看 8-4

```
01  class Publication:                    # 出版物的类
02      # 类属性
03      press_name = 'GDPPH'              # 出版社名称
04
05      # 定义一个类方法
06      @classmethod
07      def get_press_name(cls):
08          return cls.press_name
09
10  print(Publication.get_press_name())
```

这里的 get_press_name 方法是一个使用装饰器"@classmethod"修饰的类方法，它通过 cls 参数访问类属性 press_name。调用时不需要创建类的实例，直接使用"类名 . 类方法名"调用即可。

◇ 静态方法

静态方法是不需要特定参数（如 self 或 cls）的方法。它们使用 @staticmethod 装饰器来定义，由于没有 self 和 cls 参数，所以与类没有特别的关联，既不能访问实例属性，也不能访问类属性，它们只是定义在类内部的普通函数。例如：

试试看 8-5

```
01  class Publication:                    # 出版物的类
02      # 定义一个静态方法
03      @staticmethod
04      def version():
05          return 'v1.0.0'
06
07  print(Publication.version())
```

在上面的例子中，version 方法是一个静态方法，不依赖于任何实例或类属性。调用时直接使用"类名 . 静态方法名"调用即可。

Python 语言不同于 C++，没有显式的析构方法（例如 C++ 中的 ~ClassName()），但开发者可以通过定义 __del__ 方法来在对象析构时执行清理任务。尽管如此,由于 Python 的垃圾回收系统能够自动处理内存,通常无须手动定义 __del__ 方法,当对象不再有引用指向时,系统将自动对其进行回收。

8.3.5 类的使用

类的使用包括创建对象(实例)、访问类的属性、调用类的方法等,实际上在本章前面小节的例子中已经有所涉及,这里再简单进行讲解。

使用类来创建对象的基本语法如下:

```
object_name = ClassName(arguments)
```

其中,object_name 是为对象指定的变量名,它遵循 Python 的标识符命名规则,即可以包含字母、数字和下划线,但不能以数字开头,且不能是 Python 的关键字,通常使用小写字母和下划线的组合。ClassName 是类的名称。arguments 是传递给类构造函数(即 __init__ 方法)的参数,如果构造函数有多个参数,需按照定义的顺序和类型传递,因为创建类的对象是通过调用类的构造函数 __init__ 来完成的。例如,在试试看 8-1 的 Publication 类定义的基础上,可以定义以下对象变量:

```
# 创建 Publication 类的对象
python = Publication('python', 69.8)
cpp = Publication('c++', 59.8)
```

有了上述对象变量 python 和 cpp 之后,可进行以下调用:

```
# 访问对象的属性
print(python.name)    # 输出:python
print(cpp.price)      # 输出:59.8

# 调用对象的方法
python.publish()      # 输出:python 出版物第 1 次印刷
cpp.publish()         # 输出:c++ 出版物第 1 次印刷
cpp.publish()         # 输出:c++ 出版物第 2 次印刷
```

属性访问通过点(.)操作符来访问对象的属性,例如 python.name。方法调用也是通过点(.)操作符来调用对象的方法,当调用方法时,Python 会自动将对象本身作为第一个参数(即 self)传递给方法。Python 每个对象都是独立的,它们有自己的属性值，修改一个对象的属性不会影响其他对象的属性。

8.4 继承和多态

继承使得类能够从其他类继承功能，而多态作为面向对象编程的一个特性，允许在不关心对象实际类型的情况下使用这些类的对象。多态允许不同子类型的对象对同一消息作出不同的响应，从而提高代码的灵活性、可扩展性和可维护性。在 Python 中，多态通过方法的重写和动态绑定实现，即子类可以重写父类的方法，当调用该方法时，将执行相应子类的方法版本。多态将贯穿本小节的学习之中。

8.4.1 继承

继承是一种使得一个类（称为子类或派生类）可以继承另一个类（称为父类或基类）属性和方法的机制。它实现了代码的重用，并允许通过扩展或修改父类功能来创建新类。子类可以添加新属性和方法，也可以重写父类方法，以实现不同的功能。继承的创建通过在子类定义时指定父类来实现。子类继承父类的全部属性和方法，除非子类用同名属性和方法进行了覆盖。Python 中类的继承的基本语法为：

```
class BaseClass:
    # 基类（父类）定义
    pass


class DerivedClass(BaseClass):
    # 派生类（子类）继承自基类
    pass
```

例如：

试试看 8-6

```
01  class Publication:               # 出版物的类
02      press_name = 'GDPPH'         # 出版社名称
03
04      def __init__(self, name):
05          self.name = name         # 出版物名称
06
```

```
07      def publish(self):
08          print(f'{self.name} 出版物印刷')
09
10  class Book(Publication):
11      @classmethod
12      def get_press_name(cls):
13          return cls.press_name
14
15  class Newspaper(Publication):
16      @classmethod
17      def set_press_name(cls, value):
18          cls.press_name = value
19
20  python = Book('python')
21  python.publish()
22  times = Newspaper('times')
23  times.publish()
24
25  print('Book 类的出版社: ', Book.get_press_name())
26  Newspaper.set_press_name('BS')
27  print('Publication 类的出版社: ', Publication.press_name)
```

第 1 行定义了出版物的类 Publication，整体作了简化。第 10 行定义书籍类 Book，书籍是出版物的一种，所以可以继承出版物的名称和出版方法。第 15 行定义报纸类 Newspaper，报纸也是出版物的一种。第 20、22 行分别创建了类的两个实例，并调用 publish 方法，将自动调用父类的 publish 方法。代码运行的结果如下：

```
python 出版物印刷
times 出版物印刷
```

在继承中，子类可以访问父类的类变量和实例变量，但子类不能直接修改父类的类变量，如果对父类的类变量进行赋值，将自动创建属于子类的类变量。例如第 26 行调用 Newspaper 的类方法，方法体中第 18 行对类变量 press_name 进行赋值，无法修改父类类变量的值。第 25 至 27 行的运行结果如下：

```
Book 类的出版社:   GDPPH
Publication 类的出版社:   GDPPH
```

8.4.2 多继承

Python 也支持多继承，即一个类可以继承自多个基类，这使得子类可以获得多个父类的属性和方法。多继承的基本语法为：

```python
class DerivedClass(BaseClass1, BaseClass2, ...):
    # 派生类继承自多个基类
    pass
```

其中 BaseClass1、BaseClass2 为不同的父类，例如：

试试看 8-7

```python
01  class Publication:                    # 出版物的类
02      def __init__(self, name):
03          self.name = name              # 出版物名称
04      def publish(self):
05          print(f'{self.name}出版物印刷')
06
07  class Goods:                          # 商品的类
08      def __init__(self, price):
09          self.price = price            # 商品价格
10      def show_goods(self):
11          print(f'商品价格：{self.price}')
12
13  class Book(Publication, Goods):
14      def __init__(self, name, price, pages):
15          # 父类 Publication 初始化
16          Publication.__init__(self, name)
17          # 父类 Goods 初始化
18          Goods.__init__(self, price)
19          # 自己的初始化
20          self.pages = pages            # 书的页数
21      def show_book(self):
22          self.publish()
23          self.show_goods()
24          print(f'书的页数：{self.pages}')
25
26  python = Book('python', 69.8, 382)
27  python.publish()          # 是一种出版物，可以出版
28  python.show_goods()       # 是一种商品，可以显示
```

```
29  python.show_book()          # 调用本身的显示信息方法
```

在这个例子中，Book 类继承了 Publication 和 Goods 两个类，同时具有出版物和商品的属性，即书名、价格，又拥有自有的 pages 页数属性。当 Book 类的实例调用 show_book 方法时，它分别调用 Publication 的 publish 方法和 Goods 类的 show_goods 方法，并打印出自己的页数。

值得一提的是 Book 的构造方法，由于需要书名、价格、页数三个属性，所以构造函数中需要 3 个变量。第 16 行通过显式调用 Publication 类的构造函数，将 name 传入父类执行构造函数，第 18 行显式调用 Goods 类的构造函数，将 price 传入父类，完成初始化。代码运行的结果如下：

```
python 出版物印刷
商品价格：69.8
python 出版物印刷
商品价格：69.8
书的页数：382
```

前面 2 行是分别调用父类的方法输出。后面 3 行是调用自己的 show_book 方法综合输出。

在多继承中，如果多个父类中有同名的方法，Python 会根据类定义时的继承顺序（MRO，Method Resolution Order）来决定调用哪个方法。例如，如果 Goods 类中也存在 publish 方法，由于第 13 行定义多继承时父类的书写顺序是先 Publication 后 Goods，所以调用 Book 的 publish 方法时将优先调用 Publication 中的 publish 方法。

8.4.3 重写

重写（Overriding）是指子类提供一个与父类同名且参数列表相同的方法，但具有不同的实现。它让子类能够提出更具体或适合自身需求的实现，改变或扩展父类方法的行为。这是实现多态的关键机制，允许相同的方法调用呈现出依赖于对象实际类型的不同表现。继承父类的同时，子类可通过重写某些方法，替代不再适用的父类行为，增强灵活性和安全性。

重写一个方法只需在子类中定义一个与父类同名的方法即可，Python 会自动识别这个方法并在适当的时候调用它。例如：

试试看 8-8

```
01  class Publication:                    # 出版物的类
02      def __init__(self, name):
03          self.name = name              # 出版物名称
04      def publish(self):
05          print(f'{self.name}出版物印刷')
06
07  class Book(Publication):
08      def publish(self):                # 重写父类方法
09          print(f'书籍{self.name}今天付印')
10
11  class Newspaper(Publication):
12      def publish(self):                # 重写父类方法
13          print(f'报纸{self.name}今天发行')
14
15  python = Book('python')
16  python.publish()                      # 调用子类自己的方法
17  times = Newspaper('times')
18  times.publish()                       # 调用子类自己的方法
19  super(Book, python).publish()         # 强制调用父类方法
```

第 8、12 行在子类中分别使用同名函数重写了父类中的 publish 方法，作为更具体的信息展示。重写之后，第 16、18 行将调用子类自己的方法。而如果想要调用父类的方法，可使用 super 函数，如第 19 行所示，它用于调用父类的同名方法。代码运行的结果如下：

```
书籍 python 今天付印
报纸 times 今天发行
python 出版物印刷
```

8.4.4 专有方法与运算符重载

类的专有方法，也称为魔术方法或特殊方法，是以双下划线"__"包围的方法名，这些方法定义了类的特定行为，如对象的初始化、字符串表示、比较操作等。专有方法使得类的实例能够像内置类型一样工作，并且可以自定义类的行为。专有方法大致有以下几种：

__init__：初始化方法，创建对象时自动调用。

__str__：定义对象的字符串表示，用于 print() 函数和字符串格式化。

__repr__：定义对象的"官方"字符串表示，通常用于交互式环境中的提示符。

__eq__、__ne__、__lt__、__le__、__gt__、__ge__：定义对象的比较操作。

__add__、__sub__、__mul__、__div__ 等：定义对象的算术操作。

运算符重载是指在类中定义专有方法，使得类的实例可以像内置类型一样使用运算符。Python 允许程序员重新定义大多数内置的运算符，以便运算符可用于用户自定义的类。专有方法及其对应的运算符见表 8-1。

表 8-1 专有方法及其对应的运算符

方法名	作用
__add__	重载加法运算符（+）
__sub__	重载减法运算符（-）
__mul__	重载乘法运算符（*）
__div__	重载除法运算符（/）
__eq__	重载等于运算符（==），equal
__ne__	重载不等于运算符（!=），not equal
__lt__	重载小于运算符（<），less than
__le__	重载小于等于运算符（<=），less equal
__gt__	重载大于运算符（>），greater than
__ge__	重载大于等于运算符（>=），greater equal
__len__	重载内置函数 len()，结果必须返回整数
__getitem__	重载索引操作（[]）
__setitem__	重载索引赋值操作（[] =）

下面给出一个使用专有方法实现运算符重载的综合性例子：

试试看 8-9

```
01  class Vector:
02      def __init__(self, x, y):
03          self.x, self.y = x, y
```

```
04
05    def must_vector(func):
06        def wrapper(*args, **kwargs):
07            if not isinstance(arg[1], Vector):
08                raise TypeError(f'Unsupported operand types:
                    {type(args[1])}')
09            return func(*args, **kwargs)
10        return wrapper
11
12    @must_vector
13    def __add__(self, vec):    # 重载 + 运算符
14        return Vector(self.x + vec.x, self.y + vec.y)
15
16    @must_vector
17    def __mul__(self, vec):    # 重载 * 运算符，无法使用·，使用 * 代替
18        return self.x * vec.x + self.y * vec.y
19
20    @must_vector
21    def __ge__(self, vec):    # 重载 >= 运算符
22        return self.module()>=vec.module()
23
24    def module(self):          # 计算模长
25        return (self.x ** 2 + self.y ** 2) ** .5
26
27    def __str__(self):         # 提供类的可视化方法
28        return f'({self.x}, {self.y})'
29
30  # 创建向量对象
31  v1 = Vector(6, 8)
32  v2 = Vector(3, 4)
33
34  print('向量相加: ', v1 + v2)           # 使用重载的 + 运算符
35  print('向量点乘: ', v1 * v2)           # 使用重载的 * 运算符
36  print('向量 v1 长度: ', v1.module())   # 计算 v1 的模长
37  print('v1 大于等于 v2？ ', v1 >= v2)   # 使用重载的 >= 运算符
38
39  # v1 + 3     # TypeError: Unsupported operand types: <class 'int'>
40  # v1 * '5'   # TypeError: Unsupported operand types: <class 'str'>
41  # v1 >= 6.8  # TypeError: Unsupported operand types: <class 'float'>
```

```
42  # v1 > v2      # TypeError: '>' not supported between instances of
                    'Vector' and 'Vector'
```

第 1 行创建一个 Vector 矢量类，初始化需要传入 x 和 y 两个分量进行构造。第 13、17、21 行分别使用不同的专有方法实现运算符的重载，来支持和丰富矢量类的运算，分别是两个矢量相加、点乘、大于或等于（基于长度）。在实现运算符重载时，务必检查操作数的类型，确保它们与预期类型相符。这里期望的是两个矢量相加、点乘、比较大小的操作，必须检查右操作数是否为 Vector 类型。由此，当存在多个需要对参数进行验证的方法时，我们应该考虑使用装饰器来简化操作。第 5 至 10 行定义了一个装饰器，该装饰器分别用于相加、点乘、比较大小方法，用于验证输入的参数是否合法。当进入装饰器函数后，args 为参数列表，args[0] 为 self 参数，而 args[1] 为 vec 参数，在第 7 行验证 vec 是否为一个 Vector 类型的变量，如果不成立，则直接抛出异常。

定义了类之后，在第 31、32 行定义了 2 个 Vector 的对象，第 34 至 37 行使用简单的运算符直接进行比较，如同操作基本数据类型一样，非常方便。而第 39 至 42 行给出不合法调用的例子，加法、点乘、大于等于的第二个操作数必须为 Vector，提供其他类型将会被装饰器成功拦截，避免计算出错。第 42 行使用大于号进行 2 个 Vector 对象的比较，由于没有重载大于号（ge 为 greater equal，大于等于，gt 为 greater than，大于），所以 Python 报了异常。在屏蔽第 39 至 42 行代码的基础上，代码运行的结果如下：

```
向量相加：(9, 12)
向量点乘：50
向量 v1 长度：10
v1 大于等于 v2？ True
```

运算符重载应保持原有语义，避免误导用户，且不与 Python 内置类型行为冲突。Python 并不支持所有运算符重载，如点运算符（.）、属性访问运算符（.）、切片运算符（[ ]）和幂运算符（**）等。尽管运算符重载使代码更简洁易懂，但过度使用可能导致难以阅读和维护。运算符重载方法通常比普通方法慢，因为它们需要额外类型检查和可能的类型转换。这些都是使用运算符重载前必须衡量的。

8.4.5 多态与鸭子类型

多态（Polymorphism）是面向对象编程的核心概念，意味着一个接口可以有多种实现方式。在 Python 中，多态通过动态类型绑定和鸭子类型实现，即同一操作或函数调用作用于不同对象时呈现出不同的行为。Python 作为动态类型语言，多态通常是隐式的，无须显式声明或实现。调用方法时，Python 解释器会在运行时根据对象类型决定执行哪个方法版本。例如：

试试看 8-10

```
01  class Publication:                    # 出版物的类
02      def __init__(self, name):
03          self.name = name              # 出版物名称
04      def publish(self):
05          print(f'{self.name} 出版物印刷')
06
07  class Book(Publication):
08      def publish(self):                # 重写父类方法
09          print(f'书籍 {self.name} 今天付印')
10
11  class Newspaper(Publication):
12      def publish(self):                # 重写父类方法
13          print(f'报纸 {self.name} 今天发行')
14
15  def call_publish(pub):
16      # 多态的体现：无论是 Book 还是 Newspaper 对象，都调用 publish 方法
17      pub.publish()
18
19  python = Book('python')
20  times = Newspaper('times')
21  call_publish(python)
22  call_publish(times)
```

在这个例子中，call_publish 函数接受一个 Publication 类型的参数，但它并不知道这个参数具体是 Book 还是 Newspaper。然而，由于这两个类都重写了 publish 方法，所以当在第 17 行调用 publish 方法时，会执行相应类的方法版本，这就是多态性的体现。代码运行的结果如下：

　　多态性使我们能够编写更通用、可重用的代码，例如，可以定义一个函数，接受一个"动物"对象并调用其"说话"方法，无须关注该对象的具体类型。多态性增强了代码的灵活性，允许在运行时动态改变对象行为。通过多态性，我们能够将代码解耦，减少各部分间的紧密依赖。

　　鸭子类型（Duck Typing）是动态类型系统的一种风格，其中对象的有效语义由其当前的方法和属性集合定义，而不是由其继承的类或实现的接口确定。简言之，如果一种动物走起路来像一只鸭子，叫起来也像一只鸭子，那么它就可以被当作一只鸭子。在编程的上下文中，这意味着一个对象的类型由它所含的方法和属性决定，而非其继承结构。若某对象实现了所需的方法，则它可用于任何需要这些方法的场合，不论其实际类型是什么。鸭子类型关注对象的功能而非类型，运行时会自动检查对象是否含有特定方法和属性。例如：

试试看 8-11

```
01   class Publication:                    # 出版物的类
02       def __init__(self, name):
03           self.name = name              # 出版物名称
04       def publish(self):                # 出版物出版
05           print(f'{self.name}出版物出版')
06       def show_log(self):               # 显示出版物印次信息
07           print('2024年6月3日 第1次印刷')
08
09   class Software:                       # 软件的类
10       def __init__(self, ver):
11           self.ver = ver                # 软件版本号
12       def publish(self):                # 软件也可以有发行方法
13           print(f'MyApp {self.ver} Release')
14       def show_log(self):               # 显示软件发行日志
15           print(f'20240604 {self.ver} Released')
16
17   def call_publish(some_publication):
18       # 多态的体现：无论是Publication还是Software对象，都调用publish、
         show_log方法
19       some_publication.publish()
```

```
20        some_publication.show_log()
21
22   pub = Publication('python')
23   soft = Software('v1.0.3')
24   # 不管是 Publication 类的对象还是 Software 类的对象
25   # 只要有 publish 和 show_log 方法就可以调用
26   call_publish(pub)
27   call_publish(soft)
```

在这个例子中，虽然 Publication 和 Software 没有共同的基类，但是它们都有名为 publish 和 show_log 的方法。call_publish 函数接受任何提供 publish 和 show_log 方法的对象，并调用这 2 个方法。这就是鸭子类型的精髓：函数不关心对象的类型，只关心对象是否有特定的方法或行为——如果一个类拥有 publish 方法，也有 show_log 方法，那么它就可以被当作一个 Publication 对象。代码的运行结果如下：

```
python 出版物出版
2024 年 6 月 3 日 第 1 次印刷
MyApp v1.0.3 Release
20240604 v1.0.3 Released
```

多态性和鸭子类型在 Python 中紧密相关。多态性让我们能够用不同对象响应相同消息（如方法调用），而鸭子类型允许我们定义这些对象的行为，无须显式声明它们之间的关系（如继承或接口实现）。多态通过接口（抽象类或共同基类的方法）实现，允许同一接口应用于不同对象，这些对象都有共同基类。鸭子类型不关心共同基类是否存在，只关心对象是否实现了特定方法或属性。

尽管多态性带来诸多益处，但滥用多态可能导致代码难以理解和维护。因此，在使用多态性时，务必保持代码的清晰性和可读性。在某些情况下，多态性可能引发性能下降，因为 Python 需要在运行时确定执行哪个方法，然而在多数情况下，这种性能下降是可以接受的。使用多态性时，应妥善处理潜在的错误和异常，如传递给函数的对象未实现所需方法可能引发 AttributeError 异常。

在对象用于鸭子类型场合之前，务必确认其具备所有必需的方法和属性，并考虑恰当的错误处理机制，以便在对象不支持预期操作时提供有效反馈。此外，清晰的文档说明哪些方法和属性是必需的，有助于理解和维护代码工程。鸭子类型虽提供灵活性，但可能牺牲类型的安全性。在系统关键部分，可能需要更严格的类型检查以规避潜在的运行时错误。

8.5 小结

在本章中我们深入探讨了 Python 中面向对象编程的核心概念。通过类和对象的创建与使用，我们理解了继承和多态面向对象编程的特性。本章内容不仅增强了代码的可读性和可维护性，还提升了代码的复用性和扩展性。通过实践面向对象编程，读者能够设计出更加灵活、可重用的 Python 应用程序。

第 9 章　异常处理

在刚接触 Python 编程时，初学者经常会在输出中看到一些报错信息，指明代码第几行出错。实际上，即使拥有再健壮的语言、再细心的设计、再整洁的代码风格，程序也会在运行中出现一些不可避免的错误，致使程序中断，甚至直接停止运行。大多数编程语言都提供了异常处理机制，可以在程序运行过程中捕获错误，进入预先设计好的异常处理程序，使程序便于维护，稳定性得到保障。本章主要介绍 Python 对异常处理的方法。

9.1　异常与错误

9.1.1　错误

在初学 Python 编程时，开发者最容易出现的错误是语法错误，很多情况下是由于缩进错误、代码块的冒号（:）缺失、引号括号不匹配等，该类错误能被 Python 的语法分析器指出，并在最先找到错误的位置用箭头做了标记，例如：

试试看 9-1

```
01  print('normal code')
02  print('hello world")
```

运行该代码，将输出以下错误信息：

```
File "d:\Python\code\9\9-1.py", line 2
    print('hello world")
         ^
SyntaxError: unterminated string literal (detected at line 2)
```

语法分析器将提示"SyntaxError"语法错误，并指出在哪个源文件第几行的具体位置（有时错误位置可能不准确），帮助我们快速定位错误并纠正。注意，语法分析器优先检查整份源文件有无错误，当发生语法错误时，不会执行该源文件的任何代码，试试看 9-1 中的第 1 行代码不会被执行。

9.1.2　异常

发生错误并不可怕，在研发阶段我们可以借助编译器帮我们找出来并纠正。

真正可怕的是在运行时可能发生的意料之外的错误，比如客户的机器没有 F 盘、写入客户 C 盘时磁盘满、列表操作超过最大索引、错误的类型转换等。该类程序运行时发生的错误称为异常。在没有对异常进行捕获处理时，Python 解释器会输出异常信息并结束程序。常见的错误如下（由于 Python 解释器一旦检测到异常就停止继续执行程序，下列代码的执行模式为 Python 的命令行模式）：

试试看 9-2

```
01  >>> 3 + 2 / 0
02  Traceback (most recent call last):
03    File "<stdin>", line 1, in <module>
04  ZeroDivisionError: division by zero
05  >>> 4 + '5'
06  Traceback (most recent call last):
07    File "<stdin>", line 1, in <module>
08  TypeError: unsupported operand type(s) for +: 'int' and 'str'
09  >>> open('not_exists.txt')
10  Traceback (most recent call last):
11    File "<stdin>", line 1, in <module>
12  FileNotFoundError: [Errno 2] No such file or directory: 'not_exists.txt'
13  >>> 5 + MyVar
14  Traceback (most recent call last):
15    File "<stdin>", line 1, in <module>
16  NameError: name 'MyVar' is not defined
17  >>> MyList = [1, 2, 3]
18  >>> MyList[4]
19  Traceback (most recent call last):
20    File "<stdin>", line 1, in <module>
21  IndexError: list index out of range
22  >>> MyList.trunk()
23  Traceback (most recent call last):
24    File "<stdin>", line 1, in <module>
25  AttributeError: 'list' object has no attribute 'trunk'
26  >>> MyDict = {'key': 5}
27  >>> MyDict['Key']
28  Traceback (most recent call last):
29    File "<stdin>", line 1, in <module>
30  KeyError: 'Key'
```

代码第1行人为地产生一个除以零错误，第4行提示了该错误类型为 ZeroDivisionError。

第5行将整数与字符串相加，产生一个类型错误，第8行提示了该 TypeError 的错误。

第9行打开一个磁盘不存在的文件，引发一个第12行提示的 OSError 子类 FileNotFoundError 错误。

第13行使用未定义变量 MyVar 产生一个 NameError。

第18行人为错误地访问了超过列表元素个数的索引"4"，引发一个索引错误 IndexError。

第22行错误调用一个不存在的方法，引发未知属性错误 AttributeError。

第27行由于不注意大小写，访问了字典里不存在的键，引发一个键错误 KeyError。

由上述代码可以看出，编程过程中稍不注意，则可能引发运行时的错误。在实际编程中，应当对可能发生错误的代码块，按照可能导致的错误类型，进行针对性处理。

9.2 异常的处理

9.2.1 try-except 语句

try-excpet 语句用于检测代码是否存在异常，在异常发生时进行捕获并按预期进行处理，其基本格式为：

```
try:
    可能引发异常的语句
except [异常类型1]:
    处理异常类型1的语句
except [异常类型2]:
    处理异常类型2的语句
……
```

其中，异常类型一般为上一节列举的常见错误。代码正常执行时，不会进入 except 语句代码块。异常发生时，代码将立即停止往下执行，并进入 except 语句，自动从上往下按异常类型依次进行异常匹配，进入相应的处理异常语句，并且只会进入一次（一种异常处理）。试试看 9-2 的异常处理版本如下：

试试看 9-3

```
01  try:
02      3 + 2 / 0
03  except ZeroDivisionError:
04      print('错误：发生除以 0 的错误')
05  try:
06      4 + '5'
07  except TypeError:
08      print('错误：发生了类型错误')
09  try:
10      open('not_exists.txt')
11  except FileNotFoundError:
12      print('错误：打开文件时发生错误')
13  try:
14      5 + MyVar
15  except NameError:
16      print('错误：引用了未定义的变量')
17  MyList = [1, 2, 3]
18  try:
19      MyList[4]
20  except IndexError:
21      print('错误：索引超过列表的元素个数')
22  try:
23      MyList.trunk()
24  except AttributeError:
25      print('错误：调用了未定义的方法')
26  MyDict = {'key': 5}
27  try:
28      MyDict['Key']
29  except KeyError:
30      print('错误：访问了不存在的键')
31  print('程序可以运行到这里，正常结束！')
```

代码运行结果为：

错误：发生除以 0 的错误
错误：发生了类型错误

```
错误：打开文件时发生错误
错误：引用了未定义的变量
错误：索引超过列表的元素个数
错误：调用了未定义的方法
错误：访问了不存在的键
程序可以运行到这里，正常结束！
```

从运行结果可以看出，对可能引发异常的语句、代码块正确使用 try-except 语句包起来，可以有效捕获异常，不致使程序在遇到异常时终止运行。在代码中遇到异常时，也采用比较友好的提示，而不是 "AttributeError" "FileNotFoundError" 这样的错误代码。

如果一个异常没有与任何 except 语句定义的异常匹配上，那么这个异常会被抛出，如果外层也没有相应的异常处理，则程序将由于异常而终止运行。

一个 except 语句可同时处理多种类型的异常，这些异常可被放到一个元组里，例如：

```
except (TypeError, FileNotFoundError, NameError):
    相应的异常处理语句
```

如果不清楚可能发生的异常的具体类型，也可以直接用 Exception 这个父类来代替，表示捕获所有类型的异常，或者直接省略异常类型，例如：

试试看 9-4

```
01  import os
02
03  try:
04      # path = os.path.dirname(__file__)
05      filepath = path + "\\not_exists.txt"
06      f = open(filepath)
07      n = os.path.getsize(filepath)
08      first4chars = f.read(4 / n)
09      print("前 4 个字符: \n", first4chars)
10  except:
11      print('在读取文件时发生异常！')
```

代码第 1 行导入 os 包（将在后续章节介绍），第 5 行引用未定义的变量 "path"，第 6 行尝试打开因文件名输入错误导致文件不存在的 "not_exists.txt" 文件，第7行获取该文件大小（0字节），第8行未判断变量n是否为0就直接执行除法。该段代码块包含多处异常，而无论哪种异常，都可以被第10行的except语句成功捕获，并进入第11行的异常处理程序，给出友好的错误提示。其中第10行也可在except后加上异常父类"Exception"。

一般地，应当将"except:"放在所有except语句后面，以便万一发生以上无法匹配处理的异常，还可以有最后的容错，避免程序崩溃终止。

在except语句中，将异常的对象指定给一个变量，可使用as关键字，即：

```
except Exception as ex:
    print(ex)
```

可在except之后的代码块对异常作进一步输出或判断。

9.2.2　else与finally语句

在try-except语句后，还可加上"else:""finally:"语句，形成最为完整的异常处理程序：

```
try:
    可能引发异常的语句
except 异常类型：
    发生异常时的处理语句
else:
    未发生异常时的处理语句
finally:
    无论是否发生异常都会执行的语句
```

else语句用于当try代码块中语句未发生异常时执行，这给我们一个启发，使用else语句，比把所有语句放在try语句中要好，即我们只把最可能发生异常的代码（如文件打开、文件创建、尝试访问网络等操作）放在try中，当出现异常时，则由except语句捕获处理；当未发生异常时，则继续进行文件读写、网络下载上传等操作。

finally语句则可看作是try语句中的一些收尾处理工作。由于无论是否发生异常都会执行，可在finally语句中做一些释放资源的工作，比如关闭文件、关闭数据库连接、关闭网络等。

一个综合运用异常处理的例子为：

试试看 9-5

```
01  import os
02
03  f = None
04  try:
05      path = os.path.dirname(__file__)
06      f = open(path + "\\exists.txt")
07  except:
08      print('尝试打开文件时发生异常！')
09  else:
10      first4chars = f.read(4)
11      print("前 4 个字符: \n", first4chars)
12  finally:
13      if f:
14          f.close()
```

这是一个文件处理的例子，关于 Python 的文件操作可参考第 12 章，这里仅作简单演示。代码第 3 行定义一个变量 f 用于指向文件对象，第 5、6 行打开当前 py 文件目录下的 "exists.txt"。如果文件存在且打开成功，则进入 else 代码块，读取内容并输出（该文件为空，不会输出任何内容，但不至于引发读取异常）；如文件不存在或其他被占用无法正常打开的情况，则进入 except 异常处理。最后，不管文件能否正常打开，都在 finally 代码块中关闭该文件。代码运行的结果如下：

```
前 4 个字符:
```

9.2.3　raise

前面举的例子都是由于代码设计缺陷导致系统抛出的异常，我们也可以使用 raise 语句来主动抛出异常，其一般格式为：

```
raise Exception('参数值 / 提示语')
```

其中，Exception 可以为任何一种具体的错误，括号中的内容可省略，也可指定为一个提示具体错误的内容。在手动抛出异常时，我们可以使用这种方法来提示用户具体出现问题的地方，例如：

试试看 9-6

```
01  import math
02
03  def log10(num):
04      if num <= 0:
05          raise Exception('参数必须大于 0')
06      return math.log10(num)
07
08  try:
09      print(log10(-1))
10      # print(math.log10(0))
11  except Exception as ex:
12      print(ex)
```

该段代码求以 10 为底的对数，对 math 模块中的 log10 方法进行封装，代码第 3 行定义了一个 log10 函数，接受一个数值参数。第 4 行检测参数是否大于 0，如果不满足，则在第 5 行手动抛出异常，并指定错误信息为"参数必须大于 0"，中止该函数继续往下执行。如果参数合法，则在第 6 行实际调用 math 模块的 log10 方法求值并返回。第 9 行尝试调用以 10 为底 -1 的对数，当发生异常时，由第 11、12 行的异常处理程序进行处理。由于 -1 不满足大于 0，无法进行求值，代码运行结果为：

参数必须大于 0

若将第 9 行代码注释掉，开放第 10 行代码，则运行结果变为：

math domain error

显然该提示没有前一个友好。

好的异常处理程序应当在实际发生错误时，能明确地向开发者、用户指出发生错误的原因、环境，甚至哪行代码，方便排查纠错。

9.3 自定义异常

除了 Python 提供的异常类，我们还可以创建自定义异常，用于处理更为复杂的业务流程。自定义的异常一般继承自 Exception 类，并重写其构造方法，例如：

试试看 9-7

```
01  class MyException(Exception):
02      NETWORK_ERROR = 1001
03      IO_ERROR = 1003
04      USER_NOT_REGISTERED = 1005
05      ErrDict = {
06          NETWORK_ERROR: '网络发生异常',
07          IO_ERROR: '文件 IO 异常',
08          USER_NOT_REGISTERED: '用户未注册'}
09      def __init__(self, value):
10          self.value = value
11      def __str__(self):
12          return self.ErrDict[self.value]
13
14  try:
15      raise MyException(MyException.NETWORK_ERROR)
16  except MyException as ex:
17      print(ex)
```

代码第 1 行定义了一个继承自 Exception 异常类的 MyException 类，第 2 至 4 行定义了 3 个常量（最好用枚举来实现），第 5 行定义了一个错误的字典，用于将错误码与错误提示做映射。第 9 行重写了基类的构造方法，接受一个值并存储起来。第 11 行重写了返回字符串的方法，根据对象的值查找到其错误描述并返回。第 15 行模拟在实际代码中检测到异常并抛出，用"异常枚举值"来初始化一个 MyException 对象。抛出的异常将被第 16 行的 except 异常处理代码捕获，并输出其错误描述，代码运行结果为：

网络发生异常

这个错误描述将返回给终端用户，给出明确的错误提示，比返回一个"NETWORK_ERROR"甚至是"1001"的字面值更为友好。实际业务流程中，检测到其他的异常（如文件读写错误、用户未注册、支付失败、订单创建失败等）时就可直接抛出相应的异常错误代码，由自定义异常加上异常处理程序来自动转化为友好的提示。

9.4 小结

在本章的学习中，我们深入探讨了 Python 中异常处理的重要性与实现方式。通过 try-except-finally 语句结构，我们学会了如何捕获和处理程序中可能出现的错误，确保程序的健壮性和稳定性。同时，了解不同类型的异常以及自定义异常，使我们能够更精准地定位问题并给出解决方案。异常处理不仅提升了代码的可读性和可维护性，还使得程序在遭遇错误时能够优雅地处理，避免程序崩溃或产生不可预知的后果。

第 10 章　调试技巧

Python 代码调试是开发过程中不可或缺的一部分，它对于保证代码质量、功能正确性以及性能优化至关重要。无论是新手还是经验丰富的开发者都可能在编写代码时引入错误，这些错误包括语法错误、逻辑错误或运行时错误等。语法错误通常可以借助 IDE 进行发现并修正，但逻辑错误和运行时错误可能需要更细致的观察和复杂的分析。调试过程涉及运行代码的同时监控程序的内部状态，包括变量值、内存占用、执行流程等，以确保所有功能按预期工作。

代码在经过调试后，通常会更加健壮和可靠。通过识别并修复隐藏的错误，可以提前避免在生产环境中出现潜在的问题，从而减少系统崩溃和不可预测的行为的风险。此外，调试还可以辅助代码优化，在调试过程中，开发者可以监测到程序的性能瓶颈，如某些函数的执行时间过长或者某些数据结构消耗内存过多等问题。通过这些信息，开发者可以针对性地优化代码，提高程序效率。

本章主要介绍 Python 代码调试的技巧。

10.1　断点调试

断点调试是一种调试代码的方法，它允许开发者在特定的代码行上设置一个"断点（Breakpoint）"，程序通过调试模式启动后，执行时会在这些断点处暂停。这种机制让开发者有机会检查此时代码上下文的状态，包括变量的值、循环次数、分支路径、调用堆栈等。通过断点，开发者可以精确地控制程序的执行，只关注特定部分的代码行为，节省调试时间。在断点处暂停程序执行可以检查上下文变量的值，了解程序的当前状态，甚至可以临时改变某些变量的值。

10.2　单步执行

单步执行是调试过程中的一种基本操作，它允许开发者一行一行地执行程序代码。在代码经由断点暂停执行时，可使用单步执行，程序会在每执行完一行代码后暂停，等待下一步指令，这样可帮助开发者仔细观察代码的执行流程和变量的变化情况。单步执行能够帮助开发者准确地定位到引发问题的代码行，使得

BUG 修复更加高效。通过逐行执行代码，开发者可以更好地理解代码执行的逻辑顺序，尤其是在处理复杂的逻辑和算法时，通常，当开发者遇到不熟悉的代码库或者在尝试理解一个复杂的新功能时，单步执行可以帮助他们了解代码执行的具体流程和细节，这是一个学习和熟悉新代码的重要手段。对于初学者来说，单步执行也是一种很好的学习工具，帮助他们理解程序的运行机制和语言特性。

10.3　日志

当代码、软件已经交付给客户之后，便无法通过实时调试来发现代码问题，一旦客户反馈出现 BUG，往往不容易定位问题所在，这时候就需要借助日志来进行分析。日志是一个记录文件，它详细记录了程序在运行过程中的事件。一个好的日志系统会记录关键事件的信息，比如程序的启动和关闭、用户的操作、系统警告和错误以及其他重要的运行时信息。当程序发生错误时，日志提供了一个详细的背景信息记录，这些信息对于分析和修复 BUG 非常有帮助。可在日志中通过输出某些变量的值，来帮助开发者查看和理解变量在特定程序执行点的状态。日志也可以用来监控程序的健康状况和性能指标，以便于及时发现潜在的问题，比如输出一段复杂算法的实际执行时间，定时输出 CPU、内存的占用率等。日志提供了程序运行的历史记录，可以在必要时回溯，查看系统状态和数据，清楚掌握用户是在哪种操作下引发的异常，这对于高效定位问题点非常有帮助。

此外，通过分析日志中的用户行为，可以了解用户如何与程序互动，例如哪些页面访问频率高就先优化哪些页面，哪个按钮点击频率高可考虑做得更突出、显眼等，这对产品改进和市场策略制定非常重要。

这里以调试试试看 9-4 的问题程序为例，介绍这几种调试方法的综合运用：

试试看 10-1

```
01  import os
02
03  try:
04      # path = os.path.dirname(__file__)
05      filepath = path + "\\non_exists.txt"
06      f = open(filepath)
07      n = os.path.getsize(filepath)
```

```
08        first4chars = f.read(4 / n)
09        print("前 4 个字符: \n", first4chars)
10   except:
11        print('在读取文件时发生异常! ')
```

首先直接运行代码，直观的结果就是：

在读取文件时发生异常!

代码在第 4 至 9 行出了问题。首先我们先假设忽略 IDE 在第 5 行的提醒，推断代码可能在第 6 行的 IO 读写时出现问题，我们将断点设置在第 6 行。在 VSCode 软件中，将鼠标移至第 6 行的左侧，当出现"单击以添加断点"并且出现红点时，点击，红点出现，表示在该行设置了断点，如图 10-1 所示。切换断点默认的快捷键是功能键 F9，也可以在键盘上按下 F9 来方便设置断点。此时，在 VSCode 左侧，切换至"运行和调试"标签页方便后续查看。

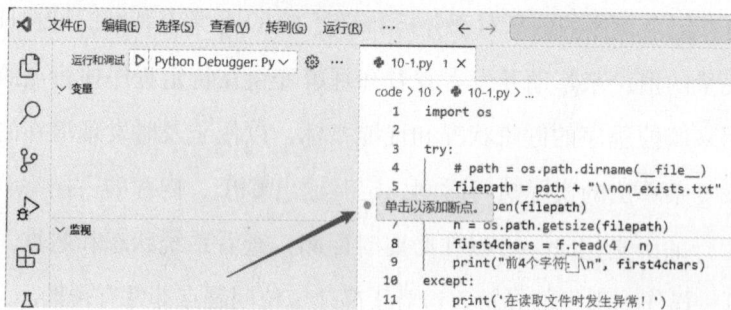

图10-1　点击代码第6行左侧的红点

设置完断点后，如果代码能顺利执行完上一行的代码，则将在第 6 行暂停。按 F5 调试程序，错误依然存在。这意味着在开始到第 6 行之间的代码出现问题，那么在第 5 行也设置断点，如图 10-2 所示。

图10-2　在代码第5行设置断点

设置断点的依据，除了在可能出现问题的代码上设置以外，还可通过"二分法"来快速定位问题所在，节省时间。按 F5 运行代码，程序将执行至第一个断点的位置，即第 5 行时顺利暂停。将鼠标移至各变量上查看变量值。当移动至 path 变量上时，弹出的提示为"未定义'path'"，如图 10-3 所示。

图10-3　代码中断，查看变量值

我们找到问题所在，这里期望打开 py 文件同级目录下的 txt 文件，在界面上方的调试工具栏点击"停止"按钮，停止代码调试，如图 10-4 所示。

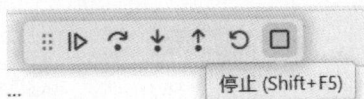

图10-4　点击"停止"

开启第 4 行代码，重新按 F5 运行代码，代码在第 5 行暂停执行，查看左侧的"变量"窗格，可以看到 path 变量的值自动显示出来，或将鼠标移至代码窗格的 path 变量上方查看变量值，如图 10-5 所示。

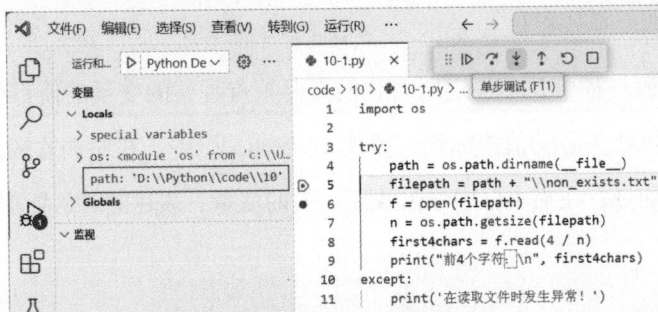

图10-5　在变量窗格中查看变量的值

确保 path 变量的值无误后，我们继续往下调试代码。这时我们需要进行单步调试，点击上方调试工具栏中的"单步调试（F11）"按钮，或者按快捷键 F11，代码将运行一行，来到第 6 行的位置，这时变量窗格里自动增加列出 filepath 变量，并显示它的值，如图 10-6 所示。

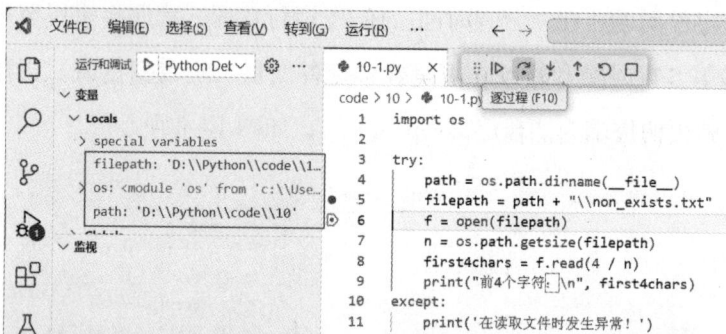

图10-6　单步执行的结果

继续按 F11 单步执行代码，可以看到在第 6 行执行后直接进入第 10 行的异常。经过仔细分析，是由于第 5 行的文件名粗心地多写了"non_"。停止调试，修改第 5 行代码，由于第 5 行代码已基本没问题，所以可取消第 5 行的断点，点击第 5 行左侧的红点或者按下 F9 即可取消断点。再次按下 F5 调试代码，在第 6 行代码上按下 F11，代码顺利运行到第 7 行并暂停，如图 10-7 所示。

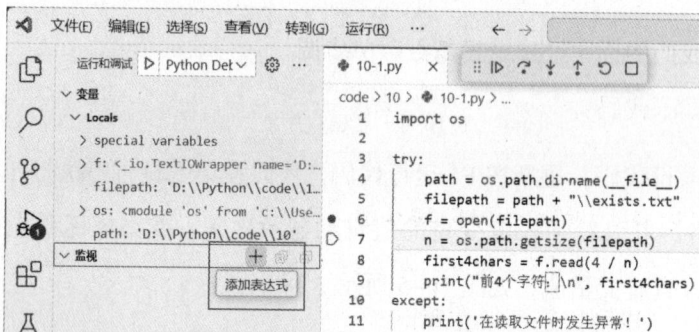

图10-7　代码运行到第7行

在调试代码过程中，不一定所有我们需要重点观察的变量的值都会在变量窗格中显示，我们可将关心的值添加到"监视（Watch）"中。在左侧监视窗格点击"添加表达式"的加号，在文本框中输入我们需要的变量、表达式等，如图 10-8 所示。

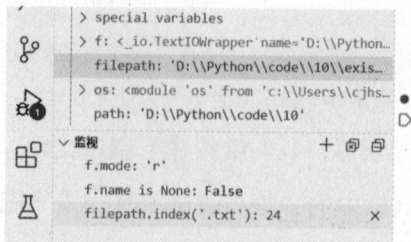

图10-8　添加到监视窗格的表达式

170

任何我们关心的运算、变量取值、方法调用等，都可以作为表达式添加到监视中，调试系统将自动计算出表达式的值并显示。继续单步调试代码，我们将发现在第 8 行引发了一个"除以 0 错误"，去掉"／n"再次进行调试，可将断点设置在最后一行没出现问题的代码。查看变量的值，如图 10-9 所示。

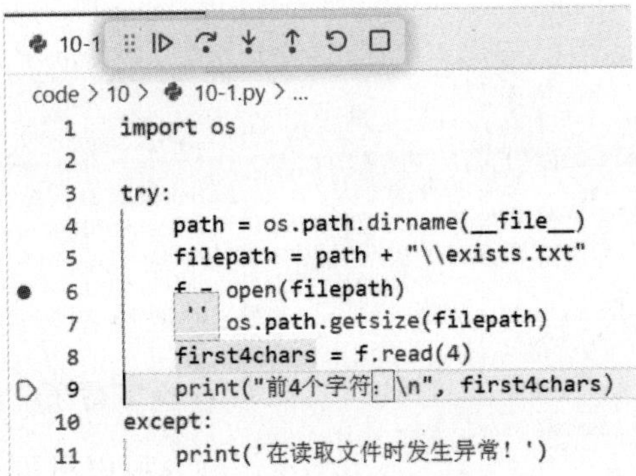

图10-9　至第8行的调试结果

再次按下 F11，调试系统在执行完第 9 行代码后，打印信息，执行完毕，自动结束调试。

至此，我们的程序经过设置断点、单步调试，有效地修复了其中所有的错误。

再考虑如下代码：

```
……
f = open(r"D:\Python\code\10\10-1.py")
……
```

经过调试，该段代码可以在我们测试机上正常执行，但是交付时客户报程序出错，无法运行，我们无法借助实时调试、单步执行来排查问题。此时，我们可借助日志来帮助定位问题、排查问题。比如将上述代码修改为：

```
……
log.write("打开文件前")
f = open(r"D:\Python\code\10\10-1.py")
log.write("打开文件后")
……
```

其中，log.write 是一个往某处写日志文件的方法。当客户上报问题时，经过询问并查看日志文件，看到日志打印至"打开文件前"，往后就没有内容了，即可判断在打开文件时出现问题。经过与客户核对，发现客户电脑上只有 C 盘，并没有 D 盘，定位了问题，解决了问题。

在图 10-6 中上方的调试工具栏中，还有一个"逐过程"的按钮，快捷键为 F10，该按钮的功能是将执行函数（方法）当作一条语句来执行，而如果是"逐语句"（F11）则将步入函数（方法）内部进行调试，例如：

试试看 10-2

```
01  def add(a, b):
02      print('Enter add')
03      return a + b
04
05  print('Before calling add')
06  add(1, 2)
07  print('After calling add')
```

在第 6 行设置断点，启动调试，当代码在第 6 行上暂停时，分别尝试按下 F10 和 F11，观察两者区别。

当按下 F10 逐过程运行时，代码将直接运行至第 7 行，即将第 6 行当作一条语句来运行。当按下 F11 逐语句运行时，代码将跳至第 2 行，即 add 函数内部进行单步运行。

10.4　小结

随着软件项目规模的增长，单元测试和集成测试变得越来越重要，而这些测试过程中不可避免地会出现失败的测试用例。调试是修正这些失败的测试，并确保所有组件协同工作、满足质量标准的重要步骤。读者需将各种调试技巧灵活运用，熟练掌握。

第 11 章   常见模块与类库

11.1   模块与包的介绍

11.1.1   模块

模块是构成 Python 程序的基本单元之一，它是一个包含 Python 代码的文件，并且通常具有 py 扩展名。模块可以包含变量定义、函数、类等，可以被其他 Python 脚本导入和使用。通过将代码组织在模块中，开发者可以创建可重用的代码段。模块的使用可以避免重复编写相同的代码，提高开发效率，并降低代码中的错误和冗余。模块对于将大型程序分解为较小、易于管理的部分非常有帮助，每个模块可以专注于特定的功能或任务，从而使得代码的结构更加清晰、易于理解和维护。模块对于开发者来说是一个很好的组织代码的工具。

Python 的标准库和第三方库都是以模块的形式提供的，这些库为 Python 提供了丰富的功能，通过导入这些模块，开发者可以轻松地扩展 Python 的基本功能，处理各种复杂的任务。例如，math 模块提供数学运算的函数，random 模块用于生成随机数，time 模块提供时间操作的功能等。模块可以封装复杂的逻辑或功能，其他开发者只需了解模块提供的接口，而无须深入了解其内部实现，这降低了代码的复杂性，提高代码的可读性和可维护性。此外，模块还可以用于抽象和封装数据，例如可以使用模块来定义数据结构，如集合、堆等，并提供相应的操作函数。这使得数据的管理和操作更加便捷和统一。

在 Python 中，模块有多种形式，主要包括以下几种。一是内置模块：这些是 Python 解释器自带的模块，使用 C 语言编写并链接到 Python 解释器中，它提供许多基本的和常用的功能。二是第三方模块：这些模块是由其他开发者编写的，并已经被编译为共享库或 DLL 的 C/C++ 扩展，它们通常提供丰富的功能和特性，可以极大地提高开发效率。三是自定义模块：它是由用户自己编写的包含用户定义的函数、类和变量的 py 文件，自定义模块可以根据具体需求进行灵活编写和扩展。

在模块的使用过程中，有几个特殊定义的变量。其中，__name__ 是一个内置的特殊变量，它表示当前模块的名字。当一个 Python 文件被直接运行时，__name__ 的值会被设置为"__main__"，而当这个文件被导入为一个模块时，__name__ 的值则会被设置为该模块的名字。这个特性常常被用来区分一个 Python 文件是被直接运行还是被导入为模块。例如：

试试看 11-1

```
01  def concat(*lst):
02      s = ''
03      for i in lst:
04          s += str(i)
05      return s
06
07  if __name__ == '__main__':
08      print('concat 直接运行')
09      print(concat(1, 2.5, True, 'abc'))
10  else:
11      print('mymodule 被作为模块导入')
```

代码第 1 行定义了一个函数，该函数用于将不同类型的参数串在一起。第 7 行判断 __name__ 变量是否为"__main__"，如果成立，则意味着这个文件是直接通过 python 运行的，在第 9 行进行一些 concat 函数的测试验证。如果不成立，意味着该文件是被其他模块导入使用的，此时 __name__ 的值将会是模块的名字。将该文件存储为 mymodule.py，方便后续使用。运行程序，命令行输出的结果为：

```
concat 直接运行
12.5Trueabc
```

有些 Python 模块会在文件末尾包含一些测试代码，这些代码只在模块被直接运行时执行，以便开发者测试模块的功能，正如这个例子，就是通过检查变量 __name__ 的值来实现的。

在模块中，还有一个特殊的内置变量 __file__，包含当前正在执行的脚本文件路径的字符串，它通常是一个绝对路径，表示本 py 文件在文件系统上的绝对路径。例如以下代码：

试试看 11-2

```
01  import os
02
03  print(__file__)
04  print(os.path.dirname(__file__))
```

第 3 行在 py 文件中打印 __file__ 变量的值，将输出这个 py 文件完整的磁盘绝对路径。第 4 行调用 os 库 path 模块的 dirname 方法，用于传入一个文件绝对路径，获取该级目录的路径，通常用于拼接其他文件名来获取 py 运行目录的其他文件，进而打开文件或者对文件进行其他处理操作。代码的运行结果如下：

```
d:\Python\code\11\11-2.py
d:\Python\code\11
```

11.1.2　包

当项目规模逐渐增大，涉及的模块数量越来越多时，往往需要一种更高级的代码组织方式，这就是 Python 中的包。包是一个有层次的文件目录结构，它包含多个模块以及可能的子包和其他资源文件。包主要是为了更好地组织和管理大量的模块，避免命名冲突，并简化代码库的结构。通过将相关的模块组织在同一个包中，可以使得代码结构更加清晰，便于查找和使用。

具体来说，一个 Python 包就是一个包含 __init__.py 文件的目录，这个文件使得 Python 解释器将该目录视为一个包。在包中，可以定义多个模块，每个模块都是一个独立的 py 文件。此外，包还可以包含子包，子包本身也是一个包含 __init__.py 文件的目录，这样形成了包的层次结构。

在实际开发中，包的使用带来了许多便利，它使得代码的组织更加清晰和有条理，通过将相关的模块组织在同一个包中，可以让调用者更容易地找到和使用这些模块。包的使用可以提高代码的可维护性，由于包对模块进行了有效的组织和封装，可以更容易地对代码进行修改和扩展。此外，包还有助于提高代码的安全性，通过将内部变量和函数封装在模块中，可以防止它们被其他模块随意修改或访问。

包和模块之间的关系是紧密的。模块是包的基本组成单元，而包是对模块的进一步组织和封装。通过包，可以将多个相关的模块组织在一起，形成一个逻辑上的整体，使代码的管理和维护变得更加方便。同时，包也提供了命名空间的功能，可以避免不同模块之间的命名冲突。

11.1.3 模块和包的导入

可通过 import 命令来引入模块或者包，其语法为：

```
import module_name1 [as alias1], module_name2 [as alias2]
```

其中 module_name1、module_name2 为模块名称，如果模块名称太长，为方便简写，可使用 as 来为模块起一个临时的别名。模块被导入后就可以使用 module_name.var_name、module_name.class_name 或 module_name.func_name 的形式来访问模块中的变量、类或函数（方法）。

除了直接导入整个模块，还可以使用 from ... import ... 语法来导入模块中的特定部分，我们直接在命令行交互窗口进行演示：

```
01  >>> math.sqrt(16)
02  Traceback (most recent call last):
03    File "<stdin>", line 1, in <module>
04  NameError: name 'math' is not defined. Did you forget to import 'math'?
05  >>> import math
06  >>> sqrt(16)
07  Traceback (most recent call last):
08    File "<stdin>", line 1, in <module>
09  NameError: name 'sqrt' is not defined
10  >>> math.sqrt(16)
11  4.0
12  >>> from math import sqrt
13  >>> sqrt(16)
14  4.0
15  >>> from math import *
16  >>> pi
17  3.141592653589793
```

第 1 行试图调用 math.sqrt 方法，由于未导入 math 模块，导致出错。

第 5 行引入 math 模块，第 6 行试图调用 math 模块中的 sqrt 方法出错。正确的调用方法是 math.sqrt。第 10 行使用 math.sqrt 得到了正确的结果。

也可以如第 12 行的写法，直接从 math 模块导入 sqrt 方法，在第 13 行就可以直接调用。而如果在 math 模块中"import *"则表示导入 math 模块的所有内容。pi 是属于 math 模块的变量，就可以直接使用。

也可以导入我们自定义的模块，比如导入试试看 11-1 的 mymodule 模块：

试试看 11-3

```
01  import mymodule
02
03  print(mymodule.concat('id = ', 1, ', value = ', 2.5, ', is_default
        = ', False))
```

第 1 行导入同目录的 mymodule.py 文件，即导入 mymodule 模块。第 3 行调用 mymodule 模块中的 concat 函数，填入一些参数以拼接。代码运行的结果如下：

```
mymodule 被作为模块导入
id = 1, value = 2.5, is_default = False
```

从输出结果可以看到，由于 mymodule.py 被该代码导入，所以初始化时将打印相应的信息"mymodule 被作为模块导入"。

包本质上也是一个模块，导入包的语法和模块导入类似：

```
import package_name[.module_name [as alias]]
from package_name import module_name [as alias]
from package_name.module_name import member_name [as alias]
```

导入之后的调用也和模块类似。

11.2　常用标准库

Python 标准库是 Python 编程语言自带的一系列模块和函数的集合，它们为开发者提供丰富的功能和工具，使开发者能够更高效地编写出各种应用程序。这些标准库涵盖了从基础数据类型操作到复杂网络编程的各个方面，是 Python 语言强大和易用性的重要体现。下面举几个常用的库进行说明。

11.2.1　os

os 库是一个与操作系统交互的接口，它提供大量的方法来处理文件和目录、获取系统信息、执行系统命令等。这使得 Python 程序可以实现跨平台，而无须关心底层操作系统的具体细节实现。

表 11-1　os.path 模块中的常用方法

方法名	含义
dirname(path)	获取 path 参数传入的文件路径所在的目录路径
exists(path)	判断 path 参数的文件或目录路径是否存在
getsize(path)	返回一个文件的大小，单位是字节。如果文件不存在，将抛出一个异常
isfile(path) / isdir(path)	判断一个路径是否为文件 / 目录，可用于 listdir 方法后的判断
join(path, *paths)	用于智能拼接路径，而无须关心每一部分是否含有目录分隔符 "\"

由于该部分方法比较简单，直接在命令行交互中进行举例说明：

```
>>> from os.path import *    # 导入所有方法名
>>> file = r'D:\Python\code\11\11-2.py'
>>> dir = dirname(file)      # 获取目录
>>> dir
'D:\\Python\\code\\11'
>>> exists(file)             # 文件是否存在
True
>>> exists(dir)             # 目录是否存在
True
>>> getsize(file)           # 文件的大小
62
>>> isfile(dir)             # 目录路径是一个文件?
False
>>> join('D:\\Python\\', 'code', '11')   # 若干部分串起，形成路径
'D:\\Python\\code\\11'
>>> join('D:', 'Python')    # 两部分串起，形成路径
'D:Python'
```

表 11-2　os 模块中的其他常用属性、方法

属性、方法名	含义
os.name	该属性返回当前操作系统类型，如 'posix'（Unix/Linux/macOS 系统）或 'nt'（Windows 系统）
os.getcwd()	返回当前工作目录的路径

（续表）

属性、方法名	含义
os.listdir(path)	列举指定的 path 目录下的所有子目录和文件，返回字符串列表，该列表将以任意顺序排列
os.listdrives()	用于 Windows 操作系统中获取所有驱动器名称的列表
os.mkdir(path)	用于创建一个目录，需注意，该目录无法一次性创建多级目录，需确保上一级目录存在。如需新建多级目录，请使用 makedirs
os.makedirs(path)	用于一次性创建多级目录
os.remove(file)	用于删除一个文件
os.rmdir(path)	用于删除一个目录
os.removedirs(path)	用于删除多级目录
os.rename(src, dst)	用于重命名文件或者目录

下面直接在命令行中进行演示：

```
>>> from os import *               # 导入所有方法名
>>> name
'nt'
>>> getcwd()
'C:\\Users\\python'
>>> dir = r'D:\Python\code\11'
>>> listdir(dir)                   # 获取目录下所有文件和子目录
['11-2.py', '11-3.py', 'mymodule.py']
>>> listdrives()                   # 获取驱动器列表
['C:\\', 'D:\\', 'E:\\', 'F:\\']
>>> mkdir(path.join(dir, 'test'))        # 创建目录
>>> makedirs(path.join(dir, 'test1\\test2'))    # 一次性创建多级目录
>>> remove(dir + '\\111.txt')            # 删除一个不存在的文件
Traceback (most recent call last):
  File "<stdin>", line 1, in <module>
FileNotFoundError: [WinError 2] 系统找不到指定的文件。: 'D:\\Python\\
code\\11\\111.txt'
>>> rmdir(dir + '\\test')                # 删除目录
>>> removedirs(dir + '\\test1\\test2')   # 一次性删除多级目录
```

```
>>> mkdir(dir + '\\testrm')                          # 创建目录
>>> rename(dir + '\\testrm', dir + '\\test')         # 重命名目录
```

11.2.2　sys

　　sys 库是 Python 标准库中的一个内置模块，它提供 Python 解释器和运行环境相关的功能。通过该库可以获取和操作系统相关的信息、控制和交互程序。

表 11-3　sys 模块中的常用属性、方法

属性、方法名	含义
sys.argv	该属性返回一个包含传递给 Python 脚本命令行参数的列表。其中，argv[0] 为脚本的名称（是否是完整的路径名取决于操作系统）。如果是通过 Python 解释器的命令行参数 -c 来执行，则 argv[0]='-c'。可使用 sys.argv[1:] 来获取除脚本名称外的所有参数，但需确保 sys.argv 的长度大于 2，即有传入额外的命令行参数
sys.exit(code)	执行该方法后，将退出当前脚本，回到系统命令行，code 为返回给系统的值，一般来说 0 表示成功执行，非 0 表示异常结束
sys.executable	该属性将返回 Python 解释器的可执行二进制文件绝对路径的字符串。如果 Python 无法获取该真实路径，则返回空字符串或 None
sys.getwindowsversion()	返回一个描述当前正在运行的 Windows 版本的 _WinVersion 类的对象，值包含主要版本、次要版本和编译版本号等
sys.platform	该属性返回一个平台标识符，如果是 Windows 系统，将返回"win32"，如果是 Linux 系统，则返回"linux"，如果是 macOS 系统，将返回"darwin"
sys.version	该属性返回一个包含 Python 解释器版本号、编译版本号、所用编译器等额外信息的字符串
sys.winver	该属性返回 Python 解释器的主要和次要版本号

　　下面结合一个综合的例子来说明 sys 模块常用方法的用法：

试试看 11-4

```
01  from sys import *
02
03  if len(argv) < 2:
04      print('no argvs')
05      exit(1)
06  if argv[1].lower() == '-e':
07      print(executable)
08  elif argv[1].lower() == '-g':
09      print(getwindowsversion())
10  elif argv[1].lower() == '-p':
11      print(platform)
12  elif argv[1].lower() == '-v':
13      print(version)
14  elif argv[1].lower() == '-w':
15      print(winver)
16  else:
17      print('invalid argument')
```

第 1 行在 sys 模块中导入全部内容，不推荐在实际实践中使用该写法。第 3 行检测命令行参数的长度，如果没有指定，则在第 4 行打印 "no argvs" 并在第 5 行调用 sys.exit 方法直接返回到系统，结束程序。

从第 6 行起，分别对命令行参数进行判断，符合条件则调用相应的命令进行输出，如果没有匹配的，则输出 "invalid argument"。需注意，使用命令行参数时应当对用户输入进行大小写兼容。在命令行中测试该代码：

```
D:\Python\code\11>python 11-4.py
no argvs
D:\Python\code\11>python 11-4.py -e
C:\Users\python\AppData\Local\Programs\Python\Python312\python.exe
D:\Python\code\11>python 11-4.py -G
sys.getwindowsversion(major=10, minor=0, build=22621, platform=2,
service_pack='')
D:\Python\code\11>python 11-4.py -p
win32
D:\Python\code\11>python 11-4.py -V
3.12.3 (tags/v3.12.3:f6650f9, Apr  9 2024, 14:05:25) [MSC v.1938 64
```

```
bit (AMD64)]
D:\Python\code\11>python 11-4.py -w
3.12
D:\Python\code\11>python 11-4.py -k
invalid argument
```

从结果可以看到，命令行参数输入大小写均能得到兼容。当没有输入参数或者输入错误的参数，都能给予明确的提示。

11.2.3 math

math 库是一个用于数学运算的标准库，它包含大量用于执行数学计算的函数和常量。通过导入 math 库，可以轻松地执行各种数学任务，而无须自己编写复杂的数学算法。

表 11-4　math 模块中的常用属性、方法

属性、方法名	含义
pi、e	该属性表示数学常数 π=3.141592... 和 e=2.718281...
ceil(num)	返回 num 的向上取整，即大于等于 num 的最小整数
floor(num)	返回 num 的向下取整，即小于等于 num 的最大整数
trunc(num)	返回直接去除小数部分的 num，只留下整数部分
fabs(num)	返回 num 的绝对值
gcd(*int)	返回给定的整数参数元组的最大公约数
lcm(*int)	返回给定的整数参数元组的最小公倍数
log(num)	返回底为 e 时 num 的自然对数
pow(x, y)	返回 x 的 y 次幂
sqrt(num)	返回 num 的平方根
sin(num)、cos(num)、tan(num)	返回 num 弧度的正弦、余弦、正切值
asin(num)、acos(num)、atan(num)	返回 num 的反正弦、反余弦、反正切值。返回值以弧度为单位，反正弦、反正切值的范围在 $-\pi/2$ 到 $\pi/2$ 之间，反余弦值的范围在 0 到 π 之间

这些方法使用比较简单，我们使用命令行进行直观演示：

```
>>> from math import *
```

```
>>> pi
3.141592653589793
>>> e
2.718281828459045
>>> ceil(pi)                    # 向上取整
4
>>> floor(pi)                   # 向下取整
3
>>> ceil(-e)                    # 负数向上取整
-2
>>> floor(-e)                   # 负数向下取整
-3
>>> trunc(pi)                   # 直接去除小数
3
>>> trunc(-pi)                  # 直接去除小数
-3
>>> fabs(-5.7)                  # 绝对值
5.7
>>> gcd(12, 27)                 # 最大公约数
3
>>> lcm(2, 3, 7)                # 最小公倍数
42
>>> log(2.72)                   # ln
1.000631880307906
>>> pow(2, 10)                  # 2^{10}
1024.0
>>> sqrt(2)                     # 2 的平方根
1.4142135623730951
>>> sin(pi / 2)                 # sin90°
1.0
>>> acos(.5) * 180 / pi         # arccos(0.5) 的角度
60.00000000000001
```

读者可结合输出结果进行分析。最后的 "acos(.5) * 180 / pi" 将得到的弧度转换成角度显示。

11.2.4 random

random 库用于生成各种分布的伪随机数序列，在不确定性建模、模拟、密码学、机器学习等多个领域有广泛的应用。该库基于 Mersenne Twister 算法生成伪随

机数，虽然这些随机数看起来具有随机性，但它们并不是真正的随机数，因为它们的生成过程是可预测的。

表 11-5　random 模块中的常用方法

方法名	含义
random()	返回 [0.0, 1.0) 的左闭右开区间中的随机浮点数
randint(a, b)	返回 [a, b] 左闭右闭区间中的一个随机整数，可能取到 b 值
uniform(a, b)	返回一个 [a, b] 左闭右闭区间中的一个随机浮点数，b 的值可能取到，也可能不会取到，取决于浮点精度的舍入
randbytes(num)	返回 num 个随机字节，每个字节的值为 0 至 0xFF
choice(seq)	从非空序列 seq 返回一个随机元素，seq 必须支持 len 方法和支持索引，比如列表、元组等
shuffle(seq)	将可变序列 seq 的项随机打乱位置

下面结合例子进行说明：

```
>>> from random import *                  # 导入所有方法
>>> random()                              # 0 和 1 之间随机小数
0.08158570896602269
>>> randint(1, 6)                         # 范围内随机整数
6
>>> randint(10000000000, 99999999999)     # 范围内随机 11 位整数
36252599806
>>> uniform(1.5, 2.3)                     # 随机浮点数范围内
2.059686571188662
>>> randbytes(16)                         # 产生 16 个随机字节
b'\xd6 ] s ; \xf6 \xd0 \x03 \xc3 \xc9 8 \xc8 ) ! R \x0c 7'
>>> choice([2, 3, 5, 7, 11])              # 支持列表
5
>>> choice((1, 2, 4, 8, 16, 32, 64))      # 支持元组
4
>>> choice({'a': 1, 'b': 2})              # 不支持字典
Traceback (most recent call last):
  File "<stdin>", line 1, in <module>
  File "C:\Users\python\AppData\Local\Programs\Python\Python312\Lib\
random.py", line 348, in choice
    return seq[self._randbelow(len(seq))]
```

```
          ~~~^^^^^^^^^^^^^^^^^^^^^^^^^^^^
KeyError: 0
>>> lst = [2, 3, 5, 7, 11]
>>> shuffle(lst)                         # 将 lst 直接打乱
>>> lst
[5, 3, 2, 11, 7]
>>> shuffle((1, 2, 4, 8, 16, 32, 64))    # 元组不支持打乱，因为元组不可变
Traceback (most recent call last):
  File "<stdin>", line 1, in <module>
  File "C:\Users\python\AppData\Local\Programs\Python\Python312\Lib\
random.py", line 357, in shuffle
    x[i], x[j] = x[j], x[i]
    ~^^^
TypeError: 'tuple' object does not support item assignment
>>> shuffle({'a': 1, 'b': 2})            # 字典不可索引
Traceback (most recent call last):
  File "<stdin>", line 1, in <module>
  File "C:\Users\python\AppData\Local\Programs\Python\Python312\Lib\
random.py", line 357, in shuffle
    x[i], x[j] = x[j], x[i]
              ~^^^
KeyError: 1
```

从结果可以看出，"randint(1, 6)"在此取到了区间最大值6的值。大数的随机数一般用在请求 URL 时，为防止浏览器缓存结果而拼接上，达到每次都向服务器请求新数据的目的。randbytes 方法的结果返回指定长度的随机字节，可显示的字符直接显示，不可显示的用"\0xFF"的形式显示，为方便查看，笔者特意使用空格分隔开结果，方便读者理解。列表、元组可使用 choice 方法进行随机选择，而字典不行。列表可使用 shuffle 方法进行打乱，而元组、字典不可打乱。

11.2.5　fractions

fractions 库为处理分数提供了强大的功能。使用该库可以创建分数对象，并进行精确的分数运算，避免浮点数的舍入误差。fractions 库的核心是 Fraction 类，它继承了 numbers.Rational 类并实现该类所有的方法。

Fraction 类可接受 1 个浮点数作为参数，返回可用于表示该浮点数的分数。也可接受 1 个数字字符串作为参数，字符串可使用科学记数法来表示，返回一个分

数。还可以通过分别指定分子、分母来构造一个分数，并且 Fraction 对象还可以进行数学运算。例如：

```
>>> from fractions import Fraction as F    # 给予简称 F，方便输入
>>> F(1, 2) + F(2, 3)          # 1/2 + 2/3
Fraction(7, 6)
>>> F(-0.625)                  # 小数的分数表示
Fraction(-5, 8)
>>> F('0.015380859375')        # 字符串形式的小数的分数表示
Fraction(63, 4096)
>>> F('7e-6')                  # 字符串形式的科学记数法的分数表示
Fraction(7, 1000000)
```

第 1 行引入 Fraction 类并给予别名简称 F，第 2 行运算 $\frac{1}{2}$ 加上 $\frac{2}{3}$，结果是 $\frac{7}{6}$。第 4 行给定一个浮点数，自动求出最接近可用于表示的分数。第 6 行以字符串形式给出一个浮点数。第 8 行以科学记数法形式给定一个数，该数的正常表示方法为 7×10^{-6}，结果为 $\frac{7}{1000000}$。

11.2.6 decimal

decimal 库是一个用于处理高精度浮点数的强大工具，它提供高精度的数值计算功能，可有效处理小数运算，确保得出精确的结果。Decimal 类表示的数字由固定的小数位数和可选的整数部分组成，这使得它在处理小数时具有更高的精度。另一方面，Decimal 类可通过指定字符串形式的小数来进行和我们理解一致的算术运算，避免计算机浮点数运算产生的误差。例如：

```
>>> from decimal import Decimal as D           # 给予简称 D，方便输入
>>> D(5.37)                # 高精度
Decimal('5.37000000000000010658141036401502788066864013671875')
>>> 2.1 + 3.2              # 浮点数的正常表示
5.300000000000001
>>> D(2.1) + D(3.2)
Decimal('5.300000000000000266453525910')
>>> D('2.1') + D('3.2')    # 浮点数运算的算术表示
Decimal('5.3')
>>> D(2.3) * D(3.6)
Decimal('8.279999999999999564792574347')
>>> D('2.30') * D('3.60')  # 浮点数运算的算术表示
```

```
Decimal('8.2800')
>>> .2 + .2 + .2 - .6                        # 浮点数在计算机中的表示法的问题
1.1102230246251565e-16
>>> D(.2) + D(.2) + D(.2) - D(.6)
Decimal('5.551115123130313080847263336E-17')
>>> D('.2') + D('.2') + D('.2') - D('.6')              # 准确计算
Decimal('0.0')
```

第 1 行从 decimal 库中导入 Decimal 类并给予别名简称 D。第 2 行通过一个浮点数来指定一个 Decimal 对象，可以看到输出长达 50 位的精度。第 4 行计算 "2.1 + 3.2"，期望是得出 5.3，由于计算机浮点数表示的问题，无法得出精确的结果，而使用 "D('2.1') + D('3.2')"，通过以字符串给出数值，可以得出我们能理解的算术结果，同理在第 12 行的 "D('2.30') * D('3.60')" 中，从运算结果可以看出，表示精度的末尾的 0 被正确保留下来。而类似 "0.2 + 0.2 + 0.2 – 0.6" 的运算，期望是输出 0，同样由于浮点数表示的问题，无法得出准确的结果。而使用字符串给出数值的 Decimal 对象运算，则可得到准确的结果。

11.2.7 hashlib

hashlib 库提供多种哈希算法的实现。它提供了一种统一的接口，使得在 Python 中使用不同的哈希函数（如 SHA、MD5）变得简单和方便。

消息摘要（Message Digest）是一种密码算法，其作用是将任意长度的输入消息数据转化成固定长度的输出数据，这个转化过程是通过一个单向 Hash 加密函数实现的，与可逆加密不同，这意味着从输出数据（即摘要）无法逆向还原出原始的消息数据。消息摘要的特点在于无论输入的消息有多长，计算出来的消息摘要的长度总是固定的。这种特性使得消息摘要在数据完整性校验、数字签名等方面具有广泛的应用。例如在下载文件时，数据源会提供一个文件的消息摘要（如 MD5 值）。文件下载完成后，用户可以在本地计算出文件的消息摘要，并与数据源提供的消息摘要进行比对，如果两者相同，则可以认为文件是完整的，未被篡改。

MD5（Message-Digest Algorithm 5，消息摘要算法 5）是一种广泛应用的密码散列函数，它可以将任意长度的 "字节串" 或文件映射为一个 128 位的大整数，即哈希值。它具有固定长度的输出，无论输入信息的长度如何，MD5 算法总能生成一个 128 位的哈希值。其算法是不可逆的，也就是说无法从输出的哈希值反推出原始的输入信息，这种特性保证了数据的安全性。MD5 算法还具有碰撞抵抗性，即对于不同的输入，MD5 算法生成相同哈希值的概率极低（但仍有相同的可能性）。

　　SHA（Secure Hash Algorithm，安全散列算法）由美国国家安全局设计，并经过美国国家标准与技术研究院发布，现已成为美国的政府标准。与 MD5 类似，SHA 将任意长度的输入数据转换为固定长度的哈希值。SHA 家族包括多个版本，如 SHA-0、SHA-1、SHA-2（包括 SHA-224、SHA-256、SHA-384 和 SHA-512 等）以及更现代的 SHA-3。这些版本在安全性、性能和适用场景上有所差异。

　　字符串、文件的 MD5、SHA 计算都非常简单，hashlib 库中都提供相应的方法方便计算。例如：

试试看 11-5

```
01  import hashlib, os
02
03  b = b'P@ssw0rd'
04  md5 = hashlib.md5(b)
05  print(md5.digest())
06  print(md5.hexdigest())
07  sha = hashlib.sha256(b)
08  print(sha.digest())
09  print(sha.hexdigest())
10
11  with open(os.path.dirname(__file__) + '\\mymodule.py', 'rb') as file:
12      print(hashlib.file_digest(file, "md5").hexdigest())
```

　　第 1 行导入 hashlib 库和 os 库，第 3 行指定要加密的字符串。md5、sha 构造函数接受的是字符串字节，所以字符串前需要加上"b"来进行转换。直接将该字符串字节分别传给 md5、sha256 的构造函数，再使用 digest 方法计算出摘要，对 md5 来说是 128 位、16 字节，对 sha256 来说是 256 位、32 字节。hexdigest 方法提供一种更可读的、便于互联网传播的十六进制字符串表示法。

　　对于文件的摘要计算，hashlib 库提供 file_digest 方法进行简便计算。该方法原型为：

```
file_digest(fileobj, digest)
```

第 1 个参数为文件对象，第 2 个参数为摘要算法的名称，值可为 md5、sha1、
sha224、sha256、sha384、sha512 等。试试看 11-5 中，第 11 行打开该 py 文件所
在目录下的 mymodule.py 文件，并返回一个文件对象，第 12 行直接对该文件进行
md5 摘要计算，并给出十六进制的可视化摘要结果。代码运行的结果如下：

```
b'\x16\x1e\xbd}E\x08\x9b4F\xeeN\r\x86\xdb\xcf\x92'
161ebd7d45089b3446ee4e0d86dbcf92
b'\xb0=\xdf<\xa2\xe7\x14\xa6T\x8et\x95\xe2\xa0?^\x82N\xaa\xc9\x83|\
xd7\xf1Y\xc6{\x90\xfbKsB'
b03ddf3ca2e714a6548e7495e2a03f5e824eaac9837cd7f159c67b90fb4b7342
765dbaac4c97ec12da2f9d125d33a599
```

第 1 行结果为字符串 "P@ssw0rd" 的 128 位、16 个字节的 MD5 值，第 2 行
为方便显示的十六进制字符串，1 个数据字节采用 2 个字节的字符串，所以第 2 行
的长度为 32 个字节。第 3 行的结果为 sha-256 的 256 位、32 字节的消息摘要，格
式化后字符串的长度为 64 字节。

读者可对 mymodule.py 文件进行 MD5 计算，与上述第 5 行结果进行比较，哪
怕在某个地方增加一个空格，都将引起结果的不同，这也一定程度保证文件被篡
改之后可被识别的安全性。

11.2.8 base64

base64 库提供了以 Base64 为编码的字符串编码解码方法，以便在网络上传输
或存储时使用。Base64 是一种使用小写字母 a-z、大写字母 A-Z、数字 0-9、符号
"+" "/" 这 64 个字符来表示任意二进制数据的方法。它具有广泛的应用场景，
在电子邮件中，当需要发送二进制附件时，通常使用 Base64 编码来将文件嵌入到
文本消息中，以便在邮件正文中直接传输。在网页设计中，Base64 编码常被用于
将图片等资源转换为数据 URL，直接在 HTML 或 CSS 中引用，避免额外的 HTTP
请求。在网络通信中，Base64 可用来对数据进行简单的 "加密"，提高数据的安
全性。需要注意的是，Base64 编码并不是一种加密算法，它只能提供简单的加密
效果，由于其编码的可逆性，可被轻松地解码得到原文。

与上述 MD5、SHA 的摘要计算不同，Base64 编码的结果并非固定长度，它将
随输入字符串的长度而增加，而且是可被解码的。

base64 库提供用于编码的 b64encode 方法和用于解码的 b64decode 方法，分别通过传入字符串字节、base64 编码的字符串进行编解码。b64encode 方法还可用于文件 base64 编码。例如：

```
>>> from base64 import *
>>> s = b64encode(b'P@ssw0rd')          # 编码
>>> s
b'UEBzc3cwcmQ='
>>> b64decode(s).decode()               # 解码
'P@ssw0rd'
>>> s = b64encode('Python 从入门到精通'.encode())
>>> s
b'UHl0aG9u5LuO5YWl6Zeo5Yiw57K+6YCa'
>>> b64decode(s).decode()
'Python 从入门到精通'
>>> with open(r'd:\Python\code\11\mymodule.py', 'rb') as file:
...      file_content = file.read()
...      b64encode(file_content)
...
b'ZGVmIGNvbmNhdCgqbHN0KToNCiAgICBzID0gJycNCiAgICBmb3IgaSBpbiBsc3Q6DQog
ICAgICAgIHMgKz0gc3RyKGkpDQogICAgICcmV0dXJuIHMNCg0KaWYgX19uYW1lX18gPT0gJ1
9fbWFpbl9fJzoNCiAgICBwcmludCgnbXltb2R1bGUnnm7TmjqXov5DooYwnKQ0KICAgIHBy
aW50KGNvbmNhdCgxLCAyLjUsIFRydWUsICdhYmMnKSkNCmVsc2U6DQogICAgcHJpbnQoJ2
15bW9kdWxl6KKr5L2c5Li65qih5Z2X5a+85YWlJyk='
```

纯 ASCII 字符的字符串可在前面直接加"b"转换成字节，传入 b64encode 方法中进行编码。b64decode 返回的结果是字节，使用 decode 方法可转换成字符串。

而包含非 ASCII 字符的字符串，比如包含中文的字符串，则必须使用字符串对象的 encode 方法进行编码，默认使用 UTF-8 进行编码，其他使用方法和纯 ASCII 码字符串一致。

在文件对象上使用 read 方法可读取文件的字节数据，直接将字节数据传入 b64encode 方法中，可实现对文件进行 base64 编码，最后输出编码的结果。该方法一般用于网页加载 CSS 的图片。

11.2.9　zipfile

zipfile 库用于创建、读取和处理 zip 压缩包，zip 文件是一种常见的压缩文件格式，常用于打包和传输文件，以及减少文件的存储空间。在 zipfile 库中，ZipFile

是主要的类，用于创建和读取 zip 文件，通过 ZipFile 类可实现创建新的 zip 压缩包、添加文件到 zip 压缩包中、从 zip 压缩包中读取文件和目录列表、提取文件、获取 zip 压缩包内指定文件的信息等，其原型为：

```
zipfile.ZipFile(file, mode, compression, allowZip64, compresslevel)
```

file 参数表示 zip 文件路径，mode 表示文件打开模式，compression 如果为 ZIP_STORED 表示不压缩直接打包，ZIP_DEFLATED 表示进行压缩，如果要读写的 zip 文件大小超过 2G，应该将 allowZip64 设置为 True。compresslevel 参数在 compression=ZIP_DEFLATED 时表示压缩等级。

我们结合一个完整的例子对 zipfile 库进行说明，详见试试看 11-6。

试试看 11-6

```
01  from zipfile import ZipFile, ZIP_DEFLATED
02  import os
03
04  def recurve_path(base_path, cur_path, dic):          # 递归获取文件路径
05      for file_name in os.listdir(cur_path):           # 对当前目录列出文
                                                         #   件并遍历
06          p = os.path.join(cur_path, file_name)        # 拼接路径
07          if os.path.isfile(p):                        # 如果是文件就记录
                                                         #   路径
08              dic[p] = p[p.index(base_path) + len(base_path):]
09          else:                                        # 否则继续递归
10              recurve_path(base_path, p, dic)
11
12  def zip(zippath, dest):
13      dic = {}
14      recurve_path(zippath, zippath, dic)              # 递归获取目录下所
                                                         #   有文件
15      with ZipFile(dest, "w", ZIP_DEFLATED, compresslevel=9) as zip_files:
16          for p, name in dic.items():                  # 对每个文件迭代
17              zip_files.write(p, arcname=name)         # 写入压缩包
18
19  path = os.path.dirname(__file__)                     # 当前目录
20  zip(path, path + "\\test.zip")                       # 所有内容压入
                                                         #   test.zip
```

```
21
22  with ZipFile(path + "\\test.zip", mode="r") as files:
23      files.printdir()                            # 列出 zip 内文件
24      files.extractall(path + "\\unzip")          # 解压到 unzip 文件夹
```

该例子实现了一个将输入的目录压缩到一个指定的 zip 压缩包中的功能。第 19 行获取当前 py 文件的目录，第 20 行调用 zip 函数，将当前目录的所有子目录、文件压缩进当前目录下的 test.zip 压缩包中。

第 12 行定义了 zip 函数，该函数调用第 4 行的遍历某个目录下所有子目录、文件，并得到一个以全路径为键、基于输入路径的相对路径为值的字典。第 15 行创建一个压缩包，指定参数为写入、需要压缩、压缩等级为 9，并在第 16 行对遍历得到的目录结构字典进行遍历，第 17 行调用 write 方法逐个写入，完成压缩。

第 4 行定义了一个递归遍历目录的函数，该函数输入一个基础路径 base_path、一个当前遍历路径 cur_path、一个用于输出的字典。函数由第 5 行对当前路径 cur_path 的目录内容列举开始。第 6 行得到一个列举到的文件或目录的全路径。第 7 行对路径进行判断，如果是目录，则递归调用自己，遍历子目录。如果是文件，则加入到字典中，其中，键为文件全路径，用于获取该文件，值为基于 base_path 的相对路径。

第 22 行对新生成的压缩包进行测试，第 23 行调用 printdir 对压缩包里的目录结构进行打印输出，第 24 行则将该压缩包里的所有内容，解压到当前目录下的 unzip 子目录中。假设当前目录的结构如图 11-1 所示。

名称	修改日期	类型	大小
test	2024-04-29 12:26	文件夹	
11-2.py	2024-04-28 02:18	Python File	1 KB
11-3.py	2024-04-28 14:19	Python File	1 KB
11-4.py	2024-04-29 01:57	Python File	1 KB
11-5.py	2024-04-29 10:25	Python File	1 KB
11-6.py	2024-04-29 13:45	Python File	1 KB
mymodule.py	2024-04-28 14:18	Python File	1 KB

图11-1　当前目录结构

其中，test 目录下还有一个 test.txt 的文件。运行代码，命令行将输出：

```
File Name                     Modified              Size
11-2.py                 2024-04-28 02:18:52           62
11-3.py                 2024-04-28 14:19:06           98
11-4.py                 2024-04-29 01:57:12          380
11-5.py                 2024-04-29 10:25:32          304
11-6.py                 2024-04-29 13:45:44          770
mymodule.py             2024-04-28 14:18:30          239
test/test.txt           2024-04-29 12:26:50            0
```

打开新生成的 test.zip 查看目录结构，如图 11-2 所示。

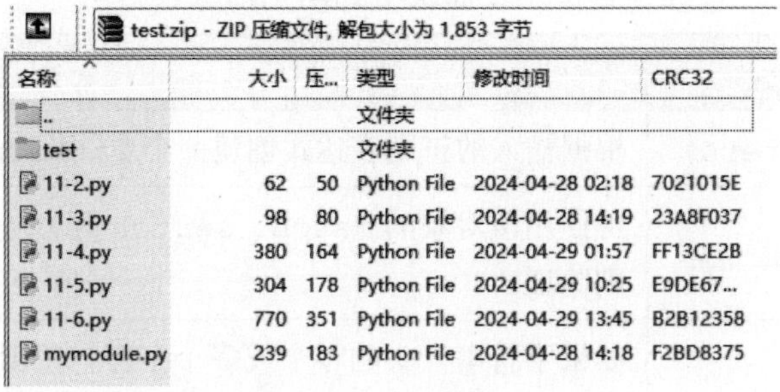

图11-2 压缩包test.zip的目录结构

可以看出文件均经过一定的压缩，并且目录层级关系正确。打开解压的目标目录 unzip 进行查看，如图 11-3 所示。

图11-3 解压后的目录

从结果可以看出，解压还原成功，压缩解压功能验证通过。该例子中的 zip 压缩、recurve_path 遍历文件夹的方法比较通用，可用于一般的目录打包、压缩及 zip 文件解压。

11.2.10 re

re 库，即正则表达式库，它提供强大的正则表达式处理功能，用于字符串的匹配与查找、分割与替换等。

正则表达式（Regular Expression，通常简称为 regex 或 regexp）是对字符串操作的一种逻辑公式，通过事先定义好的一些特定字符以及这些特定字符的组合来构成一个"规则字符串"，这个"规则字符串"被用来表达对字符串的一种过滤逻辑。具体来说，给定一个正则表达式和一个字符串，可以通过正则表达式从字符串中获取我们想要的特定部分。它具有灵活性、逻辑性和功能性强的特点，可以用简单的方式达到对字符串的复杂控制，是一种强大的文本处理工具。

re 库有几个重要的对象和方法如表 11-6 所示。

表 11-6　re 模块中的常用对象、方法

对象、方法名	含义
compile(pattern)	根据输入的正则表达式创建一个 Pattern 对象
Pattern	可使用该对象的 match、search 等方法来进行字符串正则验证
match(string)	如果字符串开头的零个或多个字符与正则表达式匹配，则返回相应的 Match 对象，不匹配则返回 None
search(string)	扫描整个 string 查找该正则表达式产生匹配的第一个位置，并返回相应的 Match，如果没有与模式匹配的位置则返回 None
Match	该对象为匹配之后得到的结果，最重要为 group 方法，可用于获取每部分分组匹配的结果

由于正则表达式涉及的知识面非常广，甚至需要一整本书来讲解，本小节仅以简单的匹配验证为例，讲述 re 库最常用的方法。

试试看 11-7

```
01  import re
02
03  ptnEmail = re.compile(r'^\w+([-+.]\w+)*@\w+([-.]\w+)*\.\w+([-.]\w+)*$')
04  ptnURL = re.compile(r'^(https?:\/\/)?([\da-z0-9.-]+)\.([a-z.]{2,6})
        ([\/\w .-]?)\/?$')
05  ptnPhoneNo = re.compile(r'^(13[0-9]|14[0-9]|15[0-9]|166|17[0-9]|18[0-
        9]|19[8|9])\d{8}$')
06  ptnTelNo = re.compile(r'^(\d{3,4})?-?(\d{7,8})$')
07
```

```
08    ptnEmail.match('example@abc.com.cn')      # True
09    ptnEmail.match('aaa@cn')                   # None
10    ptnEmail.match('abc.com.cn')               # None
11
12    ptnURL.match('https://12306.cn')           # True
13    ptnURL.match('http://127.0.0.1/')          # None
14    ptnURL.match('ftp://192.168.1.104/')       # None
15
16    ptnPhoneNo.match('13800138000')            # True
17    ptnPhoneNo.match('19312345678')            # None
18
19    ptnTelNo.match('8641059')                  # True
20    match = ptnTelNo.match('020-84888688')     # True
21    if match:
22        print(f'区号：{match.group(1)}，号码：{match.group(2)}')
```

第 1 行导入 re 库，第 3 至 6 行分别建立了用于验证 Email、URL、手机号、电话号码的正则表达式验证规则。由于正则表达式的语法非常复杂，且常用规则都可以搜索得到，基本上直接使用即可。使用 compile 方法将生成 Pattern 对象。接下来在第 8 至 20 行分别用于字符串验证，如果匹配，则返回 Match 对象，不匹配则返回 None。

第 20 行得到一个 Match 对象，由于第 6 行的正则表达式中使用了圆括号进行分组，在有效验证的基础上，可使用 Match 对象上的 group 来获取分组，代码运行结果如下：

```
区号：020，号码：84888688
```

对于第 8 至 19 行代码的运行结果，可以使用类似第 20 至 22 行的代码查看，或者使用命令行演示。

本例中的各个验证正则表达式可在需要相应规则的时候直接使用。如果还需要其他的验证规则，可通过搜索引擎搜索，直接使用即可。

11.2.11　turtle

turtle 库是一个用于绘制图像的函数库。它提供了一个或多个小乌龟作为画笔，可以通过 turtle 库提供的各种方法来控制小乌龟在一个平面直角坐标系中移动并绘制移动轨迹以画出想要的图案。这些轨迹可以是直线、圆、椭圆、曲线等，并支持颜色填充等功能，可用来绘制各种图形和图案。

turtle 库提供方法的功能正如方法名一样好理解，下面直接结合实例进行讲解：

试试看 11-8

```
01  from turtle import *
02
03  pensize(4)
04  pencolor("gray")
05  fillcolor("blue")
06  speed(10)
07  goto(-300, 0)
08  begin_fill()
09  for _ in range(5):
10      forward(600)
11      right(144)
12  end_fill()
13  penup()
14  done()
```

第 1 行从 turtle 库导入所有的方法。第 3 行设置画笔粗细为 4，第 4 行设置画笔颜色为灰色，第 5 行设置填充色为蓝色。第 6 行设置画图的速度为 10，画笔绘制的速度范围为 [0, 10]，数字越大画图越快。第 7 行设置画图的起点为 (-300, 0)。

第 8 行设置开始填充，将对接下来画笔围起来的封闭图形进行填充。该例子用来画一个五角星，所以循环 5 次，每次画 600 单位长度后向右旋转 144°，继续画，直到五角星绘制完成，结束填充。第 13 行抬起画笔，第 14 行的 done 方法使得最后停在绘图界面，方便查看。绘制出的图像如图 11-4 所示。

图11-4 五角星的绘制结果

11.2.12 日期和时间库

该部分的库将会在第 14 章进行详细讲解。

11.3 常用第三方库

Python 作为一种通用编程语言，其广泛的应用领域和强大的功能在很大程度上得益于其丰富的库资源，其中第三方库构成了其生态系统中不可或缺的一部分。这些库由 Python 社区或第三方开发者提供，为开发者提供大量的可重复使用的代码包，大大减少了开发时间和成本。第三方库提供各种各样的功能和工具，以满足开发者在不同项目中的需求。这些库覆盖了众多领域，如科学计算、机器学习、图像处理、网络爬虫等，使得开发者可以更专注于业务逻辑的实现，而无须从头开始编写每个功能。这些库需要用户单独下载并安装到 Python 的安装目录下，以便在编程时使用。无论是 Python 标准库还是第三方库，它们的调用方式都是相同的，都使用 import 语句进行导入。

11.3.1 pip 工具

在 Python 3.4 和 2.7 及以上版本安装 Python 时，安装程序自动安装并配置了 pip 工具。pip 是 Python 的包管理工具，全称为 "Package Installer for Python"。它是 Python 官方推荐的包管理工具，用于方便地安装、升级和管理 Python 包。使用 pip，开发者可以从 Python 官方的包索引（PyPI, Python Package Index）中搜索和下载包，也可以安装本地或其他来源的包。同时，pip 还支持升级已安装的包、卸载不需要的包，以及查看已安装的包列表等功能。这使得 Python 包的安装和管理过程变得更加简单，有助于开发者快速构建和管理自己的 Python 项目。

在 Windows 平台下，可在命令行输入 "pip -- version" 指令来验证 pip 是否成功安装：

```
C:\Users\python >pip --version
pip 24.0 from C:\Users\python\AppData\Local\Programs\Python\Python312\
Lib\site-packages\pip (python 3.12)
```

在 CentOS Stream 平台下，如果没有安装 pip，则会有如下提示：

```
[root@localhost ~]# pip
-bash: pip: 未找到命令
```

此时需要进行 pip 的安装。首先使用"yum -y update"命令更新文件库，再在终端使用如下命令进行 pip 的安装：

```
[root@localhost ~]# yum install python-pip
```

等待安装完毕后，在终端输入"pip -- version"进行验证：

```
[root@localhost ~]# pip --version
pip 21.3.1 from /usr/lib/python3.9/site-packages/pip (python 3.9)
```

11.3.2 使用 pip 安装第三方库

确保 pip 工具已经安装成功后，可使用"pip install 第三方库名"进行安装，例如安装 django 库：

```
[root@localhost ~]# pip install django
Collecting django
  Downloading Django-4.2.11-py3-none-any.whl (8.0
MB)|                                      | 8.0 MB 427 kB/s
Collecting asgiref<4,>=3.6.0
  Downloading asgiref-3.8.1-py3-none-any.whl (23 kB)
Collecting sqlparse>=0.3.1
  Downloading sqlparse-0.5.0-py3-none-any.whl (43
kB)|                                      | 43 kB 1.2 MB/s
Collecting typing-extensions>=4
  Downloading typing_extensions-4.11.0-py3-none-any.whl (34 kB)
Installing collected packages: typing-extensions, sqlparse, asgiref,
django
Successfully installed asgiref-3.8.1 django-4.2.11 sqlparse-0.5.0
typing-extensions-4.11.0
```

　　pip 工具是从 Python 包索引镜像服务的服务器上进行下载。由于 PyPI 的服务器可能受到网络拥堵、服务器故障或其他因素的影响，导致从 PyPI 下载包的速度可能较慢。为了解决这个问题，一些第三方服务器提供了 PyPI 的镜像服务，即 PyPI 镜像。这些镜像源通常会缓存官方 PyPI 上的包和依赖项，并提供更快速的下载速度。通过使用第三方 PyPI 镜像，可以避免官方 PyPI 故障带来的问题，尤其是在下载包遇到困难的时候。常见的镜像源有清华镜像源、中科大镜像源、阿里云镜像源等，可以根据自己的需求选择合适的镜像源进行配置和使用。

以清华大学镜像源为例，在终端输入以下命令并回车：

```
pip config set global.index-url https://pypi.tuna.tsinghua.edu.cn/
simple
```

Windows 将提示：

```
C:\Users\python>pip config set global.index-url https://pypi.tuna.
tsinghua.edu.cn/simple
Writing to C:\Users\python\AppData\Roaming\pip\pip.ini
```

Linux 系统将提示：

```
[root@localhost ~]# pip config set global.index-url https://pypi.tuna.
tsinghua.edu.cn/simple
Writing to /root/.config/pip/pip.conf
```

即可成功将 PyPI 镜像源永久设置为清华大学镜像源，可显著提高 Python 第三方库的下载速度，这一步建议读者进行设置。

11.3.3　常用第三方类库简介

Python 拥有众多有名的第三方库，这些库在各自的领域提供了强大的功能和便利性。以下是一些知名的 Python 第三方库：

◇ NumPy

Python 中用于数值计算的基础库，它提供高性能的多维数组对象以及用于操作这些数组的工具，是数据分析、机器学习和其他科学计算任务的关键组件。

◇ Pandas

一个提供高性能、易于使用的数据结构和数据分析工具的库，它使得数据清洗、转换、聚合等操作变得简单高效，是数据分析和数据科学项目的常用库。

◇ Matplotlib

一个用于创建静态、动态和交互式可视化的 Python 库，它提供大量的绘图类型和工具，使得数据可视化变得简单直观。

◇ Requests

一个简单易用的 HTTP 客户端库，用于发送 HTTP 请求，它使得与 Web 服务交互变得更加简单，是网络爬虫和 API 调用的常用库。

◇ BeautifulSoup

一个用于解析 HTML 和 XML 文档的 Python 库，它使得从网页中提取数据变得简单快捷，是网络爬虫和数据抓取的关键工具。

◇ Flask 和 Django

这两个库是 Python Web 开发的代表，Flask 是一个轻量级的 Web 框架，适合快速构建小型到中型 Web 应用，而 Django 则是一个功能强大的全栈 Web 框架，适合构建复杂、大型的 Web 应用。

◇ TensorFlow 和 PyTorch

这两个库提供大量的神经网络模型和工具，使得深度学习项目的实现变得简单高效。

◇ Scikit-learn

一个简单高效的机器学习库，提供了各种分类、回归和聚类算法，它使得机器学习项目的实现变得简单快捷。

以上部分库将在以后的学习内容中进行深入学习。

11.4　小结

本章详细梳理了 Python 的内置模块和类库，这些工具和函数是 Python 编程的基础。Python 的内置类库如 math、random 等，为数学运算和随机数据生成提供了便捷方式。掌握这些内置模块和类库，将极大提升编程的效率和准确性，是 Python 开发者不可或缺的知识储备。第三方库从数据处理的 NumPy、Pandas，到科学计算的 SciPy、Matplotlib，再到网络编程的 Requests、Socket，每个类库都承载着 Python 在各个领域强大的应用能力。掌握这些工具，不仅能够提高编程效率，还能让 Python 程序在解决实际问题时更加得心应手，Python 的丰富模块和类库将是开发者的得力助手。

提高篇

本部分介绍Python更高层次的应用操作，如文件操作、数据库操作、日期时间操作等，请确保已经掌握Python基础知识及核心操作，再进行本部分的学习。

第 12 章　文件操作

前面章节提到的变量、基本类型、对象等，都只存在于系统的内存中，当一个程序结束时，这些暂存的数据也会被销毁。如果要永久保留这些数据，就需要将它们保存在电脑存储介质的文件中。Python 的文件操作可以将保存在存储介质文件中的数据读取出来，也可以将数据写入到存储介质文件中，本章将详细介绍 Python 的文件操作，及常见的数据格式 JSON 的处理。

12.1　文件的概念

12.1.1　打开文件

在 Python 中，对文件的读写，首先需要打开文件，创建一个 file 对象，再调用相关方法进行读写。打开文件使用 open 函数，其原型为：

```
open(file, mode='r', buffering=-1, encoding=None, errors=None,
newline=None, closefd=True, opener=None)
```

open 函数的参数列表中，只有指定文件路径的 file 参数是必须传递的，其他参数都有默认值。如果文件存在且打开成功，则该函数返回一个文件对象。如果文件无法被打开，该函数将引发一个 FileNotFoundError 的错误。例如：

试试看 12-1

```
01  import os
02
03  # 获取当前 py 文件的路径
04  path = os.path.dirname(__file__)
05  # 打开正常存在的文件
06  f = open(path + '\\test.txt')
07  # 打开一个不存在的文件
08  f = open(path + "\\NotExists.txt")
```

12.1.2　文件编码

Python 处理文件分为文本和二进制两种处理方式，在文本方式下，如果没有指定编码，Python 解释器将根据不同系统使用不同的编码来解码文件。英文字母、阿拉伯数字等 ASCII 编码的字符，在不同字符编码模式下是一样的，而对中文、日文、韩文等，由于编码不同，可能出现同一个字被编码为不同字节的情况。例如"从入门到精通"6 个字，在 GB2312 编码下，编码的字节为"B4 D3 C8 EB C3 C5 B5 BD BE AB CD A8"，一个汉字对应 2 个字节，而在 UTF-8 编码下，字节为"E4 BB 8E E5 85 A5 E9 97 A8 E5 88 B0 E7 B2 BE E9 80 9A"，一个汉字对应 3 个字节，若将该用 UTF-8 编码的字节强制用 GB2312 编码来解码，则可能得到某些无法识别的乱码。由此看出，恰当地处理文件编码对正确进行文件读写非常重要。

默认情况下，大多数系统使用的编码为"UTF-8"，但是 Windows 系统默认使用的编码是 GBK。所以在文件读写时，务必正确地指定文件的编码。

一般情况下在 open 函数打开文件时通过 encoding 参数指定文件的编码，例如：

```
open('1.txt', encoding='utf-8')
open('2.txt', encoding='gbk')
```

12.1.3 文件模式 mode

open 函数的 mode 参数决定打开文件的模式，常见的可选参数值见表 12-1。

表 12-1 文件模式 mode 可选参数值

模式	描述
t	文本模式（默认）
b	二进制模式
x	写模式，新建一个文件，如果该文件已存在则会报错
+	打开一个文件进行更新（可读可写）
r	以只读方式打开文件，文件的指针将会放在文件的开头。这是默认模式
rb	以二进制格式打开一个文件用于只读，文件指针将会放在文件的开头，一般用于非文本文件如图片等
r+	打开一个文件用于读写，文件指针将会放在文件的开头
rb+	以二进制格式打开一个文件用于读写，文件指针将会放在文件的开头，一般用于非文本文件如图片等
w	打开一个文件只用于写入，如果该文件已存在则打开文件，并从开头开始编辑，即原有内容会被删除。如果该文件不存在，则创建新文件

（续表）

模式	描述
wb	以二进制格式打开一个文件只用于写入，如果该文件已存在则打开文件，并从开头开始编辑，即原有内容会被删除。如果该文件不存在，则创建新文件，一般用于非文本文件如图片等
w+	打开一个文件用于读写，如果该文件已存在则打开文件，并从开头开始编辑，即原有内容会被删除。如果该文件不存在，则创建新文件
wb+	以二进制格式打开一个文件用于读写，如果该文件已存在则打开文件，并从开头开始编辑，即原有内容会被删除。如果该文件不存在，则创建新文件。一般用于非文本文件如图片等
a	打开一个文件用于追加，如果该文件已存在，文件指针将会放在文件的结尾。也就是说，新的内容将会被写入到已有内容之后。如果该文件不存在，则创建新文件进行写入
ab	以二进制格式打开一个文件用于追加，如果该文件已存在，文件指针将会放在文件的结尾。也就是说，新的内容将会被写入到已有内容之后。如果该文件不存在，则创建新文件进行写入
a+	打开一个文件用于读写，如果该文件已存在，文件指针将会放在文件的结尾。文件打开时会是追加模式。如果该文件不存在，创建新文件用于读写
ab+	以二进制格式打开一个文件用于追加，如果该文件已存在，文件指针将会放在文件的结尾。如果该文件不存在，则创建新文件用于读写

其中，r 表示 read 读文件，w 表示 write 写文件，a 表示 append 追加到文件的末尾，一般用于日志文件的写入。文件指针指示文件读写的位置。

应当注意慎用与 w 相关的模式，在该模式下，若文件存在，则原有内容将被删除。

从表 12-1 可以总结出各种模式的区别，见表 12-2。

表 12-2　各种文件模式的操作区别一览表

操作＼模式	r	r+	w	w+	a	a+
读	√	√		√		√
写		√	√	√	√	√
创建文件			√	√	√	√

（续表）

操作＼模式	r	r+	w	w+	a	a+
覆盖文件			√	√		
指针在开头	√	√	√	√		
指针在结尾					√	√

应根据实际需要来指定文件的打开模式，默认情况下为文本只读模式，即 "r"。

12.2 文本文件读写

在了解文件的编码、打开模式后，我们来了解文本文件的读写。文本文件，区别于二进制文件，表示对文件的字节视为可阅读的字符串进行处理，从文本文件中读取到的一般为字符串，而写入文本文件的内容一般也为字符串。

用 open 函数成功打开一个文件时，将返回一个 file 对象，该对象提供读、写、关闭、刷新缓冲区等方法来操作文件。

12.2.1 读取文本文件

使用文本模式打开文件后，可使用 file 对象上的 read 方法从文件读取指定的字符数，返回值为字符串类型，其原型为：

```
file.read([size])
```

若省略 size 参数，则将读取文本文件中所有内容。例如：

试试看 12-2

```
01  import os
02
03  # 获取当前 py 文件的路径
04  path = os.path.dirname(__file__)
05  f = open(path + "/test.txt", encoding='utf-8')
06  all = f.read()
07  print("整个文件内容：\n", all)
08  # 重置文件指针
09  f.seek(0)
10  first5 = f.read(5)
```

```
11   print("前5个字符: \n", first5)
12   more6 = f.read(6)
13   print("再读取 6 个字符: ", more6)
```

图12-1　文件test.txt内容

代码第 6、7 行调用省略 size 参数的 read 方法读取事先编辑好的现有文本文件所有内容并输出显示，第 10、11 行则指定 size 参数为 5，读取 5 个字符。需注意的是，size 单位为字符，非字节。

文件在第 6 行完成读取所有内容之后，文件指针置至文件末尾，如果省略代码第 9 行，则第 10 行将读取不到任何内容。此时，需将文件指针用 seek 方法手动置于文件开头处 "0"，方可继续读取该文件的内容。读取 5 个字符后，文件指针位于 "通" 字后，代码第 12 行再次读取 6 个字符，则将读取 "通" 字后的换行符，加上第二行开头的 "https" 共 6 个字符，完成读取。代码运行结果如下：

```
整个文件内容:
 新手一本通
https://www.python.org/
Python 从入门到精通——新手一本通
前 5 个字符:
 新手一本通
再读取 6 个字符:
https
```

试试看 12-2 第 10 行代码有一个问题，就是我们必须事先知道文件第一行的字符串长度（字符个数），才可以读取该行，在实际编程中这往往是不现实的。由此，Python 提供了 file 对象上的 readline 方法，用于按行读取文本文件，一次读取文本文件的一行，包含行末的换行符 "\n"，例如：

试试看 12-3

```
01   import os
02
```

```
03   # 获取当前 py 文件的路径
04   path = os.path.dirname(__file__)
05   f = open(path + "/test.txt", encoding='utf-8')
06   print(f.readline())
07   print(f.readline())
```

在第 5 行成功打开文件后，代码第 6、7 行分别调用 readline 方法读取文件的整行并输出，读完一行，文件指针自动置于下一行开头，可实现连续读取。代码运行结果为：

```
新手一本通


https://www.python.org/
```

readlines 方法用于按行读取整个文本文件，直到文件末尾，并以 list 列表对象返回。一般可用 for-in 循环来处理该列表，例如：

试试看 12-4

```
01   import os
02
03   # 获取当前 py 文件的路径
04   path = os.path.dirname(__file__)
05   f = open(path + "/addrs.txt", encoding='utf-8')
06   count = 0
07   for line in f.readlines():
08       if line.startswith('http'):
09           count += 1
10   print('http 网址个数: ', count)
```

代码第 7 行调用 readlines 获取文本文件"addrs.txt"里所有行，并返回一个 list 对象。再使用 for-in 循环，分别判断每一行是否以"http"开头并计数，结果为该文本文件里包含 http 网址的行数。addrs.txt 文件的内容为：

```
https://www.python.org/
http://192.168.1.104/
ftp://10.5.0.43/
file:///C:/Users/python/Desktop/demo.html
http://www.baidu.com
```

代码运行结果为:

```
http 网址个数: 3
```

12.2.2 写入文本文件

只有赋予文件可写的权限,才可以对文件进行写操作。通过指定 mode 参数值为"r+"即可对一个现有的文件进行读写(文件必须存在)。单纯只有写入操作,则可指定 mode 参数值为"w",当文件不存在时,将自动创建文件,当文件存在时,则将清除原文件的内容。需要注意的是,在"w"模式下无法对文件进行读操作,为了操作更通用,一般将 mode 参数值指定为"r+"或"rw"。

file 对象提供 write 方法用于将指定的字符串写入到文件当前指针的位置,其原型为:

```
file.write(str)
```

write 方法返回成功写入文件的字符串长度,例如:

试试看 12-5

```
01  import os
02
03  # 获取当前 py 文件的路径
04  path = os.path.dirname(__file__)
05  f = open(path + '\\writedemo.txt', 'w', encoding='utf-8')
06  n = f.write('从入门到精通')
07  print('成功写入字符个数: ', n)
```

程序运行后,当前 py 文件的目录下多了一个名为"writedemo.txt"的文件,并输出运行结果:

```
成功写入字符个数: 6
```

writelines 方法用于向文件写入一个字符串列表,然而,虽说方法名里包含"line",但该函数并不会自动帮我们在列表的每一项后面插入换行符,需要在要换行的地方手动添加"\n"换行符:

试试看 12-6

```
01  import os
02
```

```
03  # 获取当前 py 文件的路径
04  path = os.path.dirname(__file__)
05  f = open(path + '\\writelinesdemo.txt', 'w', encoding='utf-8')
06  strs = ['从入门到精通\n', 'python.org\n', '新手一本通']
07  f.writelines(strs)
```

程序运行后，当前 py 文件的目录下多了一个名为"writelinesdemo.txt"的文件，其内容为：

```
从入门到精通
python.org
新手一本通
```

12.2.3　追加写入文件

当我们多次运行试试看 12-5 代码，再打开"writedemo.txt"文件，可以看到，文件里永远只有"从入门到精通"6 个字，并不会因为运行多次而写入多次。这也正是"w"模式的特点，每次将指针置于文件头，覆盖重写文件，无论文件是否有内容，都将被替换。

如果想在文件的末尾追加内容，可指定 mode 参数为"a"，即追加模式，例如：

试试看 12-7

```
01  import os
02  from datetime import datetime
03
04  def log(msg):
05      path = os.path.dirname(__file__)
06      f = open(path + '\\logs.txt', 'a', encoding='utf-8')
07      f.write(f'{datetime.now()}: {msg}\n')
08
09  log('程序启动')
10  log('用户登录')
11  log('用户完成支付')
12  log('用户登出')
13  log('程序结束')
```

代码第 4 行定义了一个 log 函数，接受一个字符串，并追加写入日志文件"logs.txt"中。第 6 行指定了 mode 参数值为"a"，表示追加，第 7 行的 datetime.

now() 调用了 datetime 类的 now 方法获取当前时间（在第 13 章中将详细讲述），这在日志操作中非常常见，再将拼接起来的时间与要记录的日志信息写入文件，换行。第 9 至 13 行则模拟一个业务中发生的日志记录，可在代码的关键地方调用该 log 函数，记录需要记录的关键信息。运行代码，隔一段时间后再次运行代码，"logs.txt" 文件的内容为：

```
2024-05-19 02:42:42.097779: 程序启动
2024-05-19 02:42:42.098775: 用户登录
2024-05-19 02:42:42.098775: 用户完成支付
2024-05-19 02:42:42.098775: 用户登出
2024-05-19 02:42:42.098775: 程序结束
2024-05-19 02:43:13.104688: 程序启动
2024-05-19 02:43:13.105685: 用户登录
2024-05-19 02:43:13.106685: 用户完成支付
2024-05-19 02:43:13.106685: 用户登出
2024-05-19 02:43:13.106685: 程序结束
```

从文件内容可以看出，"a" 追加模式达到多次写入、自动追加的目的。

12.2.4　关闭文件

在一个进程结束时，将自动释放该进程的所有资源，未关闭的文件也将被自动关闭，由于本章之前例子比较简单，不易引发异常，可以正常结束，故没有手动关闭文件，让文件在程序结束运行时自动关闭，对文件的所有写操作也只有在文件关闭时才会真正写入到文件中。然而，如果程序需要长时间运行，在打开文件后、关闭文件前，对文件的写入操作都不会保存，万一程序发生异常退出，将导致数据的丢失，例如：

试试看 12-8

```
01  import time
02  import os
03
04  # 获取当前 py 文件的路径
05  path = os.path.dirname(__file__)
06  f = open(path + '\\closedemo.txt', 'w')
07  f.write('从入门到精通')
08  # 用延时操作模拟其他耗时的业务操作
09  time.sleep(30)
```

代码第 6 行创建一个写入文件 "closedemo.txt"，第 7 行写入一些内容，模拟对文件的写入操作，第 9 行调用 time 模块的 sleep 延迟方法，延迟 30 秒，模拟执行耗时操作。在这 30 秒内，程序尚未结束，文件就没有被关闭，此时，请读者快速到该 py 文件的目录里，双击 "closedemo.txt" 打开文件，可以看到文件一片空白，并无写入任何内容。如果动作不够快，可再延长 sleep 的秒数。

甚至，如果在延时期间，在 Windows 任务管理器中找到 "python.exe" 进程，强制结束该进程，则所有对该文件内容的修改将完全丢失！因此，为了安全起见，在使用完文件后，最好显式调用 file 对象的 close 方法手动关闭文件，即在试试看 12-8 中的第 7 行后，插入一行代码：

```
f.close()
```

以此来显式关闭文件，及时保存数据。

一个较好的操作文件的习惯是采用异常处理，捕获可能发生的异常，并且在 finally 语句中关闭文件，确保在任何情况下，文件都能被正常关闭，例如：

试试看 12-9

```
01  import os
02
03  f = None
04  try:
05      # 获取当前 py 文件的路径
06      path = os.path.dirname(__file__)
07      f = open(path + "\\catchdemo.txt", "w")
08      f.write('从入门到精通')
09      print(f.read())
10  except IOError:
11      print("引发异常")
12  finally:
13      if f:
14          f.close()
15          print("正常关闭文件")
```

程序第 7、8 行打开一个写入模式的 "catchdemo.txt" 文件并写入内容，第 9 行执行了写模式上不允许的 read 操作，程序引发异常，进入 except 处理块，打印 "引发异常" 消息。最终进入 finally 处理块，正常关闭文件。程序运行结果如下：

第二部分 提高篇

211

引发异常
正常关闭文件

若屏蔽代码第 9 行，不引发错误，程序也能进入 finally 块正常关闭文件，保护了数据。

试试看 12-9 的代码对强调简洁的 Python 来说，无疑显得累赘，由此，Python 提供更为简便的 with-as 语句写法来帮我们自动调用 close 方法，例如：

试试看 12-10

```
01  import os
02
03  # 获取当前 py 文件的路径
04  path = os.path.dirname(__file__)
05  with open(path + "\\withdemo.txt", "w") as f:
06      f.write('从入门到精通')
07  f.write('从入门到精通')
```

程序第 5 行正常打开文件，并将返回的文件对象指定给 f 变量。第 6 行为 with 语句代码块的"管辖范围"，当超过 with 代码块作用时，文件对象 f 将自动关闭。因此，第 7 行再次调用已关闭的 f 文件上的 write 方法将引发异常，程序运行结果为：

```
Traceback (most recent call last):
  File "d:\Python\code\12\12-11.py", line 7, in <module>
    f.write('从入门到精通')
ValueError: I/O operation on closed file.
```

同时，文件"withdemo.txt"中正常写入内容"从入门到精通"。

12.3 二进制文件读写

图片、视频、声音、可执行文件等文件中的内容，用 Windows 记事本打开后也无法进行正常阅读，这些类型的文件即为二进制文件，记录的是字节、数据，是无法用可阅读的文本来理解的。不同类型的文件有不同的解码标准，不在本书的讨论范围，感兴趣的读者可参考其他相关内容。本节主要介绍二进制数据文件的一般读写方法。

12.3.1　读取数据文件

MP3 是一种流行的音乐格式，其具有体积小、可根据不同码率要求进行压缩的优点，是一种二进制数据文件。作为演示，本小节不准备对其音乐部分进行解码，仅对 MP3 文件中的 ID3 标签，即 MP3 文件开头或结尾若干个字节内的、附加了该 MP3 的歌手、标题、专辑、年代、风格等信息的标签进行读写。

本书提供的演示文件"Twinkle Twinkle Little Star.mp3"就包含了 ID3 标签。ID3v1 是 ID3 的 v1.0 版本，存放在 MP3 文件末尾，长度为 128 字节，开头三个字节固定为"TAG"，紧接着分别是 30 字节长的标题、作者、专辑信息，然后是 4 字节的年份信息、28 字节的备注，及曲轨编号、歌曲风格等，详见表 12-3。

表 12-3　ID3v1 标签的结构

字段	长度	内容
Header	3	必须为"TAG"
Title	30	歌曲标题
Artist	30	歌曲作者
Album	30	歌曲专辑
Year	4	发行年份
Comment	28	备注
Reserve	1	保留字段
Track	1	曲轨编号
Genre	1	歌曲风格索引值

在 Python 中，用二进制的模式读取文件，必须指定 mode 参数值为"rb"，下面例子演示如何用该模式读取 MP3 文件的各种 ID3 标签信息：

试试看 12-11

```
01  import os
02
03  # 获取当前 py 文件的路径
```

```
04  path = os.path.dirname(__file__)
05  with open(path + "\\Twinkle Twinkle Little Star.mp3", "rb") as f:
06      # 从文件末尾往前定位 128 字节
07      f.seek(-128, 2)
08      # 读取 Header
09      buf = f.read(3)
10      print('ID3 标志: ', bytes.decode(buf))
11      # 分别读取标题、作者、专辑、年份、备注
12      buf = f.read(30)
13      print('标题: ', bytes.decode(buf))
14      buf = f.read(30)
15      print('作者: ', bytes.decode(buf))
16      buf = f.read(30)
17      print('专辑: ', bytes.decode(buf))
18      buf = f.read(4)
19      print('年份: ', bytes.decode(buf))
20      buf = f.read(28)
21      print('备注: ', bytes.decode(buf))
```

代码第 5 行用 "rb" 读二进制模式打开该 MP3 文件, 根据 ID3 信息所在位置, 第 7 行利用 seek 函数, 从 "2- 末尾" 往前 128 字节放置文件指针。再根据 ID3 标签的定义, 按规定长度读取指定长度的以 "\0" 结尾的字节, 用 bytes. decode 方法转化为字符串并输出。执行一次 read 操作, 文件指针自动往前移动已读取字节的距离, 从而实现连续读取。代码运行结果如下:

```
ID3 标志: TAG
标题: Twinkle Twinkle Little Star
作者: Python Beginner
专辑: Beginner.Python
年份: 2024
备注: by Python Beginner
```

可以看到, 利用程序读取的信息, 与 Windows 中该文件的属性查看到的详细信息一致, 如图 12-2 所示。

图12-2 该MP3文件在Windows属性中的详细信息

注意，ID3 标签还有 v2 版本，不同于 ID3v1，ID3v2 标签存放于 MP3 文件开头，内在结构也与 ID3v1 有所不同，试试看 12-11 所示程序无法读取 ID3v2 标签信息，感兴趣的读者可查阅相关文章，编写一个通用的 MP3 文件 ID3 标签读取程序（提供的示例文件 "Twinkle Twinkle Little Star.mp3" 也刚好包含了相同信息的 ID3v2 标签，读者可以以该文件为例尝试解析。实际上，由于 ID3v2 的优先级高于 ID3v1，图 12-2 所示详细信息实际为 ID3v2 标签的值）。

12.3.2 写入数据文件

二进制数据文件的写入与文本文件类似，只是 mode 参数值必须多指定一个 "b" 表示 binary 二进制操作。"rb+" 表示可读可写的二进制操作，"wb" 表示写入且不可读取的二进制操作，并且将覆盖文件原有内容。下面就上一小节的 MP3 文件为例，尝试修改该文件的 ID3v1 信息为任何你喜欢的值（注意 30 字节长度的限制）。

试试看 12-12

```
01  import os
02
03  # 获取当前 py 文件的路径
04  path = os.path.dirname(__file__)
05  with open(path + "\\Twinkle Twinkle Little Star.mp3", "rb+") as f:
06      # 从文件末尾往前定位 128-3（去掉 TAG）字节，直接定位到标题的位置
```

```
07        f.seek(-128+3, 2)
08        # 写入中文标题，注意 \0 结尾，中文需要用 encode 方法编码
09        n = f.write('小星星 \00'.encode('gbk'))
10        # 标题长度 30，写入了 n 字节，还需在当前位置往后移 30-n，下同
11        f.seek(30 - n, 1)
12        # 写入作者，注意 \0 结尾，ASCII 编码直接加 b
13        n = f.write(b'Professional\00')
14        f.seek(30 - n, 1)
15        n = f.write(b'My First Album\00')
16        f.seek(30 - n, 1)
17        n = f.write(b'2046')
```

代码的说明详见注释，读者可指定为自己喜欢的信息，注意长度，以及中文需要编码，可学习 seek 函数对文件指针的操作。程序运行后，借助第三方音乐播放工具查看该文件，并且设置为 ID3v1 优先，读取结果与代码指定的值一致，如图 12-3 所示。

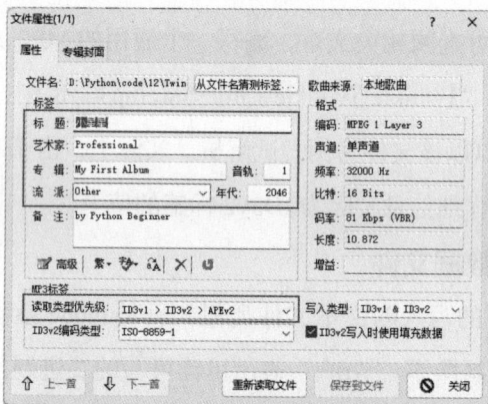

图12-3　第三方音乐播放软件查看该文件的ID3v1标签信息

注意，除非知道一个二进制数据文件的内在数据格式，否则不应该随意更改其内容。哪怕更改一个字节，都可能导致整个文件的损坏，可能造成无法弥补的损失。并且在更改前，建议先备份文件，防止更改过程发生错误。

12.4　JSON 操作

JSON（JavaScript Object Notation）是一种轻量级的文本数据交换格式，机器易于解析和生成，便于网络传输，格式化后也易于人工阅读和编写。尽管 JSON 基于 JavaScript 语言，但是它仍独立于语言和平台。它可以表示层级结构，与 XML

格式一起，成为如今应用最广泛的数据交换语言。

JSON 建构于两种结构：

（1）"名称 / 值"对的集合（A Collection of Name/Value Pairs）。不同的语言中，它被理解为对象（Object）、记录（Record）、结构（Struct）、哈希表（Hash Table）、有键列表（Keyed List），或者关联数组（Associative Array）等，在 Python 中对应的就是字典（dict）。

（2）值的有序列表（An Ordered List of Values）。在大部分语言中，它被理解为数组（Array），在 Python 中对应的就是列表（list）。

读者可以从 JSON 官网 https://www.json.org/ 获取更多关于 JSON 的介绍和细节。

JSON 类型和 Python 类型转换对照表见表 12-4。

表 12-4　Python 类型和 JSON 类型转换对照表

Python 类型	JSON 类型
dict	object
list, tuple	array
str	string
int, float	number
True	true
False	false
None	null

Python 内置的 json 模块，提供对 JSON 数据的编码及解码。loads 方法用于将 JSON 字符串解析为 Python 对象，dumps 方法用于将 Python 对象转换为 JSON 字符串。例如：

试试看 12-13

```
01  import json
02
03  str = '{ "name": "张三", "age": 27, "scores": [89, 95, 57, 95, 90] }'
04  print(json.loads(str))
```

代码第 3 行定义了一个 JSON 字符串例子，第 4 行使用 loads 方法解析为对象，并打印出来，结果为：

```
{'name': '张三', 'age': 27, 'scores': [89, 95, 57, 95, 90]}
```

包含三个元素的 dict，其中第 3 个元素的值是一个 list，loads 方法自动完成 JSON 字符串到 Python 对象的转换。

试试看 12-14

```
01  import json
02
03  box = {
04      'weight': 10,
05      'length': 24.5,
06      'isChecked': False,
07      'position': [34, 25.3],
08      'color': {'front': 'red',
09                'rear': 'blue',
10                'top': 'yellow',
11                'bottom': 'green'
12      }
13  }
14  print(json.dumps(box))
```

代码从第 3 行起定义了一个盒子，并用多种类型描述了该盒子的属性，有字符串、整型、浮点数、布尔值、列表、对象等。第 14 行调用 dumps 方法将对象直接转换成 JSON 字符串，输出结果为：

```
{"weight": 10, "length": 24.5, "isChecked": false, "position": [34, 25.3],
"color": {"front": "red", "rear": "blue", "top": "yellow", "bottom": "green"}}
```

可看出结果基本与 Python 对象对应。

12.5 小结

本章详细介绍了 Python 中文件的 IO，通过讲解文件的打开、读取、写入及关闭等基础操作，读者能够掌握如何在 Python 中处理文本和二进制文件。同时，本章还深入解析了 JSON 格式，并展示了如何使用 Python 内置的 json 模块来解析和生成 JSON 数据。通过本章的学习，读者应能够轻松地在 Python 程序中实现文件的读写操作，以及数据的 JSON 格式转换，为实际应用中数据的存储和传输提供有力支持。

第 13 章　MySQL 数据库操作

13.1　数据库的概念

数据库，简而言之，是一个有组织的数据集合，它按照特定的数据模型进行组织、存储、管理和检索。在现代信息社会，数据库已经成为各行各业不可或缺的重要组成部分，它支撑着各种复杂的信息系统和应用程序，确保数据的准确性、一致性和安全性。

数据库的发展可以追溯到 20 世纪 60 年代，当时计算机开始广泛应用于商业领域。随着数据量的增长和数据处理需求的复杂化，人们开始意识到需要一种更有效的方式来组织和管理数据。于是，数据库技术应运而生，并逐渐发展成为一门独立的学科。

数据库的基本要素有：

◇ 数据模型

数据模型是数据库的核心，它定义了数据的结构、关系以及操作方式。常见的数据模型有层次模型、网状模型、关系模型和面向对象模型等。其中，关系模型因其简单、直观和易于理解的特点，成为目前最为流行的数据模型。

◇ 数据存储

数据库需要有效地存储和管理数据。这包括数据的物理存储结构、索引机制、数据压缩和加密等技术。数据存储的目的是确保数据的可靠性、可用性和性能。

◇ 数据操作

数据库提供了一系列数据操作语言（如 SQL），用于数据的增删改查。这些操作语言使得用户可以方便地访问和操作数据库中的数据。

◇ 数据库管理系统

数据库管理系统（DBMS）是数据库的核心软件，它负责数据的存储、检索、更新和安全保护等工作。DBMS 提供了数据定义、数据操纵、数据控制和数据维护等功能，使得用户可以更加方便地管理和使用数据。

数据库技术已经广泛应用于各个领域，如金融、医疗、教育、政府等。在金融领域，数据库被用于存储和管理客户的账户信息、交易记录等；在医疗领域，数据库则用于存储患者的病历、检查结果等敏感信息；在教育领域，数据库可以帮助学校管理学生的学籍、成绩等信息；在政府领域，数据库则是实现政务信息化、提高政府服务效率的重要工具。

13.2　数据库的分类

根据数据之间的组织关系，数据库可分为以下几种类型。每种数据库类型都有其适用的场景和优势，选择哪种数据库类型取决于具体的应用需求、数据量、并发访问量、性能要求以及预算等因素。在实际应用中，可能还需要考虑数据库的易用性、社区支持、安全性以及与其他系统或工具的集成能力。

13.2.1　关系型数据库

关系型数据库（Relational Database）通过预定义的数据类型进行数据存储，数据间的关系存储在表中，表之间通过外键进行关联。它们使用结构化的查询语言（如 SQL）来管理和操作数据。常见的关系型数据库有：

◇　MySQL：一个被广泛使用的关系型数据库管理系统，以其稳定性和易用性而著称。

◇　Oracle：大型的商业关系数据库系统，广泛应用于企业级应用。

◇　PostgreSQL：一个开源的对象–关系型数据库系统，具有强大的功能和灵活性。

◇　SQL Server：微软开发的关系型数据库系统，与 Windows 平台紧密结合。

13.2.2　非关系型数据库

非关系型数据库（NoSQL Database）不依赖于固定的表结构，而是使用键值对、文档或图等模型来存储数据。它们通常更适合处理大量数据、高并发读写和分布式场景。常见的非关系型数据库有：

◇　Redis：一个内存中的数据结构存储系统，可以用作数据库、缓存和消息代理。

◇　MongoDB：面向文档的数据库，适合存储和查询大量半结构化数据。

◇　Cassandra：一个高可扩展性和高可用性的列式存储数据库，常用于大数据和云计算环境。

13.2.3 面向对象数据库

面向对象数据库（Object-Oriented Databases）基于对象的数据模型来存储数据，例如某些数据库系统可以直接存储和操作对象及其关系。

13.2.4 分布式数据库

分布式数据库设计用于在多个物理位置存储数据，通过网络连接在一起，以实现高可用性和高可扩展性。例如，Google Spanner 和 CockroachDB 就是分布式数据库的代表。

13.2.5 时间序列数据库

时间序列数据库（Time Series Database）专门用于存储和查询时间序列数据，例如传感器数据、监控数据等，例如 InfluxDB 等。

13.3 SQL 的介绍

SQL（Structured Query Language，结构化查询语言）是关系型数据库管理系统的标准语言，用于管理和操作关系型数据库中的数据。自诞生以来，凭借其强大的功能和易用性，迅速成为数据库领域的核心语言，广泛应用于各类数据管理和分析场景。

SQL 语言的起源可以追溯到 20 世纪 70 年代。当时 IBM 公司的研究员 Edgar Codd 提出了关系型数据库的概念，并随后研发出一种新型的数据库语言——SEQUEL，这种语言便是 SQL 的雏形。随着技术的不断进步，SQL 语言也在不断发展和完善。1979 年，Oracle 公司首先提供了商用的 SQL 支持，随后 IBM 公司也在其 DB2 数据库中实现了 SQL。到了 1986 年，美国 ANSI 采纳 SQL 作为关系型数据库管理系统的标准语言，随后国际标准组织（ISO）也将 SQL 采纳为国际标准。自此，SQL 语言在全球范围内得到了广泛的推广和应用。

SQL 语言具有一系列显著的特点和优势。首先，SQL 语言是非过程化的，用户无须关心数据如何存储和访问，只需关注数据的逻辑结构，这使得 SQL 语言更加易于学习和使用。其次，SQL 语言具有强大的数据操作能力，包括数据检索、插入、更新和删除等，用户可以通过简单的 SQL 语句实现对数据库中数据的各种操作。SQL 语言还支持事务管理，确保数据的完整性和一致性。同时，SQL 语言还提供了视图、索引等高级功能，进一步增强了其数据管理和分析能力。随着大数据时代的到来，SQL 语言在数据分析和处理方面的作用愈发凸显，通过 SQL 查询语句，用户可以轻松地对大量数据进行聚合分析、生成报表和可视化展示。SQL 语言还支持与各种数据分析和挖掘工具的结合，使用户能够更加深入地挖掘数据的价值。

13.4　MySQL 数据库安装

MySQL 自其诞生以来便以其卓越的性能、稳定性和灵活性，赢得了全球范围内众多开发者和企业的青睐，是最流行的关系型数据库管理系统之一。其核心优势在于关系型数据管理模式，它将数据保存在不同的表中，而非将所有数据混杂在一起，从而大大提高了数据查询的速度和灵活性。这种设计使得 MySQL 能够轻松应对大规模数据的存储和检索需求，为企业级应用提供了坚实的数据支撑。在语法和指令方面，MySQL 采用标准化的 SQL 语言，使开发者能够轻松进行数据插入、更新、删除和查询等操作，无论是复杂的条件筛选、排序、聚合函数，还是多表连接和子查询，MySQL 都能游刃有余地应对，确保数据检索和分析的高效性。

图13-1　MySQL的标志

此外，MySQL 还具备一系列强大的数据管理和安全特性，它支持数据加密、访问控制、身份验证和审计功能，确保数据的安全性和完整性。同时，MySQL 还提供了完善的数据备份和恢复机制，使得数据丢失或系统崩溃时能够迅速恢复到正常状态。在性能方面，MySQL 同样表现出色，它采用了高效的存储引擎，如 InnoDB 和 MyISAM，使得数据读写速度和查询性能都得到了极大的提升。此外，MySQL 还支持主从复制和多主复制等高可用性方案，确保在多个数据库服务器之间实现数据同步和故障转移，提高了系统的稳定性和容错能力。

本章以关系型数据库 MySQL 为例，介绍数据库的安装及使用。

13.4.1 MySQL 下载

建议在 MySQL 的官网进行下载。在浏览器中打开 https://dev.mysql.com/ downloads/ 页面，进行 MySQL 社区版的下载，点击"MySQL Community Server"（我们只安装 MySQL 服务器端即可，客户端连接工具使用其他软件），如图 13-2 所示。

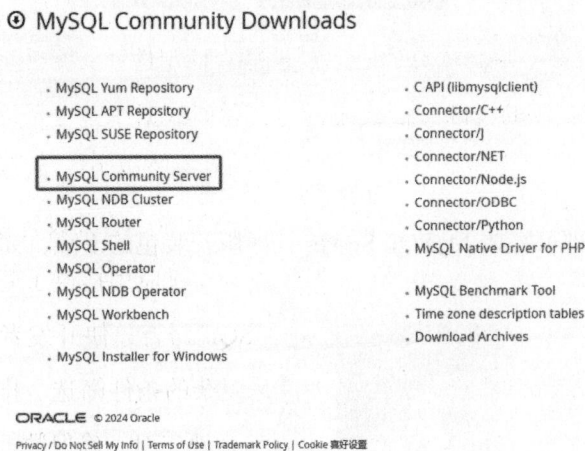

图13-2 MySQL官网社区版下载页面

在打开的页面中可以看到，当前 MySQL 的版本为 8.3.0，点击"MSI Installer"右侧的"Download"按钮进行下载，如图 13-3 所示。其他 2 个版本下载下来的是压缩包，还要进行文本配置文件的配置，比较烦琐，不推荐。

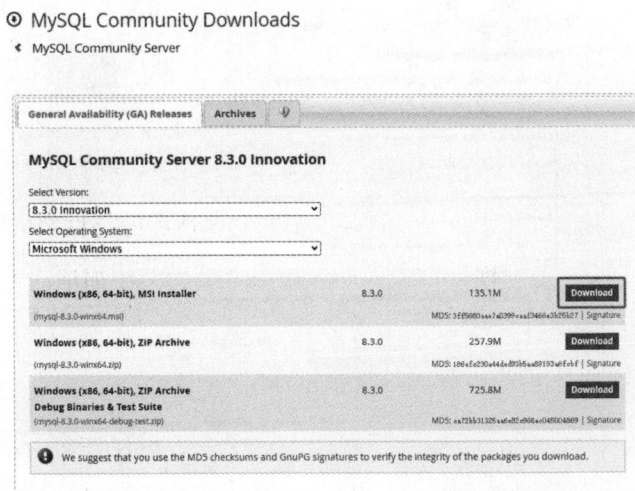

图13-3 选择"MSI Installer"栏的Download

在弹出页面中点击下方的"No thanks, just start my download.（不用，谢谢，

只是开始下载）"，跳过网站要求的创建网站账户，如图 13-4 所示。

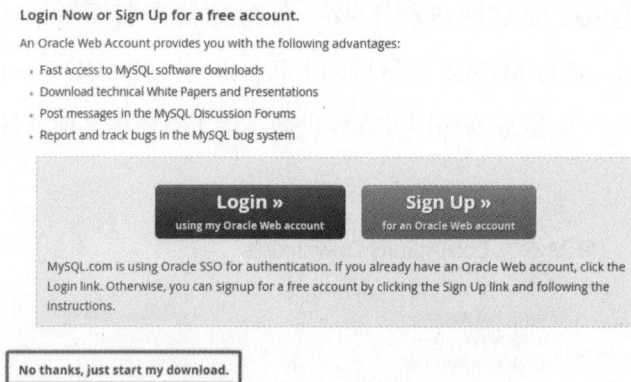

图13-4　点击下方的"No"跳过要求创建网站账户

稍等片刻，即可完成 MySQL Server 社区版安装包的下载，如图 13-5 所示。

图13-5　已经下载下来的MySQL Server安装包

13.4.2　MySQL 安装

双击打开下载好的安装包，勾选"接受协议"，点击下一步，如图 13-6 所示。

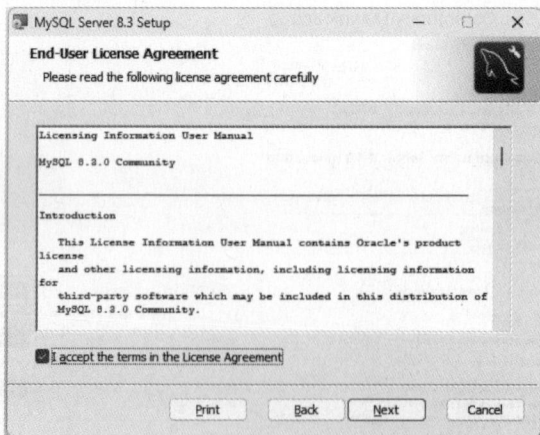

图13-6　勾选"接受协议"，点击下一步

然后直接点击"Complete（完全）"按钮，安装 MySQL 全部功能，如图 13-7 所示。

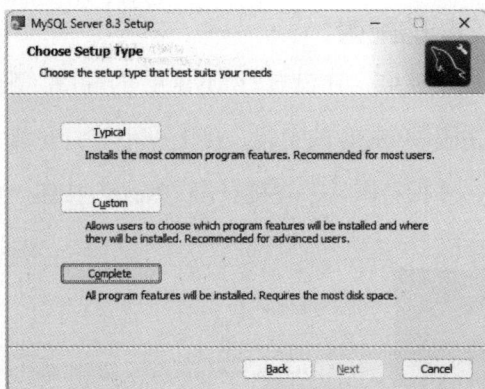

图13-7 点击"Complete"按钮

提示已经准备好安装，点击"Install（安装）"按钮开始安装，如图 13-8 所示。

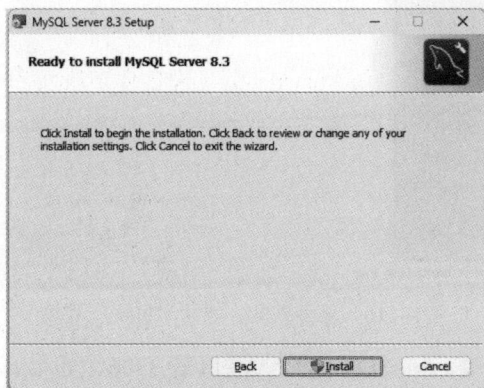

图13-8 点击"Install"按钮开始安装

接下来是安装完成的提示窗口，注意保持底部的"Run MySQL Configurator（运行 MySQL 配置器）"复选框处于选中状态，点击"Finish（完成）"按钮，完成 MySQL 的安装，如图 13-9 所示。

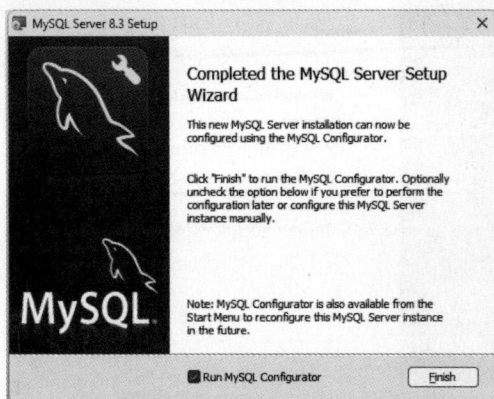

图13-9 保持底部"Run MySQL Configurator"选中，点击"Finish"按钮

13.4.3　MySQL 的配置

上一小节只是完成了安装，还没有对 MySQL 的端口、账号密码等进行配置。本小节通过配置，来完成 MySQL 的安装。接上一小节，安装完后自动弹出 MySQL Configurator 窗口，第一步保持默认，直接点击"Next"按钮，如图 13-10 所示。

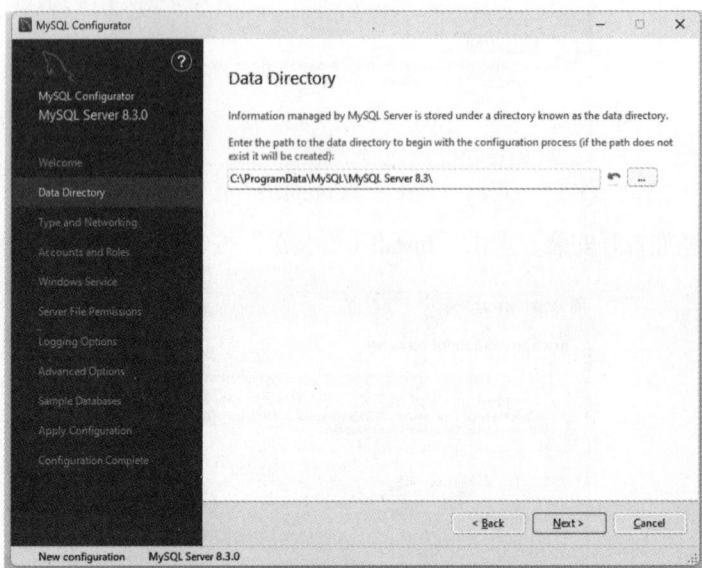

图13-10　保持默认，点击"Next"铵钮

第二步也无须改动，MySQL 的默认端口是 3306，如果有其他要求，可作相应改动。通常来说，直接点击"Next"按钮即可，如图 13-11 所示。

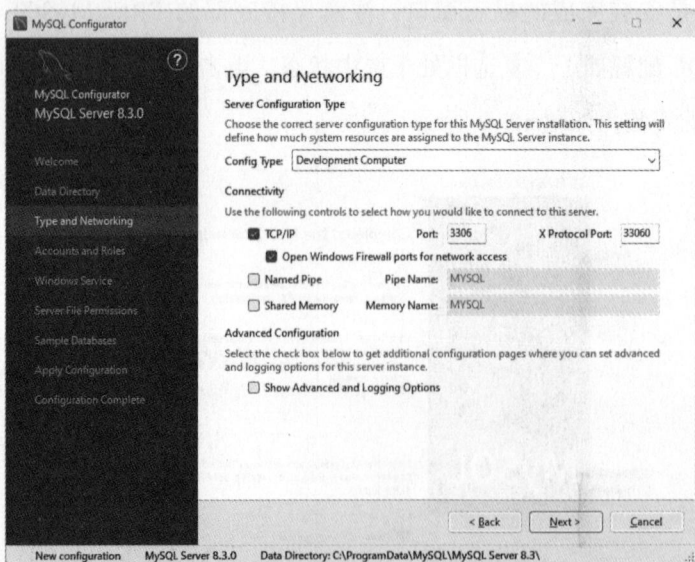

图13-11　保持默认，点击"Next"按钮

下一步较为关键，需要输入登录密码。数据库的数据一般比较重要，未经授权不允许查看和修改。MySQL 默认创建了一个具有最高权限的账号，名为 root，这个账号可以管理其他账号，对所有的数据表也拥有最高权限。在实际开发中，一般也不允许直接使用 root 账号对数据库进行操作。在这一步中，我们点击右侧的"Add User（增加用户）"按钮，弹出"MySQL User Account（MySQL 用户账号）"对话框，在"User Name"中输入任何你喜欢的用户名，在下方输入 2 次确认的密码，点击"OK"退出，如图 13-12 所示。

图13-12　输入用户名、密码，创建一个普通账户

再在原来的对话框中输入 root 账号的密码，如图 13-13 所示。root 可以设置普通数据库用户仅对哪些数据库可见，对数据库拥有哪些权限，比如只读不允许修改等，对数据库的管理也比较安全。

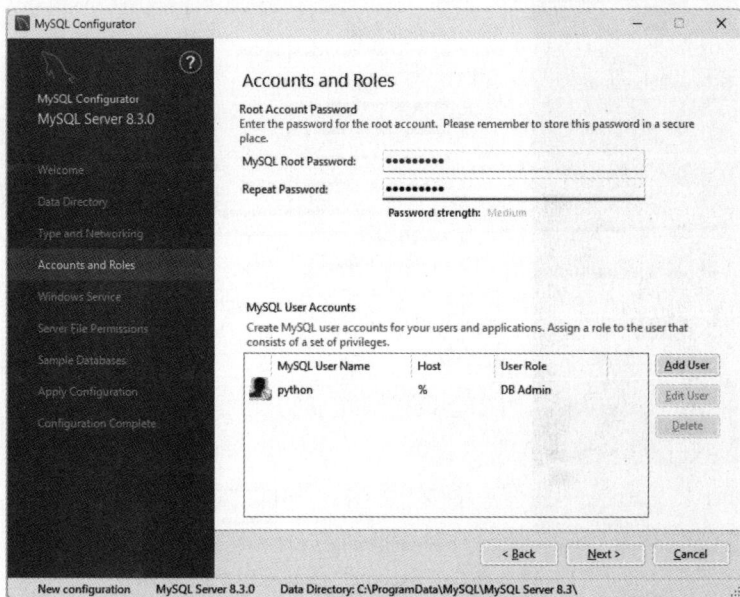

图13-13　输入root账号的密码

接下来的 MySQL 服务名，保持默认即可，点击"Next"按钮，如图 13-14 所示。

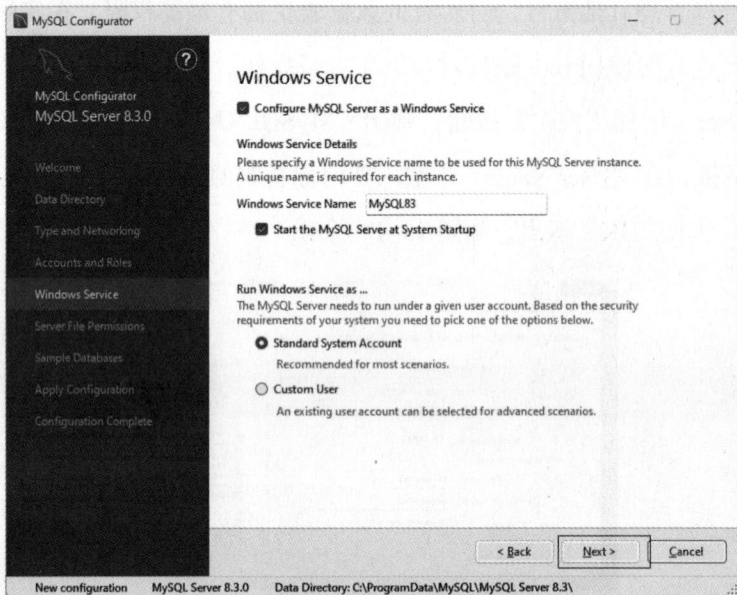

图13-14　服务设置，保持默认即可

准备就绪，点击"Execute（执行）"，开始执行相关设置工作，如图 13-15 所示。

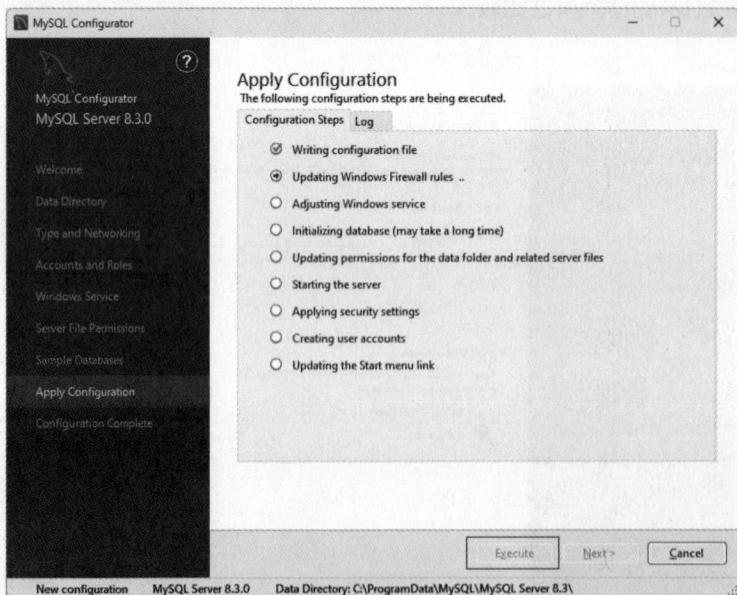

图13-15　点击"Execute"按钮开始执行设置

稍等片刻，等待设置完成，点击"Next"按钮，再点击"Finish"按钮完成所有

MySQL 的配置，如图 13-16 所示。

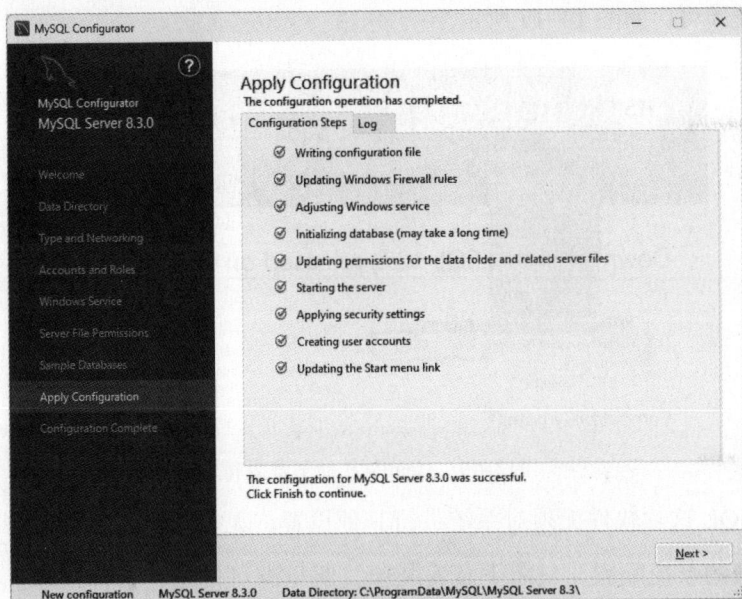

图13-16　配置已经成功完成

13.4.4　使用 HeidiSQL 进行连接

HeidiSQL 是一款简洁而强大的图形化数据库管理工具，它支持多种数据库类型，包括 MySQL、SQL Server、PostgreSQL 和 SQLite 等，用户无须切换不同工具，即可实现对多种数据库的统一管理。无论是数据导入导出、表结构查看、数据编辑还是用户权限管理，HeidiSQL 都能轻松应对。使用 HeidiSQL，用户可以轻松连接到数据库服务器，通过直观的图形界面进行各项操作，无需深入了解数据库的底层结构，即可实现数据的浏览、编辑和管理。用户也可以在查询窗口中直接编写 SQL 语句，进行数据的增删查改等操作，HeidiSQL 支持语法高亮和代码自动完成，使编写 SQL 语句变得更简单快捷。此外，HeidiSQL 还提供丰富的功能，比如批量编辑、数据导入导出、表结构比较等，极大地提高数据库管理的效率。

与其他商业数据库管理工具相比，HeidiSQL 的最大优势在于其开源性和免费性。用户无须支付任何费用，即可享受到这款强大的数据库管理工具带来的便利。同时，由于其开源的特性，用户还可以根据自己的需求进行定制和扩展，使HeidiSQL 更加符合实际使用场景。

推荐在 HeidiSQL 官网进行软件的下载。其官网地址为：https://www.heidisql.com/download.php?download=app，在浏览器中打开该网址，在上方菜单中选择

"Download-Portable（便携的）"，根据系统位数选择 32 或者 64 位的便携式压缩包进行下载即可，如图 13–17 所示。

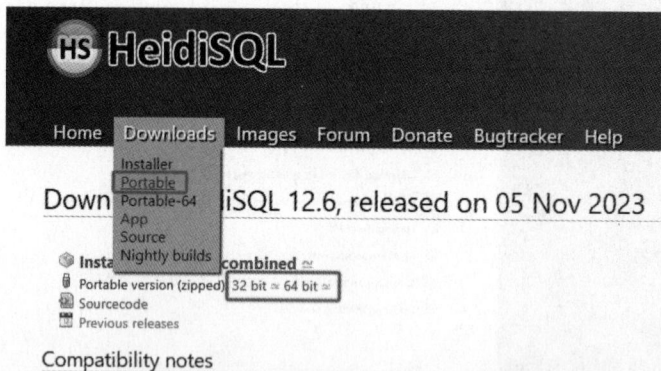

图13–17　HeidiSQL的下载页面

HeidiSQL 这款软件无须对系统进行其他设置，无须利用安装包自带的设置功能进行烦琐的系统配置，只需下载安装包，解压即可使用，俗称"绿色版"。下载完成后，解压到任意一个目录中，可以查看其目录结构，如图 13–18 所示。

图13–18　下载解压之后的HeidiSQL目录

在文件列表中找到一个叫"heidisql.exe"的文件，进行"右键—发送到—桌面快捷方式"操作，即可在桌面创建这个软件的快捷方式，方便以后快速打开。双击打开软件，可看到如图 13–19 所示的初始界面，点击左下角的"新建"按钮，新建一个会话。主机名保持默认，本机的默认 IP 就是 127.0.0.1，用户、密码输入刚才 MySQL 配置时的用户名和密码，一般不建议使用 root 账号。端口保持默认的 3306 即可，填写后的界面如图 13–19 所示。

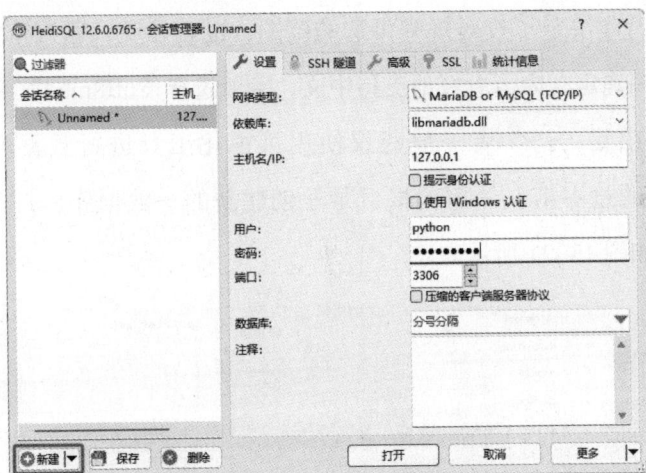

图13-19　新建会话并填写账号密码

点击"打开"，如果看到图 13-20 所示的界面，则表示 MySQL 安装成功，配置完成，服务成功启动，并且 HeidiSQL 设置正确，连接到 MySQL 数据库，成功进入数据库管理界面。

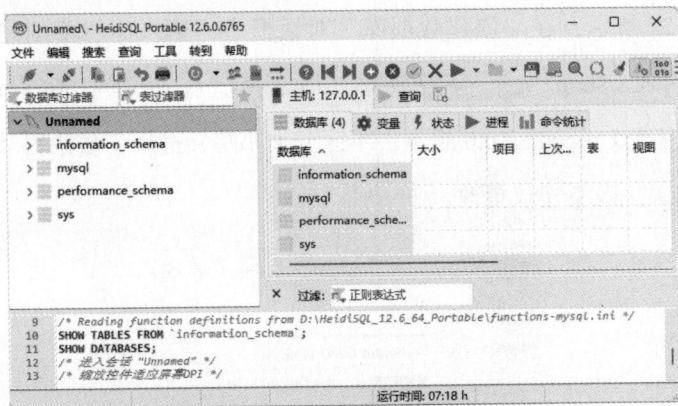

图13-20　成功进入数据库

13.5　创建数据库

在 MySQL 中，创建数据库的 SQL 语句一般为：

```
CREATE DATABASE [IF NOT EXISTS] db_name
  [CHARACTER SET charset_name]
  [COLLATE collation_name];
```

其中"CHARACTER SET"用于指定字符集，它定义了存储字符串的方式，"COLLATE"用于指定校对规则，它定义了比较字符串的方式，这两个参数一般可以省略。字符集决定了校对规则可选的范围，也就是说，通过指定校对规则，字符集就能唯一确定。为了更好地支持中文，一般选择"utf8mb4"字符集。

为了避免出错，初学者一般建议使用可视化工具进行数据库的创建。在 HeidiSQL 中，通过右击左侧树的根目录—创建新的—数据库，打开"创建数据库"对话框，如图 13-21 所示。

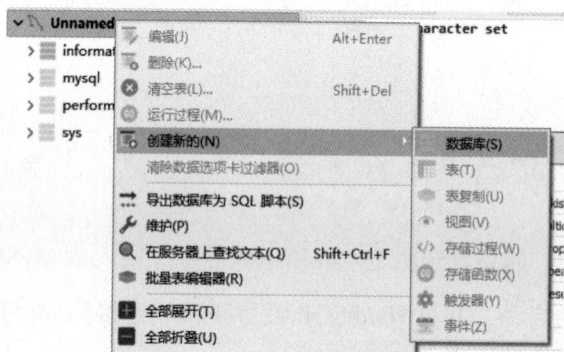

图13-21 选择右键菜单项创建新的数据库

如图 13-22 所示，在"创建数据库"对话框中，填入你想要创建的数据库的名称，比如输入"shop"，"字符校对"可选择默认提供的"utf8mb4_0900_ai_ci"，该规则基于 Unicode 9.0.0 版本，不区分大小写，适用于多语言环境，提供准确的排序结果。一般不建议更改。

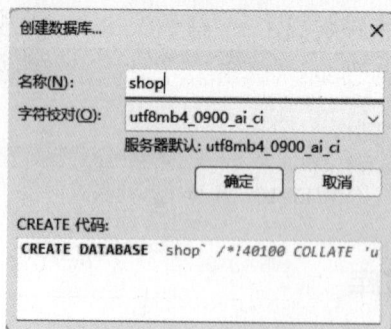

图13-22 创建数据库对话框

字符集可以在 MySQL 实例、数据库、表、列四个级别进行设置，并且是继承的关系。因此后续在创建数据表或者列时，如果不另外指定，将自动继承当前数据库采用的字符集。

点击"确定"，即可在左边树中看到新建的数据库。点击该树节点"shop"，即可实现"选择数据库"的操作，如图 13-23 所示。

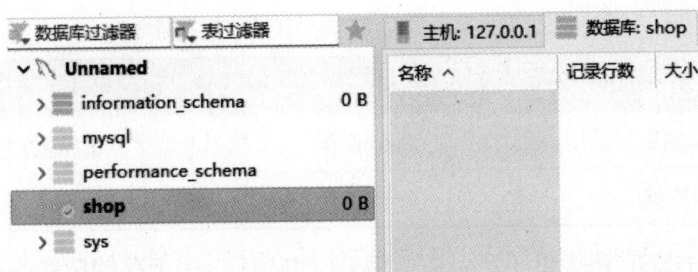

图13-23　选择shop数据库

13.6　数据类型

MySQL 作为关系型数据库管理系统，支持多种数据类型，以满足不同场景下的数据存储需求。这些数据类型包括数值类型、字符串类型、日期和时间类型、枚举和集合类型以及空间数据类型等。

13.6.1　数值类型

数值类型主要用于存储数值数据，包括整数类型和浮点数类型。

◇　整数类型

整数类型包括 TINYINT、SMALLINT、MEDIUMINT、INT 和 BIGINT 等，这些类型根据存储空间和取值范围的不同，适用于不同的场景。

表 13-1　整数类型的存储空间和取值范围

数据类型	存储空间	取值范围（有符号）	取值范围（无符号）
TINYINT	1 字节	-128 ~ 127	0 ~ 255
SMALLINT	2 字节	-32768 ~ 32767	0 ~ 65535
MEDIUMINT	3 字节	-8388608 ~ 8388607	0 ~ 16777215
INT 或 INTEGER	4 字节	-2147483648 ~ 2147483647	0 ~ 4294967295
BIGINT	8 字节	-9223372036854775808 ~ 9223372036854775807	0 ~ 18446744073709551615

◇　浮点数类型

浮点数类型包括 FLOAT 和 DOUBLE，它们用于存储小数数值，具有不同的精度和存储需求。

表 13-2　浮点数类型的存储空间

数据类型	存储空间	描述
FLOAT	4 字节	单精度浮点数
DOUBLE	8 字节	双精度浮点数

此外，MySQL 还提供了定点数类型 DECIMAL，用于存储精确的小数数值。DECIMAL 类型通过指定 M（整个数据的总长度）和 N（数据小数的位数）来确定其精度和存储范围。

13.6.2　字符串类型

字符串类型用于存储字符及文本数据，包括固定长度字符串、可变长度字符串和大文本类型等。

表 13-3　字符串类型的存储空间和用途

数据类型	存储空间	用途
CHAR	0 ~ 255 字节	定长字符串
VARCHAR	0 ~ 65535 字节	变长字符串
TINYBLOB	0 ~ 255 字节	不超过 255 个字符的二进制字符串
TINYTEXT	0 ~ 255 字节	短文本字符串
BLOB	0 ~ 65535 字节	二进制形式的长文本数据
TEXT	0 ~ 65535 字节	长文本数据
MEDIUMBLOB	0 ~ 16777215 字节	二进制形式的中等长度文本数据
MEDIUMTEXT	0 ~ 16777215 字节	中等长度文本数据
LONGBLOB	0 ~ 4294967295 字节	二进制形式的极大文本数据
LONGTEXT	0 ~ 4294967295 字节	极大文本数据

13.6.3　日期和时间类型

MySQL 提供多种日期和时间类型，用于存储日期、时间、日期时间以及时间戳等数据。

表 13-4 日期时间类型的格式

数据类型	描述	格式
DATE	日期	'YYYY-MM-DD'
TIME	时间	'HH:MM:SS'
DATETIME	日期和时间	'YYYY-MM-DD HH:MM:SS'
TIMESTAMP	时间戳	'YYYY-MM-DD HH:MM:SS'
YEAR	年份	YYYY 或 YY

13.6.4 其他类型

除此之外，还有其他的枚举和集合类型、空间数据类型等，不常使用，不再赘述。

13.7 创建数据表

数据表是数据库管理系统的核心组成部分，它承载着数据的存储、检索和处理等重要功能。数据表是一个二维的表格，由行和列组成，其中，列定义了数据的属性，而行则存储具体的数据记录。每一列都有一个特定的数据类型，用于规定该列中数据的性质，如整数、字符串、日期等。数据类型的选择对确保数据的准确性和完整性至关重要。同时，每一列还可以设置约束条件，如唯一性约束、非空约束等，以进一步保证数据的质量。

设计良好的数据表对于数据库的性能和可维护性而言至关重要。在设计数据表时，需要遵循一些基本原则。首先，要合理划分表的范围，避免数据冗余和不一致。其次，要选择合适的字段类型和长度，以节省存储空间并提高查询效率。此外，还需要考虑表的索引设计，以加速数据的检索速度。最后，要注意表的扩展性，以便在未来能够轻松地添加新的字段或调整表结构。

在关系型数据库中，数据表之间的关系是通过主键和外键来实现的。主键是表中的唯一标识符，用于区分不同的记录。外键是用于建立表与表之间关联关系的字段，它引用了另一个表的主键。通过主键和外键的关联，可以实现数据的关联查询和完整性约束，从而确保数据的一致性和准确性。

在学习新建数据库和数据类型之后，可以开始创建数据表了。创建数据表的

SQL 语句一般为：

```
CREATE TABLE table_name (
    column1 datatype1,
    column2 datatype2,
    ...
);
```

其中包括表名 table_name、字段 1 名称 column1 和数据类型 datatype1、字段 2 名称 column2 和类型 datatype2……使用 SQL 语句创建数据表，容易发生错漏，建议初学者直接使用可视化工具进行创建。数据表属于数据库，在 HeidiSQL 中，右击左侧树的数据库 shop 节点，选择"创建新的—表"，如图 13-24 所示。

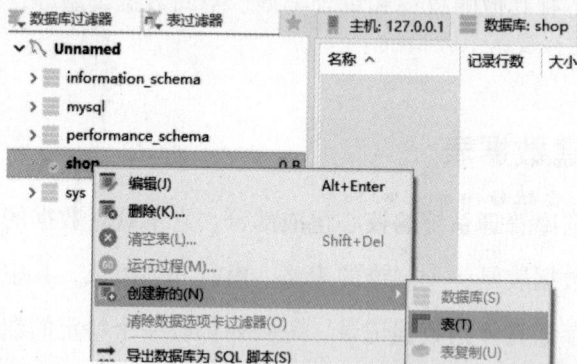

图13-24　创建新的表

打开数据表标签页，可以看到，数据表必须填写字段的名称，设置数据类型等。考虑到我们做一个存储商品信息的表格。那么必要的信息有哪些呢？首先是一个成为"主键"的字段，用来区分商品和商品之间的字段，一般使用整型的 id 来表示（比字符串类型的商品名更有利于索引）。第二个是商品名称，经过前面分析，字符串类型，必须给定一个长度，50 字节一般足够了，而且电商平台的商品标题一般也都是限制长度的。第三个是定价，需要保留小数点后 2 位，所以需要一个浮点数来表示。第四个是销量，不可能为小数，一般使用整型就可以。商品一般有配图片，图片一般是一个 URL 的地址，字符串类型，长度可适当预留长一些，比如 200 字节长。一般的数据表还有一个插入时间，我们用来表示商品的上架时间，用日期类型来表示。此外，一个商品可能还有其他的属性，可根据需要进行适当增加，这里为了演示不同的数据类型，就举这几个字段作为例子，整理成表 13-5。

表 13-5　商品数据表需要的字段总结

属性	字段名	数据类型	长度 / 其他
商品 id	id	int	主键、自增、非空
商品名	name	varchar	50，非空
定价	price	float	非空
销量	sales	int	非空，默认 0
图片路径	image_url	varchar	200，可空
上架时间	insert_time	datetime	可空，当前时间

非空（NOT NULL）表示这个字段的值不允许为空，这是根据业务需求来定的，比如商品图片，如果要求必须上传，那么就设置为非空，如果是可有可无，那么就设置为可空。按这个表格的分析，我们可以在 HeidiSQL 中作如图 13-25 所示的设置。

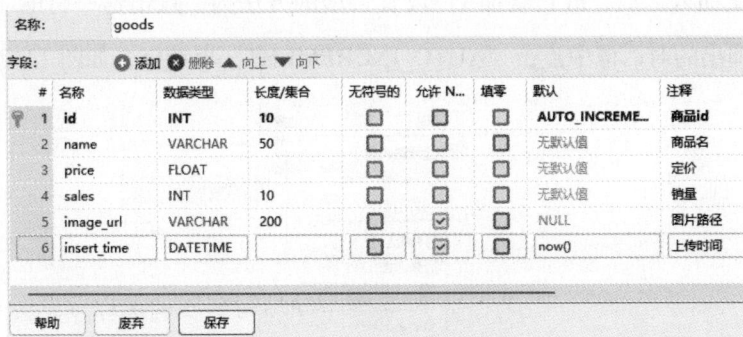

图13-25　设置完成的数据表

在上方表名称中填入"goods"，表示该数据表的名称，注释最好填写，方便他人查看。在下方字段，通过点击"添加"按钮添加多行空行，再对每一格按上述分析进行填写。

其中，id 前面有一把锁，代表主键。主键（Primary Key）是数据库中的一个非常核心的概念，在关系型数据库中，主键用于唯一标识表中的每一条记录，它是表中的某一列或某几列的组合，其值在表中具有唯一性，且不允许为空。在设计数据库表时通常会选择那些具有唯一性且不易改变的字段作为主键，如身份证号、学号、订单号等。经过分析，其他字段都不适合，所以需要单独增加一个 id 字段。将 id 设为主键，是通过在行号 1 上面右键，在弹出的菜单中选择"创建新索引—PRIMARY"，如图 13-26 所示。

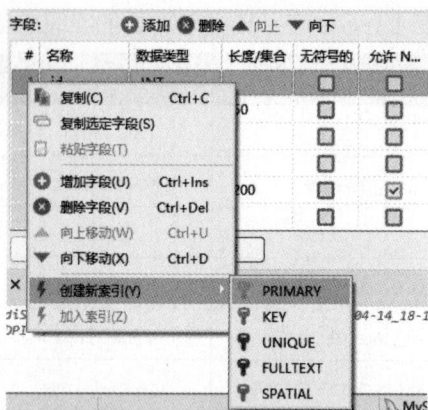

图13-26　将id设为主键

这个id一般情况下设置为流水号。而在实际应用中，如果数据量特别巨大，可能采用分库分表（数据库、数据表）等技术，需要进行数据库之间同步，则必须采用离散的大数id来实现。这里我们设置为"自增"，即由数据库帮我们自动维护这个id，每次插入之后，id自动加1。设置自增的方法为，点击这一行的"默认"单元格，在弹出的对话框中点击"AUTO_INCREMENT"单选框，如图13-27所示。

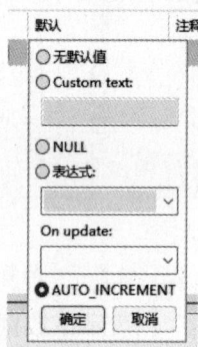

图13-27　点击AUTO_INCREMENT单选框设置自增

可空/非空的设置，在HeidiSQL中是通过"允许NULL"列来设置的。勾选，则允许为空，取消复选框的勾选，则不允许空白。字段的非空设置，是根据实际需求来定的。

默认值是指在插入数据的时候，如果不指定该字段的值，数据库帮我们默认设置一个什么值。对非空字段来说，由于本来就必须填值，所以默认值无效。对可空字段来说，可指定一个默认值，比如"上架时间"字段，点击"默认"，选择"表达式"，在下拉框中直接填入"now()"（注意圆括号为英文半角圆括号）即可，点击确定，如图13-28所示。

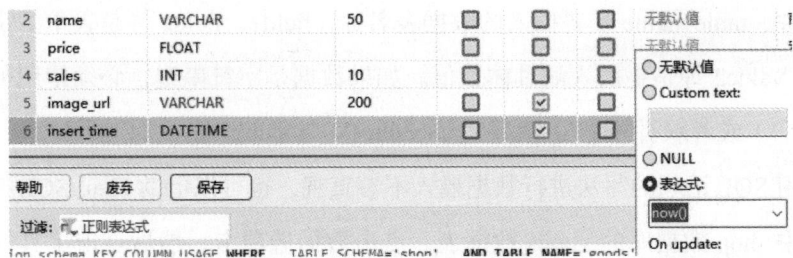

图13-28　设置插入时间默认值为当前时间

按图 13-25 设置完成后，点击保存即可。在 HeidiSQL 下方的日志窗口可以看到创建 goods 表的 SQL 语句如下：

```
CREATE TABLE `goods` (
    `id` INT NOT NULL AUTO_INCREMENT COMMENT '商品id',
    `name` VARCHAR(50) NOT NULL COMMENT '商品名',
    `price` FLOAT NOT NULL COMMENT '定价',
    `sales` INT NOT NULL COMMENT '销量',
    `image_url` VARCHAR(200) NULL COMMENT '图片路径',
    `insert_time` DATETIME NULL DEFAULT (NOW()) COMMENT '上传时间',
    PRIMARY KEY (`id`)
)
COMMENT='商品表'
COLLATE='utf8mb4_0900_ai_ci'
```

借助可视化工具，无须了解 SQL 语句的这些细节，还是比较方便的。

事实上，数据表保存后，后续还可以随时进行修改，即使该表已经有数据了，还是可以进行结构的修改，例如增加字段、删除字段、增加字符串长度等。

作为数据表的规划，希望读者能在创建的时候，多思考这个对象有多少属性，每个属性是什么类型，怎么表达，就像我们举例这样。学习到的是一种分析、细化的思路。

13.8　插入数据

向 MySQL 数据表中插入数据，可使用 "INSERT INTO" 的 SQL 语句，其语法如下：

```
INSERT INTO table_name (field1, field2, field3, ...)
VALUES (value1, value2, value3, ...);
```

其中，table_name 是要插入的数据表名称，field1、field2 等是表中的字段名。value1、value2 等是要插入的具体数值。如果数据是字符串型，必须使用英文半角单引号（'）或者双引号（"）括起，如 'value1'、"value2" 等。

使用 SQL 语句的写法进行数据插入不够直观，也可以借助 HeidiSQL 来完成。确保选中 shop 数据库的 goods 数据表，点击数据选项卡，然后点击工具栏的"向表插入记录行 (Ins)"或根据提示按下键盘的 Insert 键，可以看到数据区域多了一个空行，如图 13-29 所示。

图13-29　点击"向表插入记录行"

接下来往格里填写数据，填写完一行之后，点击空白的地方提交，如图 13-30 所示。

图13-30　按列头填写数据

随着第 1 行数据的提交，id、insert_time 这 2 个字段将自动填充值。插入 3 行之后的数据表如图 13-31 所示。

图13-31　插入数据之后的数据表

13.9　Python 的 DB-API

13.9.1　DB-API 概述

Python 的 DB-API（数据库应用程序接口）是一个用于规范 Python 与关系数据库交互的标准接口。它定义了一组通用的类和函数，使开发者能够以一种统一的方式与不同的数据库进行通信。DB-API 的出现极大地简化了 Python 程序中的数据库操作，解决各个接口不统一的问题，提高了代码的可移植性和复用性。Python 的 DB-API 标准只是制定了接口的规范，并没有实现具体功能。DB-API 标准定义了一系列必须具备的对象和数据库存取方式，以便为各种各样的底层数据库系统和多种数据库接口程序提供一致的访问接口。DB-API 标准为不同的数据库提供一致的访问接口，使得在不同的数据库之间移植代码变成一件轻松的工作。

13.9.2　DB-API 的对象

Python 的 DB-API 定义了一系列对象和方法，用于 Python 程序中与数据库之间进行交互。这些对象主要有连接对象（Connection）和游标对象（Cursor），它们各自提供一系列方法来实现数据库的连接、查询、更新等操作。

◇　Connection 对象

Connection 对象代表与数据库的连接。它通常通过调用连接模块的 connect 方法创建，该方法接受一系列参数，如数据库的主机名、用户名、密码等，用于建立与数据库的连接。其主要方法包括：

cursor()：创建一个新的游标对象，用于执行 SQL 语句和获取结果。

commit()：提交当前事务，在执行了修改数据的操作（如 INSERT、UPDATE、DELETE）后，需要调用此方法以确保更改被保存到数据库中。

rollback()：回滚当前事务，撤销自上次调用 commit 方法以来所做的所有更改。

close()：关闭数据库连接，完成所有数据库操作后，应调用此方法以释放资源。

◇　Cursor 对象

Cursor 对象用于执行 SQL 语句并处理结果。它通常通过调用 Connection 对象的 cursor 方法创建。其主要方法包括：

execute(query, parameters)：执行 SQL 查询或命令，query 是 SQL 语句字符串，parameters 是一个可选的字典或序列，用于提供 SQL 语句中的参数。

fetchone()：从结果集中获取下一行数据，并将其作为一个元组返回。如果没有更多行，则返回 None。

fetchall()：获取结果集中的所有行数据，并将其作为一个元组的列表返回。

fetchmany(size)：获取结果集中的指定数量的行数据，并将其作为一个元组的列表返回。

rowcount：这是一个只读属性，返回最近一次 execute 方法影响的行数，该属性对于 INSERT、UPDATE 和 DELETE 的操作特别有用，因为它表明受影响的记录数。

close()：关闭游标，完成所有数据库操作后，应调用此方法以释放资源。

setinputsizes(sizes) 和 setoutputsize(size, column=None)：这两个方法用于预定义输入参数的大小和设置结果集列的输出大小，它们通常用于处理大型二进制数据或优化性能。但在大多数情况下，这些方法是可选的，并且可能不是所有数据库驱动都支持。

13.9.3　DB-API 的数据类型

DB-API 定义了一系列数据类型，用于在 Python 程序中与数据库进行交互时，描述和处理数据库中的数据。常见的数据类型有：

◇ 整数（INTEGER）

用于存储整数值，如年龄、数量等，通常对应 Python 中的 int 类型。

◇ 浮点数（REAL 或 FLOAT）

用于存储带有小数点的数值，如价格、比率等，通常对应 Python 中的 float 类型。

◇ 字符串（TEXT 或 VARCHAR）

用于存储文本数据，如姓名、地址等，它们对应 Python 中的 str 类型。数据库中的字符串长度可能有限制，取决于数据库的具体实现和配置。

◇ 日期和时间类型

数据库通常提供一系列用于存储日期和时间的类型，如 DATE、TIME、TIMESTAMP 等。在 Python 中，这些类型可能对应 datetime 模块中的相关类，如 date、time 和 datetime。

◇ 二进制数据（BLOB）

二进制数据类型用于存储二进制数据，如图像、音频文件等。在 Python 中，它们通常对应 bytes 类型。

◇ 其他特殊类型

根据不同的数据库系统，可能存在其他特殊的数据类型，如布尔值、枚举、数组、JSON、UUID 等。这些类型提供更丰富的数据存储和处理能力。

当使用 Python 的 DB-API 与数据库交互时，需确保 Python 中的数据类型与数据库中的数据类型相匹配。如果数据类型不匹配，可能会导致错误或数据丢失。因此，在插入或更新数据时，应仔细检查和转换数据类型。

13.9.4 DB-API 的错误类

Python 的 DB-API 定义了一系列异常类，用于处理数据库操作过程中可能出现的各种问题。这些异常类为开发者提供一种异常处理机制，以便在发生错误时能够捕获并处理它们，从而确保程序的健壮性和稳定性。DB-API 主要的异常类有：

◇ StandardError

它是所有 DB-API 异常类的超类，通常所有的数据库异常都应该继承自这个类。当发生与数据库操作相关的任何错误时，都可能会抛出继承自 StandardError 的异常。

◇ Warning

它属于 StandardError 的子类，用于表示非致命问题所引发的警告，这些警告通常不会导致程序终止，但可能需要开发者注意。例如，当查询返回的结果集包含未使用的列时，可能会触发一个警告。

◇ Error

它同样是 StandardError 的子类，是所有错误条件的超类，当发生任何严重的数据库错误时，通常会抛出继承自 Error 的异常，如连接数据库失败、执行 SQL 语句出错等。

◇ InterfaceError

它是 Error 的子类，用于表示与数据库接口模块本身的错误，而不是数据库本身的错误。例如，当使用的数据库驱动与数据库版本不兼容时，可能会触发此异常。

◇ DatabaseError

它也是 Error 的子类，用于表示与数据库相关的错误，如连接意外断开、数据库名未找到、事务处理失败等。

◇ DataError

它是 DatabaseError 的子类，用于表示数据处理时的错误，如除零错误、数据超范围等。当尝试将一个字符串插入到数字类型的列中，或者计算结果为 NaN（Not a Number，不是一个数字）时，可能会触发此异常。

◇ IntegrityError

它同样是 DatabaseError 的子类，用于表示与数据完整性相关的错误，如外键检查失败、唯一约束违反等。

◇ InternalError

它表示数据库的内部错误，如游标失效、事务同步失败等，通常发生在数据库系统本身出现问题时。

◇ OperationalError

它表示非用户控制的、操作数据库时发生的错误，如连接意外断开、数据库名未找到、事务处理失败、内存分配错误等。

◇ ProgrammingError

它表示程序错误，如数据表没找到或已存在、SQL 语句语法错误、参数数量错误等。

◇ NotSupportedError

它表示不支持错误，如使用了数据库不支持的函数或 API 等，通常发生于在连接对象上使用 rollback 方法而数据库并不支持事务或者事务已关闭时。

以下是这些异常类的继承结构：

```
StandardError
|__Warning
|__Error
   |__InterfaceError
   |__DatabaseError
      |__DataError
      |__IntegrityError
      |__InternalError
      |__OperationalError
      |__ProgrammingError
      |__NotSupportedError
```

13.10　Python 连接 MySQL

13.10.1　mysql-connector-python 介绍

Python 的 MySQL 第三方库中，使用 mysql-connector-python 是一种最常见的选择。作为官方的 MySQL 驱动程序，它具有以下优势和特点：

◇ **官方支持**

作为官方提供的驱动程序，mysql-connector-python 得到 MySQL 数据库官方的支持和维护，保证其稳定性和兼容性。

◇ **简单易用**

该库提供一个直观而简单的 API，使开发人员能够轻松地连接到 MySQL 数据库并执行各种操作，无需复杂的配置和设置，即可快速上手。

◇ **功能强大**

该库支持事务处理、预处理语句等高级功能，使开发人员能够充分利用 MySQL 数据库的功能和性能。

◇ **异常处理机制**

该库提供丰富的异常处理机制，帮助开发人员捕获和处理各种可能出现的错误和异常情况，确保程序的健壮性和稳定性。

通过使用 mysql-connector-python，开发人员能够充分利用 MySQL 数据库的功能，同时保持代码的简洁性和可维护性。

其安装是通过命令行中输入以下命令：

```
pip install mysql-connector-python
```

13.10.2　连接与关闭

mysql-connector-python 遵循 DB-API 规范，与数据库的连接是通过 Connection 对象来完成的：

试试看 13-1

```
01  import mysql.connector
02
03  try:
04      cnx = mysql.connector.connect(host="localhost", user="python",
        password="1qaz@WSX", database="shop")
```

```
05      print("连接成功")
06  except mysql.connector.Error as err:
07      print(f"连接失败：{err}")
08      exit(1)
09
10  cnx.close()
```

第 1 行引入 mysql.connector 模块，第 4 行调用其上的 connect 方法，分别指定主机名、账号、密码和要连接的数据库名称进行连接，返回一个 Connection 对象。连接本机的数据库，主机名填写 localhost 或者 IP "127.0.0.1" 都可以，都代表本机，数据库名我们使用上一小节创建的数据库 shop。MySQL 的默认端口是 3306，如果在安装、配置时做了修改，则需要在参数里通过指定 port 参数来进行端口的设置，如果没有修改，则无须提供 port 参数，将使用 3306 作为默认端口。如果成功连接，则不会有异常发生，所以该语句应当使用 try-except 语句包起来，避免因各种原因导致的连接失败引发程序异常。第 10 行关闭数据库连接，在使用完数据库之后，应当关闭与数据库的连接。如果一切正常，运行程序将会在命令行打印以下信息：

> 连接成功

本例演示了与数据库的连接和关闭，相关数据库、数据表、数据的操作在后面小节进行讲解。

需特别注意的是，在 MySQL 8.0 版本开始，密码的身份验证插件升级为更安全的 caching_sha2_password，以前版本是 mysql_native_password。如果你的 MySQL 数据库引擎版本是 8.0 及以后的，应当使用本节课使用的 mysql-connector-python 库。而作为连接以前版本的 MySQL，如 5.7 版本，该库也是向下兼容的。

其他资料可能介绍使用 mysql-connector 库（末尾没有 python），该库无法连接 MySQL 8.0 以后的版本，将报如下错误：

> 连接失败：Authentication plugin 'caching_sha2_password' is not supported

解决方法是卸载该库，安装新版的 mysql-connector-python 库，再进行数据库连接。

13.11 Python 操作 MySQL

本小节演示利用 mysql-connector-python 库进行数据库最常见的增删查改的操作，基于前面小节创建的数据库、表和数据来完成。整体思路都是在 Connection 对象上通过 cursor 方法得到"游标"对象，在游标对象上执行 execute 方法，再通过游标上的 fetch 相关方法来得到查询结果，或通过 Connection 对象上的 commit 方法来提交修改结果，等等。

13.11.1 查询数据

让我们通过实例来学习 mysql-connector-python 库在 MySQL 数据库中查询数据的操作。

试试看 13-2

```
01  import mysql.connector
02
03  try:
04      cnx = mysql.connector.connect(host="localhost", user="root",
            password="1qaz@WSX", database="shop")
05      cursor = cnx.cursor()                        # 得到游标对象
06
07      sql1 = "SELECT * FROM goods LIMIT 5"    # 筛选 5 条记录
08      cursor.execute(sql1)                        # 执行查询语句
09      # 迭代输出
10      for (id, name, price, sales, imageUrl, insertTime) in cursor:
11          print(f"ID: {id}, 商品名：{name}, 定价：{price}, 销量：
                {sales}, 上架时间：{insertTime}")
12
13      sql2 = 'SELECT name, price, sales FROM goods WHERE id = %s'
14      param = (2,)                                # 参数为元组
15      cursor.execute(sql2, param)                 # 执行查询语句
16      result = cursor.fetchone()                  # 取得 1 条记录
17      print(result)
18
19      sql3 = 'SELECT name, price, sales FROM goods ORDER BY
            insert_time DESC LIMIT 1'
20      cursor.execute(sql3)                        # 执行查询语句
21      result = cursor.fetchall()                  # 取得所有记录
```

```
22        for row in result:                          # 迭代输出
23            print(row)
24    except Exception as err:
25        print(f"发生错误：{err}")
26    finally:
27        if cnx and cnx.is_connected():               # 如果连接
28            cnx.close()                              # 关闭连接
```

第 1 行引入了 mysql.connector 模块。后面的代码全部包含在 try-except 块中，避免因数据库操作异常导致程序崩溃，需特别注意这种写法。在第 4 行打开了数据库连接，而在程序最末尾则必须检测数据库是否已连接，如果仍是连接状态，则必须关闭。第 5 行在连接对象上通过 cursor 方法，得到一个游标对象 cursor，后续的 SQL 语句都是在该对象上执行。第 7 行模拟一个获取 5 条商品信息的业务，select 语句里可使用 "limit n" 来限制输出 n 条信息，如果记录数量不足则以实际数量返回（其他数据库如 SQL Server 则使用 "TOP n" 来限制返回结果条数，各个数据库之间有所不同）。第 8 行执行游标对象上的 execute 执行查询。第 10 行对执行查询后的游标对象进行迭代，以获取每一行记录的所有字段的值。由于 goods 表有 6 个字段，而 sql 语句是选择所有字段（*），所以 for 循环里必须指定 6 个变量，用于匹配这 6 个字段，少一个将引发错误。第 11 行进行格式化输出。

第 13 行模拟了一个查询 id 为 n 的商品的指定信息，为防止 sql 注入危险，第 14 行使用元组来给出 sql 语句中 "%s" 的参数的替代值，不建议直接使用 SQL 语句字符串通过 "+" 号拼接来完成。有所不同的是，在游标执行 execute 方法后，再在游标上执行 fetchone 方法，获取一行记录，返回的是 SQL 中指定的商品名、定价、销量 3 个信息构成的元组。

第 19 行模拟了一个查询最新商品（即最后上架的商品、按上架时间倒排序）信息，并限制返回一条记录。其中 "order by ××× desc" 表示按 ××× 字段倒排序。第 21 行使用游标对象上的 fetchall 方法，用于返回所有的结果集，返回的将是一个元组列表。再对 result 进行迭代输出。

代码的运行结果如下：

```
ID: 1，商品名：Python 从入门到精通，定价：69.8，销量：0，上架时间：2024-
05-20 15:28:40
```

```
ID: 2，商品名：C++从入门到精通，定价：89.0，销量：0，上架时间：2024-05-20
15:29:00
ID: 3，商品名：C语言从入门到精通，定价：49.8，销量：0，上架时间：2024-05-
20 15:29:11
('C++从入门到精通', 89.0, 0)
('C语言从入门到精通', 49.8, 0)
```

第 4 行结果是 fetchone 返回单条记录的 3 元素元组，第 5 行结果是 fetchall 返回的多条记录迭代输出的结果，由于 SQL 语句中限制了 1 条，所以结果集列表也只有一条记录。

在实践中，除了查询出指定的值用于进一步计算（比如查出每天的订单汇总金额）外，更重要的是将查询结果返回给前端，一般使用的是上一章介绍的 JSON 格式。可对结果集利用 json 库的 dumps 方法，直接转成 JSON 格式字符串。

从上述运行结果来看，第 4、5 行返回的是元组，缺少字段名，直接转成 JSON 字符串不利于前端的解析，必须获取成包含字段名的字典。连接对象上的 cursor 默认返回的是元组，可通过指定 cursor_class 参数，设为 "cursor_cext. CMySQLCursorDict" 这个值，来强制返回字典格式，进而解析为 JSON 字符串。例如：

试试看 13-3

```
01  import mysql.connector, mysql.connector.cursor_cext
02  import json, datetime
03
04  def date_handler(obj):
05      return obj.isoformat() if isinstance(obj, datetime.datetime)
            else None
06  try:
07      cnx = mysql.connector.connect(host="localhost", user="root",
            password="1qaz@WSX", database="shop")
08
09      # 指定返回为字典对象
10      cursor = cnx.cursor(cursor_class=mysql.connector.cursor_cext.
            CMySQLCursorDict)
11      sql1 = "SELECT * FROM goods LIMIT 5"
12      cursor.execute(sql1)
13      result = cursor.fetchall()
```

```
14        # result 字典对象直接转 JSON 字符串
15        print(json.dumps(result, default=date_handler))
16
17        sql2 = 'SELECT name, price, sales FROM goods WHERE id = %s'
18        param = (2,)
19        cursor.execute(sql2, param)
20        result = cursor.fetchone()
21        print(json.dumps(result))
22
23    except Exception as err:
24        print(f" 发生错误 : {err}")
25    finally:
26        if cnx and cnx.is_connected():
27            cnx.close()
```

代码第 1 行引入了 cursor_cext 模块，第 2 行引入了 json 库。第 9 行通过指定 cursor_class 参数来让查询结果返回成字典格式。这 2 个例子和前面的业务一致，差别在于输出，对 result 直接进行 JSON 转换并输出。

有所不同的是，由于 goods 表中包含 datetime 类型的字段 insert_date，在查询出来的结果集中包含了 python 的 datetime 类型的值，默认情况下，json 库是无法正确解析 datetime 类型的值，直接 dumps 将引发异常。所以必须为其指定一个解析器，方法的定义在第 4、5 行，将该解析器传给 default 参数，方可顺利进行转换。转换之后的输出结果如下：

```
[{"id": 1, "name": "Python\u4ece\u5165\u95e8\u5230\u7cbe\u901a",
"price": 69.8, "sales": 0, "image_url": null, "insert_time": "2024-05-
20T15:28:40"}, {"id": 2, "name": "C++\u4ece\u5165\u95e8\u5230\u7cbe\
u901a", "price": 89.0, "sales": 0, "image_url": null, "insert_time":
"2024-05-20T15:29:00"}, {"id": 3, "name": "C\u8bed\u8a00\u4ece\u5165\
u95e8\u5230\u7cbe\u901a", "price": 49.8, "sales": 0, "image_url":
null, "insert_time": "2024-05-20T15:29:11"}]
{"name": "C++\u4ece\u5165\u95e8\u5230\u7cbe\u901a", "price": 89.0,
"sales": 0}
```

第 1 行输出了一个 3 个对象组成的列表，内容为 3 个商品的所有字段。第 2 行返回了商品 id 为 2 的 C++ 这本书的商品名、定价、销量信息。由于是 JSON 的对象类型，前端可方便进行解析，并获取相应的参数值，显示到网页上供用户浏览。

13.11.2 新增数据

如上一节所述，新增数据是通过 insert into 语句进行数据的插入。对商品表 goods 来说，由于 id 是自增的、图片路径是可空的、上架时间默认为当前时间，所以一次插入所必需的字段为商品名、定价和销量。让我们来上传一个新的商品：

试试看 13-4

```
01  import mysql.connector
02
03  try:
04      cnx = mysql.connector.connect(host="localhost", user="root",
            password="1qaz@WSX", database="shop")
05      cursor = cnx.cursor()                      # 得到游标对象
06
07      sql = "INSERT INTO goods (name, price, sales) VALUES (%s, %s, %s)"
08      param = ('Go 从入门到精通', 49.8, 0)      # 元组形式提供数据
09      cursor.execute(sql, param)
10      cnx.commit()                              # 正式提交插入
11      print(f"总共插入 {cursor.rowcount} 行, 插入记录分配的 id 为 {cursor.
            lastrowid}")
12
13      sql1 = "SELECT * FROM goods"              # 查询所有记录
14      cursor.execute(sql1)
15      for (id, name, price, sales, imageUrl, insertTime) in cursor:
16          print(f"ID: {id}, 商品名: {name}, 定价: {price}, 销量:
                {sales}, 上架时间: {insertTime}")
17  except Exception as err:
18      print(f"发生错误: {err}")
19  finally:
20      if cnx and cnx.is_connected():
21          cnx.close()
```

第 7 行是 insert into 的 SQL 插入语句，由于列举了 3 个字段，所以 values 后面的圆括号中，也需要给出相同数量的参数。第 8 行按顺序用元组格式给出要插入的值，字符串类型用引号括起，而数字直接填写即可。第 9 行执行 execute 方法，但是并不会马上执行插入操作，需要调用连接对象上的 commit，提交此次修

改，才会成功插入。第 11 行打印调试信息，游标对象上的 rowcount 是一个只读属性，返回执行 execute 方法后影响的行数，SQL 语句中只插入一条记录，所以 rowcount 将会是 1。而 lastrowid 属性将返回新插入的记录由于数据库自增而分配的 id，方便用于下一步操作。由于数据库中有 3 条记录，所以插入的新记录 id 应当为 4。需注意，"自增"并非找到一个最小的非占用 id，而应当理解为每插入一条记录，id 都加 1。假设表中有 3 条记录，插入一条，id 分配为 4，然后删除掉这一条记录，表中仍然有 3 条记录，此时如果再执行插入语句，将会分配 id 为 5，数据库自动维护这个自增的数。

为方便观看结果，第 13 行又将所有记录都打印出来，代码的执行结果如下：

```
总共插入 1 行，插入记录分配的 id 为 4
ID: 1, 商品名：Python 从入门到精通，定价：69.8，销量：0，上架时间：2024-
05-20 15:28:40
ID: 2, 商品名：C++ 从入门到精通，定价：89.0，销量：0，上架时间：2024-05-20
15:29:00
ID: 3, 商品名：C 语言从入门到精通，定价：49.8，销量：0，上架时间：2024-05-
20 15:29:11
ID: 4, 商品名：Go 从入门到精通，定价：49.8，销量：0，上架时间：2024-05-20
16:54:20
```

可以看到，新的商品已成功上传。

新增记录也可以实现批量上传，只需要将参数 param 指定为元组的列表，并且将 execute 方法替换为 executemany 方法即可，比如：

```
param = [('Java 从入门到精通', 69.8, 0),
         ('PHP 从入门到精通', 39.8, 0),
         ('iOS 从入门到精通', 49.8, 0)]
cursor.executemany(sql, param)
```

读者可自行尝试。

13.11.3 修改数据

在很多场景下，需要对数据库的内容进行修改，比如用户最后登录时间、商品销量增加、订单状态改变、修改商品价格、替换商品图片等等。数据库中实现修改数据的 SQL 语句是 update，相应的语法为：

```
UPDATE table_name
SET field1 = value1, field2 = value2, ...
WHERE condition
```

可在 SET 子句中对需要作修改的字段一一指定。WHERE 是一个可选的子句，用于指定更新的行，需要特别注意，如果省略 WHERE 子句，将更新表中的所有行，比如可定时在每年 1 月 1 日执行让整个用户表所有用户的年龄都加 1 的操作。

接下来结合实例讲解 UPDATE 语句的用法：

试试看 13-5

```
01   import mysql.connector
02
03   cnx = mysql.connector.connect(host="localhost", user="root",
         password="1qaz@WSX", database="shop")
04   cursor = cnx.cursor()
05
06   def sell(id):                          # 卖出商品
07       sql = "UPDATE goods SET sales = sales + 1 WHERE id = %s"
08       param = (id,)                      # 元组形式
09       cursor.execute(sql, param)
10       cnx.commit()                       # 正式提交修改
11       print(f"受影响 {cursor.rowcount} 行")
12
13   def modifyNameAndPrice(param):      # 修改商品名和价格
14       sql = "UPDATE goods SET name = %s, price = %s WHERE id = %s"
15       cursor.execute(sql, param)
16       cnx.commit()                       # 正式提交修改
17       print(f"受影响 {cursor.rowcount} 行")
18
19   try:
20       sell(1)
21       sell(1)
22       sell(2)
23       sell(3)
24       modifyNameAndPrice(('Python 进阶', 49, 1))
25
26       sql1 = "SELECT * FROM goods"
27       cursor.execute(sql1)
```

```
28      for (id, name, price, sales, imageUrl, insertTime) in cursor:
29          print(f"ID: {id}, 商品名：{name}, 定价：{price}, 销量：
                {sales}, 上架时间：{insertTime}")
30  except Exception as err:
31      print(f"发生错误：{err}")
32  finally:
33      if cnx and cnx.is_connected():
34          cnx.close()
```

第 6 行模拟了一个卖出商品的函数，入参为商品 id；第 7 行为实际的更新语句，在 goods 表中寻找商品 id 等于请求 id 的，将其销量字段的值增加 1。第 10 行同样使用 commit 方法正式提交修改，并在第 11 行利用游标对象上的 rowcount 属性返回受影响的行数，由于商品 id 是唯一的，期望输出 1。

第 13 行定义了一个修改商品属性的函数，入参为元组，通过指定商品 id，修改商品的名称和定价，同时打印出修改的行数。

第 20 至 23 行模拟分别卖出 id 为 1、2、3 的商品，第 24 行修改 id 为 1 的商品的商品名和定价，第 26 行起重新输出现在数据库中的所有商品。代码的执行结果如下：

```
受影响 1 行
受影响 1 行
受影响 1 行
受影响 1 行
受影响 1 行
ID: 1, 商品名：Python 进阶, 定价：49.0, 销量：2, 上架时间：2024-05-20
15:28:40
ID: 2, 商品名：C++ 从入门到精通, 定价：89.0, 销量：1, 上架时间：2024-05-20
15:29:00
ID: 3, 商品名：C 语言从入门到精通, 定价：49.8, 销量：1, 上架时间：2024-05-
20 15:29:11
ID: 4, 商品名：Go 从入门到精通, 定价：49.8, 销量：0, 上架时间：2024-05-20
16:54:20
```

可以看到前面 4 次卖出的受影响行数均为 1 行，修改商品信息的受影响行数也是 1 行。经过修改之后，id 为 1 的商品改变了商品名和定价，并且销量从 0 增加到 2，id 为 2、3 的商品销量增加到 1。

在实践中，还会为数据表增加 update_time 字段，用于记录对某一行的修改时间。比如，一般会在第 13 行修改商品函数里加上如下操作来记录该商品的更新时间。

```
UPDATE goods SET update_time = now() WHERE id = %s
```

13.11.4　删除数据

如果某些数据在数据库中不再需要了，可将其删除。删除记录使用的是 DELETE 语句，其语法为：

```
DELETE FROM table_name WHERE condition
```

该语法表示从数据表中删除数据。WHERE 是一个可选的子句，用于指定删除的行。需要特别特别注意的是，如果省略 WHERE 子句，将删除指定表中所有的行，这可能导致灾难性后果。

当商品不再需要了，可将其删除，例如：

试试看 13-6

```
01  import mysql.connector
02
03  try:
04      cnx = mysql.connector.connect(host="localhost", user="root",
              password="1qaz@WSX", database="shop")
05      cursor = cnx.cursor()
06
07      sql = "DELETE FROM goods WHERE id = %s"
08      param = (2,)                                # 元组形式的值
09      cursor.execute(sql, param)
10      cnx.commit()                               # 正式提交修改
11      print(f"受影响 {cursor.rowcount} 行")
12
13      sql1 = "SELECT * FROM goods"
14      cursor.execute(sql1)
15      for (id, name, price, sales, imageUrl, insertTime) in cursor:
16          print(f"ID: {id}, 商品名: {name}, 定价: {price}, 销量:
                {sales}, 上架时间: {insertTime}")
17  except Exception as err:
18      print(f"发生错误: {err}")
```

```
19  finally:
20      if cnx and cnx.is_connected():
21          cnx.close()
```

第 7 行使用 DELETE 语句，删除 id 匹配的商品，第 8 行传入元组参数 2，并在第 10 行使用游标对象上的 commit 提交修改。代码执行结果如下：

```
受影响 1 行
ID: 1, 商品名：Python 进阶，定价：49.0，销量：2，上架时间：2024-05-20
15:28:40
ID: 3, 商品名：C语言从入门到精通，定价：49.8，销量：1，上架时间：2024-05-
20 15:29:11
ID: 4, 商品名：Go 从入门到精通，定价：49.8，销量：0，上架时间：2024-05-20
16:54:20
```

删除了 1 行，所以受影响的行数为 1。从新的商品列表可以看出，id 为 2 的商品已经删除。

在实践中，除非必要，一般不对数据进行物理删除，取而代之的是"逻辑删除"，即通过增加 is_delete 字段，来标明这一行是否已删除，默认值为 0。当修改为 1 时，则表示该商品已删除，在显示商品列表时应当将其剔除。这样做的好处为，比如有用户购买了 id 为 2 的商品，在其用户订单列表中显示该商品的信息。而当物理删除了 id 为 2 的商品，可能导致该用户订单列表里的商品显示异常，因为无法找到该商品的商品名、定价等信息。

13.12 SQLAlchemy 与 ORM

13.12.1 SQLAlchemy 简介

在前面的小节里，我们都通过直接编写 SQL 语句来进行数据库的操作，这样带来的弊端，一个是容易出错，另一个是不易于维护。在前面可以看到，goods 表对应的商品模型，在现实中是存在的，可创建出一个包含这些字段的 Python 商品类。

ORM（Object Relational Mapping，对象关系映射）技术可以将关系型数据库中的表映射为 Python 中的类，实现了对象与数据库之间的自动转换。通过 ORM，开发者可以使用 Python 代码来创建表、插入数据、查询数据等，无须编写烦琐的

SQL 语句，大大简化了数据库操作的过程，提高开发效率。使用 ORM 后，数据库操作被封装在 Python 类中，通过类的属性和方法来访问和操作数据库中的数据，而无须关心底层 SQL 语句的实现细节，使代码更加清晰易读。ORM 框架通常会提供一些验证和约束机制，以确保数据的完整性和一致性，这有助于减少因手动编写 SQL 语句而引入的错误。

SQLAlchemy 库使用 ORM 技术，将表中的行映射为类的实例，将表中的列映射为类的属性，简化 Python 程序与关系型数据库之间的交互过程。SQLAlchemy 起源于 Python 社区对关系型数据库持久化操作的需求，它旨在提供一个强大且灵活的框架，让开发者能够用 Python 语言来操作关系型数据库。随着 Python 在 Web 开发、数据分析、科学计算等领域的广泛应用，对数据库操作的需求也日益增长。SQLAlchemy 作为 Python 中最为流行的 ORM 工具之一应运而生，并逐渐成为 Python 开发者处理数据库操作的首选工具。它的特点主要有：

◇ 易用性

SQLAlchemy 的 API 设计简洁直观，易于上手，开发者只需定义好模型类和数据库连接，就可以使用 Python 代码来操作数据库，无须关心底层 SQL 语句的编写。

◇ 灵活性

SQLAlchemy 提供了丰富的配置选项和扩展接口，使得开发者可以根据自己的需求进行定制和扩展，无论是简单的增删查改操作还是复杂的查询和关联，SQLAlchemy 以其丰富的查询功能都能提供灵活的支持，使得数据检索变得更加简单高效。

◇ 高性能

SQLAlchemy 在性能方面也表现出色，它采用高效的查询构建和执行机制，能够生成优化的 SQL 语句，减少数据库访问的开销，同时它还提供连接池管理功能，能够复用数据库连接，提高系统的并发性能。

◇ 扩展性

SQLAlchemy 支持多种数据库后端和扩展插件，如 MySQL、PostgreSQL、SQLite 等，开发者可以根据项目需求选择适合的数据库系统，并通过扩展插件来增强功能。

◇ 其他

SQLAlchemy 还提供事务控制等高级功能，帮助开发者更好地管理数据库连接和事务。

首先进行 sqlalchemy 库的安装，在命令行中使用以下命令进行安装：

```
pip install sqlalchemy
```

13.12.2　实体定义

为了与数据库中的 goods 表进行对应，我们需要定义一个 Goods 实体类，它将包含表中所有字段。为了对象打印方便，为其编写一个 __repr__ 方法以显示为可读的字符串：

```
class Goods(Base):
    __tablename__ = 'goods'

    id = Column(Integer, primary_key=True)
    name = Column(String)
    price = Column(Float)
    sales = Column(Integer)
    image_url = Column(String)
    insert_time = Column(DateTime)

    def __repr__(self):
        return f"{self.__class__.__name__}(id: {self.id}, name:
            '{self.name}', price: {self.price}, sales:{self.sales})"
```

其中，Base 是 sqlalchemy.orm.declarative_base 类的一个实例，所有实体类都应当继承自这个类。接着使用预定义的字段 __tablename__ 来表示需要操作的是哪张数据表。然后列出 goods 表里的 6 个字段，并表明其数据类型。Column 是 sqlalchemy 库中的类，不同的数据类型也都属于 sqlalchemy 库中的类。其中 id 字段使用 primary_key 参数标明了主键。最后定义一个 __repr__ 方法，打印对象，用于调试输出。

ORM 就是这样，在定义好实体类之后，只要连接上数据库，对数据表中数据的操作就可以转化为对对象的操作，其中实际执行的 SQL 语句都由操作引擎——SQLAlchemy 库来自动完成。

13.12.3 整体实例

下面结合上一节数据库的情况，给出一个完整的 SQLAlchemy 进行增删查改操作的例子，结合例子进行解释：

试试看 13-7

```
01  from sqlalchemy.orm import Session, declarative_base
02  from sqlalchemy import create_engine, Column, Integer, String,
        Float, DateTime
03
04  Base = declarative_base()                    # declarative_base 类的一个实例
05
06  class Goods(Base):                           # 继承自基类
07      __tablename__ = 'goods'                  # 数据表名
08
09      id = Column(Integer, primary_key=True)   # 主键
10      name = Column(String)
11      price = Column(Float)
12      sales = Column(Integer)
13      image_url = Column(String)
14      insert_time = Column(DateTime)
15
16      def __repr__(self):                      # 对象可视化显示
17          return f"{self.__class__.__name__}(id: {self.id}, name:
                '{self.name}', price: {self.price}, sales:{self.sales})"
18
19  # 数据库引擎与连接字符串，需要输出调试信息
20  engine = create_engine('mysql+mysqlconnector://python:123456@
        localhost/shop', echo=True)
21  session = Session(engine)                    # 开启会话
22
23  # 查询操作
24  allgoods = session.query(Goods).all()
25  print("所有商品: " + str(allgoods))
26  goods = session.query(Goods).filter_by(id=1).first()
27  print("id=1 的商品: " + str(goods))
28  price_greater_than_49 = session.query(Goods).filter(Goods.price >
        49).all()
29  print("价格大于 49 的商品: " + str(price_greater_than_49))
```

```
30
31  # 新增操作
32  new_goods = Goods(name='Linux 从入门到精通', price=39.8, sales=0)
33  session.add(new_goods)
34  session.commit()
35
36  # 修改操作
37  goods = session.query(Goods).filter_by(id=4).first()
38  goods.price = 69.9
39  session.commit()
40
41  session.query(Goods).filter(Goods.name.like('% 从入门到精通 %')).
        update({'sales': 300})
42  session.commit()
43
44  # 删除操作
45  session.query(Goods).filter(Goods.id==3).delete()
46  session.commit()
47
48  allgoods = session.query(Goods).all()
49  print("修改后所有商品: " + str(allgoods))
50
51  session.close()
```

第 1 行从 sqlalchemy.orm 模块中引入用于创建数据库会话的 Session 模块，和用于实体类定义的 declarative_base。第 2 行则从 sqlalchemy 中引入用于创建数据库引擎的 create_engine 方法，以及上一小节提到的字段的数据类型。第 6 至 17 行为我们定义的实体类。第 20 行最为关键，它使用 create_engine 方法创建了一个用于连接 MySQL 的引擎，该方法的参数为：

数据库类型 + 驱动库 ://username:password@localhost/dbname

SQLAlchemy 库可用于连接 MySQL、PostgreSQL、SQLite 等数据库，"+"号前面用于指定数据库类型。SQLAlchemy 本身不带数据库驱动，需要自己提供。对 MySQL 来说，有 pymysql 或者我们所采用的 MySQL 官方库 mysql-connector-python 可选，所以第 2 个参数为 mysqlconnector。后面根据实际情况分别填入数据库用户名、密码、主机名、数据库名即可。特别注意的是，如果密码里边包含

"@"字符，则将错误解释"@"后面的字符为主机名而导致错误，所以如果数据库密码里包含"@"字符，则需要采用以下的方法来提供参数，如果端口不是默认的 3306，则还需要带上 port 参数：

```
engine = create_engine('mysql+mysqlconnector://',
          connect_args={'user': 'python',
                        'password': '1qaz@WSX',
                        'host': 'localhost',
                        'database': 'shop'})
```

create_engine 方法还有一个 echo 参数，在调试阶段我们将其设置为 True，可在命令行中观察到每个数据库操作实际对应的 SQL 语句，方便我们进行调试、学习。第 21 行使用该引擎创建一个连接数据库的会话，该会话必须在执行完我们所需操作之后，在第 51 行代码最后执行 close 方法对其关闭。

仔细对比所有的操作，都是以 "session.query(Goods)" 开头，表示对 Goods 实体对应的表 goods 进行查询操作。SQL 的 where 子句则对应 filter 方法或者 filter_by 方法，其中 filter 方法中必须指定一个返回布尔值的表达式，并且字段名的指定需要带上实体类，而 filter_by 则提供按照某个字段进行筛选，使用字段名作参数。例如以下两者是等价的，都将解析为 "WHERE id = 3" 子句。

```
session.query(Goods).filter(Goods.id==3)
session.query(Goods).filter_by(id=3)
```

在上一节末尾操作完数据库之后，goods 表中的数据如图 13-32 所示。

#	id	name	price	sales	image_url	insert_time
1	1	Python进阶	49	2	(NULL)	2024-05-20 15:28:40
2	3	C语言从入门到精通	49.8	1	(NULL)	2024-05-20 15:29:11
3	4	Go从入门到精通	49.8	0	(NULL)	2024-05-20 16:54:20

图13-32　当前goods数据表中的数据

第 24 行执行 all 方法，将返回所有 3 行数据，结果为 Goods 对象列表。第 26 行筛选 id 为 1 的、并使用 first 方法只返回第一项，结果为单个 Goods 对象。第 29 行筛选所有价格大于 49 元的商品，将输出第 3、4 条记录。

第 32 行定义一个新商品，并调用 session 上的 add 方法，可直接往数据表中插入行，体现了 ORM 的方便。需注意，增删改操作，需要使用 commit 方法进行提交。

要修改数据之前必须先进行查询，对结果集进行修改。第 37 行筛选 id 为 4 的商品，返回 Goods 对象，再将该对象的 price 属性修改为 69.9 并提交，则可将数据表中相应数据进行修改。修改数据也可通过第 41 行的操作来完成。filter 方法里以商品名包含"从入门到精通"为条件进行筛选。得到的是对象列表，再在列表上执行 update 方法，并设定修改 sales 字段，值为 300，将第 3、4 行及新增的第 5 个商品的销量修改为 300。修改的操作有以上两种，如果对单个对象进行操作，推荐使用属性进行修改。而如果结果集有多个，则推荐采用 update 的方法进行修改。

删除的操作比较简单，直接对结果集调用 delete 方法删除即可，第 45 行模拟删除了 id 为 3 的商品。最后输出当前 goods 表的最新所有商品，应当剩下 1、4、5 条记录。

运行程序，可看到命令行中的输出如下（剔除 SQLAlchemy 调试日志部分）：

```
所有商品：[Goods(id: 1, name: 'Python 进阶', price: 49.0, sales:2),
Goods(id: 3, name: 'C 语言从入门到精通', price: 49.8, sales:1), Goods(id:
4, name: 'Go 从入门到精通', price: 49.8, sales:0)]
id=1 的商品：Goods(id: 1, name: 'Python 进阶', price: 49.0, sales:2)
价格大于 49 的商品：[Goods(id: 3, name: 'C 语言从入门到精通', price: 49.8,
sales:1), Goods(id: 4, name: 'Go 从入门到精通', price: 49.8, sales:0)]
修改后所有商品：[Goods(id: 1, name: 'Python 进阶', price: 49.0, sales:2),
Goods(id: 4, name: 'Go 从入门到精通', price: 69.9, sales:300), Goods(id:
5, name: 'Linux 从入门到精通', price: 39.8, sales:300)]
```

可以看到运行结果符合预期，商品筛选正确，插入、更新、删除均成功执行。当前数据表中的数据如图 13-33 所示。

#	id	name	price	sales	image_url	insert_time
1	1	Python进阶	49	2	(NULL)	2024-05-20 15:28:40
2	4	Go从入门到精通	69.9	300	(NULL)	2024-05-20 16:54:20
3	5	Linux从入门到精通	39.8	300	(NULL)	(NULL)

图13-33 最新goods表的数据

这里有个问题，在执行新增商品时，无论在 HeidiSQL 中直接输入，还是在 insert into 语句中，我们仅提供了商品名、价格、销量 3 个参数，id 和插入时间均自动带出，而在图 13-33 中可以看到 id 为 5 的商品，插入时间为空。这是为什么呢？让我们查看 SQLAlchemy 关于插入这部分的调试日志：

```
2024-05-21 10:01:15,840 INFO sqlalchemy.engine.Engine INSERT INTO
goods (name, price, sales, image_url, insert_time) VALUES (%(name)s,
%(price)s, %(sales)s, %(image_url)s, %(insert_time)s)
2024-05-21 10:01:15,841 INFO sqlalchemy.engine.Engine [generated in
0.00160s] {'name': 'Linux 从入门到精通', 'price': 39.8, 'sales': 0,
'image_url': None, 'insert_time': None}
2024-05-21 10:01:15,847 INFO sqlalchemy.engine.Engine COMMIT
```

从语句中不难看出，由于我们在定义新对象时没有指定 insert_time 属性的值，在 insert into 语句中自动加上了 "'insert_time': None" 导致的 NULL 值。这个差别需要注意。而且，在调试、学习阶段，打开 echo 输出日志对分析结果还是很有必要的。读者可从该例其他输出日志，学习 SQLAlchemy 对 ORM 实现的方法，比如以下语句等：

```
2024-05-21 10:02:49,194 INFO sqlalchemy.engine.Engine UPDATE goods SET
price=%(price)s WHERE goods.id = %(goods_id)s
2024-05-21 10:02:49,195 INFO sqlalchemy.engine.Engine [generated in
0.00095s] {'price': 69.9, 'goods_id': 4}
```

13.13　小结

本章从数据库的概念出发，介绍了数据库的分类、SQL 语言、数据库数据类型等内容。再以关系型数据库 MySQL 为例，介绍数据库服务器的安装、配置，并利用可视化工具 HeidiSQL 进行数据库、表的创建及数据的插入。接着详细介绍 Python 操作 MySQL 的方法，并在最后介绍使用 ORM 操作数据库的例子。本章内容有一定难度，在实践中也较为重要，需花时间加以消化掌握。

第 14 章　日期与时间

在日常程序开发中，日期与时间的处理十分常见。Python 提供许多和日期时间相关的模块，提供包括获取当前日期和时间、按一定格式输出日期时间、计算和比较日期时间等方法。本章将对 Python 中常见的日期与时间处理进行介绍。

14.1　datetime 模块

datetime 模块提供用于处理日期和时间的类，可对日期和时间进行处理，支持从公元 0001 年到 9999 年间的日期。datetime 模块中的 datetime.MINYEAR（值为 1）和 datetime.MAXYEAR（值为 9999）常量即表示了该范围。

14.1.1　date 对象

date 对象表示一个日历中的日期（包含年、月、日），由于 datetime 模块支持的最小年份为 1 年，所以 date 对象可表示的日期最小值为公元 1 年 1 月 1 日。

date 对象的构造函数需传入三个必要的参数，其原型为：

```
datetime.date(year, month, day)
```

其中，year 取值应在 MINYEAR 和 MAXYEAR 之间，month 取值在 1 到 12 之间，day 取值应是一个合理有效的数字，根据给定的年月限定了当月的最大天数。如果参数超过允许的取值范围，则将抛出 ValueError 异常。例如：

试试看 14-1

```
01  import datetime
02
03  date = datetime.date(2024, 4, 28)
04  print(date)
```

运行结果如下：

```
2024-04-28
```

today 方法可以返回当前的本地日期：

试试看 14-2

```
01  import datetime
02
03  today = datetime.date.today()
04  print(today)
```

weekday 方法用于返回当天是星期几，返回值为 0-6，分别表示星期一至星期天：

试试看 14-3

```
01  import datetime
02
03  weekdaystring = '一二三四五六天'
04  weekday = datetime.date(2024, 4, 28).weekday()
05  print('星期' + weekdaystring[weekday])
```

代码第 4 行获取 2024 年 4 月 28 日的星期数值，结果为 6，再在第 5 行用字符串拼接，获取成可读性更强的"星期天"。

与 weekday 方法类似，isoweekday 则通过返回 1-7 的整数值来分别表示星期一至星期天。

isoformat 方法用于格式化一个日期，即"yyyy-mm-dd"的标准格式：

试试看 14-4

```
01  import datetime
02
03  date = datetime.date(2024, 4, 28)
04  print(date.isoformat())
```

执行结果与直接打印 date 对象相同。

strftime 方法可通过传递格式化字符串来规范日期的显示。Python 中时间和日期的格式化符号见表 14-1。

表 14-1 时间和日期的格式化符号

符号	含义
%y	两位数的年份表示（00 ~ 99）
%Y	四位数的年份表示（0000 ~ 9999）

（续表）

符号	含义
%m	月份（01 ~ 12）
%d	月内中的一天（01 ~ 31）
%H	24 小时制小时数（00 ~ 23）
%I	12 小时制小时数（01 ~ 12）
%M	分钟数（00 ~ 59）
%S	秒数（00 ~ 59）
%f	微秒数（000000 ~ 999999）
%a	本地简化星期名称
%A	本地完整星期名称
%b	本地简化的月份名称
%B	本地完整的月份名称
%c	本地相应的日期表示和时间表示
%j	年内的一天（001 ~ 366）
%p	本地 A.M. 或 P.M. 的等价符
%U	一年中的星期数（00 ~ 53），星期天为星期的开始
%w	星期（0 ~ 6），星期天为星期的开始
%W	一年中的星期数（00 ~ 53），星期一为星期的开始
%x	本地相应的日期表示
%X	本地相应的时间表示
%Z	当前时区的名称

试试看 14-5

```
01  import datetime
02
03  date = datetime.date(2024, 4, 28)
04  print(date.strftime("%y-%m-%d"))
05  print(date.strftime("%Y-%b-%d"))
```

运行结果如下：

```
24-04-28
2024-Apr-28
```

Python 3.8 版本起还增加了 year、month、day 三个实例的属性，可分别返回一个 date 对象的年、月、日三个分量。

14.1.2 time 对象

time 对象表示一个一天中的时间，它假设每一天都恰好等于 $24 \times 60 \times 60$ 秒。其最小值为 time.min，值为 0，最大值为 time.max，值为 23:59:59.999999。time 对象的构造函数为：

```
datetime.time(hour=0, minute=0, second=0, microsecond=0, tzinfo=None,
*, fold=0)
```

所有参数都是可选的，而且必须是合法的，比如 hour 应该在 [0, 24) 范围内，minute、second 应该在 [0, 60) 范围内，微秒取值范围为 [0, 1 000 000)。从原型可以看出，除 tzinfo 默认值为 None 外，其他参数默认值为 0。fold 参数较少用，一般保持默认值 0 即可。

试试看 14-6

```
01  import datetime
02
03  time1 = datetime.time()
04  time2 = datetime.time(hour=14, second=8)
05  print(time1)
06  print(time2)
```

运行结果如下：

```
00:00:00
14:00:08
```

可以看到，未指定的参数默认为 0，所有参数未指定，则返回一个 00:00:00 的时间。

isoformat 方法可返回格式化的时间，即 "HH:MM:SS" 格式的时间字符串。

strftime 方法可利用时间的格式化符号来格式化输出时间，例如：

试试看 14-7

```
01  import datetime
02
03  time = datetime.time(hour=14, second=8, microsecond=12345)
04  print(time.strftime("%H:%M:%S"))
05  print(time.strftime("%I:%M:%S.%f %p"))
```

格式化符号的含义可参见表 14-1，上述代码运行结果如下：

```
14:00:08
02:00:08.012345 PM
```

14.1.3 datetime 对象

datetime 对象可看作是 date 和 time 对象的复合体，具有与 date 和 time 对象类似的构造函数、常见方法。其构造方法为：

```
datetime.datetime(year, month, day, hour=0, minute=0, second=0,
microsecond=0, tzinfo=None, *, fold=0)
```

参数说明及取值范围与 date、time 对象相同。datetime 类提供 today、weekday、isoweekday、strftime 等方法，使用方法也与 date、time 对象类似，不再赘述。

datetime 对象上的 year、month、day、hour、minute、second、microsecond 等属性可获取该对象的不同分量。min、max 表示最小、最大的可表示范围。可分别调用 date、time 来获取 date 及 time 对象，而通过调用 combine 方法，可将两个 date 和 time 对象组合成一个 datetime 对象。

now 函数返回表示当前地区的日期和时间的对象，而通过传入 datetime.UTC 参数则可返回表示当前 UTC 时间的日期时间信息，由于中国的时区为东八区，故 UTC 时间比系统时间早 8 小时。

一个综合说明 datetime 对象的例子如下：

试试看 14-8

```
01  import datetime
02
03  now = datetime.datetime.now()
04  utcnow = datetime.datetime.now(datetime.UTC)
05  print(now)
```

```
06  print(utcnow)
07
08  print(now.date())
09  print(now.time())
10
11  date = datetime.date(2024, 4, 28)
12  time = datetime.time(hour=14, second=8, microsecond=12345)
13  datetime = datetime.datetime.combine(date, time)
14  print(datetime)
15  print(datetime.strftime("%Y-%m-%d %H:%M:%S"))
```

运行结果如下：

```
2024-04-28 10:18:09.273824
2024-04-28 02:18:09.274822+00:00
2024-04-28
10:18:09.273824
2024-04-28 14:00:08.012345
2024-04-28 14:00:08
```

14.1.4 timedelta 对象

timedelta 用来表示两个 date 对象、两个 time 对象或两个 datetime 对象之间的时间间隔，可精确到微秒，其原型为：

```
datetime.timedelta(days=0, seconds=0, microseconds=0, milliseconds=0,
minutes=0, hours=0, weeks=0)
```

如原型所示，所有参数都是可选的，并且默认值为 0，这些参数可以是整数或者浮点数，可以是正数或负数。timedelta 对象实际存储的参数只有 days、seconds、microseconds 三个，其他不同的参数将按常规的换算规则自动进行换算。而输出时也将自动进行处理，确保微秒、秒数均在正常的取值范围内。例如：

试试看 14-9

```
01  from datetime import timedelta
02
03  timedelta = timedelta(seconds=24*60*60+1, milliseconds=1001)
04  print(timedelta)
```

运行结果为：

```
1 day, 0:00:02.001000
```

从结果可以看出，秒数超过 1 天的，将被自动进位到天，毫秒数超过 1 秒的，也将被自动进位到秒。

两个 date、time 或 datetime 相减，自动得到 timedelta 的对象，可用此来计算两个日期或时间之间的间隔，例如：

试试看 14-10

```
01  import datetime
02
03  date1 = datetime.date(2008, 8, 8)
04  date2 = datetime.date.today()
05  print("距离北京奥运已过去: ", (date2 - date1))
```

还可灵活运用日期时间对象和 timedelta 的运算，来求得一个距离现在多少天或者多少秒的日期时间，例如：

试试看 14-11

```
01  import datetime
02
03  date1 = datetime.date.today()
04  date2 = date1 + datetime.timedelta(days=-30)
05  print(date2)
06
07  time1 = datetime.datetime.now()
08  time2 = time1 + datetime.timedelta(hours=-6)
09  print(time2)
```

运行结果如下：

```
2024-03-29
2024-04-28 04:20:02.068446
```

分别得到当前日期往前 30 天的日期，及当前时间往前 6 小时的时间。

14.2　time 模块

time 模块主要用于处理时间戳，即格林尼治时间公元 1970 年 1 月 1 日 0 时 0 分 0 秒以来的浮点秒数。在 Python 中，很多 Python 函数用一个元组装起来的 9 组数字处理时间：

表 14-2 时间元组

序号	字段	值
0	4 位数年	2008
1	月	1 到 12
2	日	1 到 31
3	小时	0 到 23
4	分钟	0 到 59
5	秒	0 到 61（60 或 61 是闰秒）
6	一周的第几日	0 到 6（0 是周一）
7	一年的第几日	1 到 366
8	夏令时	-1，0，1（-1 是决定是否为夏令时的标志）

上述也就是 struct_time 元组（time.struct_time 对象）。这种结构具有的属性见表 14-3。

表 14-3 struct_time 元组的属性

序号	属性	值
0	tm_year	2008
1	tm_mon	1 到 12
2	tm_mday	1 到 31
3	tm_hour	0 到 23
4	tm_min	0 到 59
5	tm_sec	0 到 61（60 或 61 是闰秒）
6	tm_wday	0 到 6（0 是周一）
7	tm_yday	1 到 366
8	tm_isdst	-1，0，1（-1 是决定是否为夏令时的标志）

14.2.1 time 函数

该函数用于返回当前时间的时间戳，以浮点数表示，例如：

试试看 14-12

```
01  import time
02
03  now = time.time()
04  print("当前的时间戳为: ", now)
```

结果表示当前时间到 1970 年 1 月 1 日零点的秒数，当前运行结果为：

```
当前的时间戳为:  1714162862.2231302
```

14.2.2 sleep 函数

该函数用于推迟调用线程的运行，参数 seconds 表示需要延迟的浮点秒数，表示进程挂起的时间。例如：

试试看 14-13

```
01  import time
02  import datetime
03
04  print("开始时间: ", datetime.datetime.now())
05  time.sleep(8.49)
06  print("延迟 8.49 秒后, 时间为: ", datetime.datetime.now())
```

运行结果为：

```
开始时间:  2024-04-28 10:21:54.259021
延迟 8.49 秒后, 时间为:  2024-04-28 10:22:02.749520
```

当执行到代码第 5 行时，主进程挂起，等待指定的延迟秒数后，程序才继续往下执行。

14.2.3 perf_counter/process_time 函数

Python 3.8 版本已移除了 clock 方法，作为替代，可用 perf_counter 来返回系统运行时间，或使用 process_time 来返回进程运行时间。这两个函数可用来以浮点数计算的秒数返回当前 CPU 时间，衡量不同程序的运行耗时。例如：

试试看 14-14

```
01  import time
02
03  def procedure():
04      time.sleep(3.2)
05
06  t0 = time.perf_counter()
07  procedure()
08  print("实际经过秒数：", time.perf_counter() - t0)
```

一种可能的运行结果为：

```
实际经过秒数： 3.19891874
```

14.2.4 localtime 函数

```
localtime([seconds])
```

该函数用于将时间戳格式化为本地时间，返回 struct_time 对象。可选参数 seconds 可传入一个时间戳，默认为当前的时间戳。例如：

试试看 14-15

```
01  import time
02
03  print(time.localtime())
```

运行结果为一个 struct_time 对象：

```
time.struct_time(tm_year=2024, tm_mon=4, tm_mday=28, tm_hour=10, tm_
min=22, tm_sec=50, tm_wday=6, tm_yday=119, tm_isdst=0)
```

14.2.5 mktime 函数

```
mktime(tuple)
```

该函数与 localtime 函数相反，接收一个 9 位元素的元组，返回用秒数来表示时间的浮点数。例如：

试试看 14-16

```
01  import time
02
```

```
03  t = (2024, 4, 28, 14, 0, 8, 1, 1, 0)
04  print(time.mktime(t))
```

运行结果为：

```
1714284008.0
```

14.2.6 strftime 函数

```
strftime(format, tuple)
```

该函数用来接收一个时间元组，并格式化输出，其中，格式化符号在前一小节有详细介绍。例如：

试试看 14-17

```
01  import time
02
03  t = (2024, 4, 28, 14, 0, 8, 1, 1, 0)
04  print(time.strftime("%b %d %Y %H:%M:%S", t))
```

经过格式化的时间结果为：

```
Apr 28 2024 14:00:08
```

14.3 calendar 模块

calendar 模块提供与日历相关的方法。在该模块中，默认情况下，星期一是每周的第一天，星期天是最后一天，可通过调用 setfirstweekday(weekday) 方法来设置每周的起始日，0 表示星期一，6 表示星期天。

isleap(year) 方法用来判断是否为闰年，leapdays(year1, year2) 方法用来判断两个年份之间的闰年总数（不包含 year2），例如：

试试看 14-18

```
01  import calendar
02
03  print(calendar.isleap(2024))
04  print(calendar.isleap(2025))
05
06  print(calendar.leapdays(1901, 2000))
```

代码的第 6 行，2000 年虽然是闰年，由于不包含 2000 年，所以返回的百年间闰年总数为 24 个。运行结果为：

```
True
False
24
```

weekday(year, month, day) 方法用来返回一个给定日期的星期，返回值 0 表示星期一，6 表示星期天。month(year, month, w=2, l=1) 方法用来返回一个多行字符串格式的指定年月的日历，w 指定每日的宽度间隔，每行的长度为 7×w+6，l 为每星期的行数，例如：

试试看 14-19

```
01  import calendar
02
03  print(calendar.month(2024, 4))
04  print(calendar.month(2024, 4, 3))
05  print(calendar.month(2024, 4, 3, 2))
```

运行结果为：

```
     April 2024
Mo Tu We Th Fr Sa Su
 1  2  3  4  5  6  7
 8  9 10 11 12 13 14
15 16 17 18 19 20 21
22 23 24 25 26 27 28
29 30

      April 2024
Mon Tue Wed Thu Fri Sat Sun
  1   2   3   4   5   6   7
  8   9  10  11  12  13  14
 15  16  17  18  19  20  21
 22  23  24  25  26  27  28
 29  30
```

```
            April 2024

Mon Tue Wed Thu Fri Sat Sun

  1   2   3   4   5   6   7

  8   9  10  11  12  13  14

 15  16  17  18  19  20  21

 22  23  24  25  26  27  28

 29  30
```

calendar(year, w=2, l=1, c=6) 方法可打印一整年的日历, 例如:

试试看 14-20

```
01  import calendar
02
03  calendar.setfirstweekday(6)
04  print(calendar.calendar(2025, 3))
```

运行结果为:

```
                                            2025

        January                   February                     March
Sun Mon Tue Wed Thu Fri Sat   Sun Mon Tue Wed Thu Fri Sat   Sun Mon Tue Wed Thu Fri Sat
            1   2   3   4                             1                             1
  5   6   7   8   9  10  11     2   3   4   5   6   7   8     2   3   4   5   6   7   8
 12  13  14  15  16  17  18     9  10  11  12  13  14  15     9  10  11  12  13  14  15
 19  20  21  22  23  24  25    16  17  18  19  20  21  22    16  17  18  19  20  21  22
 26  27  28  29  30  31        23  24  25  26  27  28        23  24  25  26  27  28  29
                                                             30  31

         April                       May                        June
Sun Mon Tue Wed Thu Fri Sat   Sun Mon Tue Wed Thu Fri Sat   Sun Mon Tue Wed Thu Fri Sat
        1   2   3   4   5                   1   2   3         1   2   3   4   5   6   7
  6   7   8   9  10  11  12     4   5   6   7   8   9  10     8   9  10  11  12  13  14
 13  14  15  16  17  18  19    11  12  13  14  15  16  17    15  16  17  18  19  20  21
 20  21  22  23  24  25  26    18  19  20  21  22  23  24    22  23  24  25  26  27  28
 27  28  29  30               25  26  27  28  29  30  31    29  30
```

	July							August							September					
Sun	Mon	Tue	Wed	Thu	Fri	Sat	Sun	Mon	Tue	Wed	Thu	Fri	Sat	Sun	Mon	Tue	Wed	Thu	Fri	Sat
	1	2	3	4	5						1	2	1	2	3	4	5	6		
6	7	8	9	10	11	12	3	4	5	6	7	8	9	7	8	9	10	11	12	13
13	14	15	16	17	18	19	10	11	12	13	14	15	16	14	15	16	17	18	19	20
20	21	22	23	24	25	26	17	18	19	20	21	22	23	21	22	23	24	25	26	27
27	28	29	30	31			24	25	26	27	28	29	30	28	29	30				
							31													

	October							November							December					
Sun	Mon	Tue	Wed	Thu	Fri	Sat	Sun	Mon	Tue	Wed	Thu	Fri	Sat	Sun	Mon	Tue	Wed	Thu	Fri	Sat
		1	2	3	4							1		1	2	3	4	5	6	
5	6	7	8	9	10	11	2	3	4	5	6	7	8	7	8	9	10	11	12	13
12	13	14	15	16	17	18	9	10	11	12	13	14	15	14	15	16	17	18	19	20
19	20	21	22	23	24	25	16	17	18	19	20	21	22	21	22	23	24	25	26	27
26	27	28	29	30	31		23	24	25	26	27	28	29	28	29	30	31			
							30													

14.4 dateutil 库

dateutil 库扩展并增强了 Python 内置的 datetime 模块的功能，它可用来执行更复杂的日期操作，比如处理时区、模糊时间范围、节假日计算、解析几乎任何字符串格式的日期等。由于不是 Python 内置的库，使用前需要先手动安装。在命令行窗口中输入以下命令进行安装：

```
pip install python-dateutil
```

稍等片刻，即可安装完成。

14.4.1 parser 模块

parse 方法可以把大多数已知格式的时间字符串转换成 datetime 类型，还可以在字符串中自动检索出时间字符串并解析。parse 方法检测不到时间时，默认为 0 点，检测不到日期时，默认为当天，检测不到年份时，默认为今年。

试试看 14-21

```
01  from dateutil.parser import parse
02
03  print(parse("20240428"))
```

```
04   print(parse("12:00:00"))
05   print(parse("Apr 28th 17:13:46 UTC+8 2024"))
06   print(parse("28/Apr/2024 12:10:06 -0700"))
07   # fuzzy 参数开启模糊匹配, 过滤掉无法识别的时间日期字符
08   print(parse("It was a wonderful moment 12:00, he felt good",
        fuzzy=True))
```

运行结果为：

```
2024-04-28 00:00:00
2024-04-28 12:00:00
2024-04-28 17:13:46-08:00
2024-04-28 12:10:06-07:00
2024-04-28 12:00:00
```

代码第 4 行没有指定日期，默认为代码运行当天的日期。可以从代码的第 5、6、8 行看到，parse 可支持多种格式的日期时间字符串，并且可以自动从文本中检索出日期时间字符串并正确解析。该方法可用来解析日志文件。

14.4.2　rrule 模块

rrule 模块用于根据定义的规则生成一些 datetime，其中的 rrule 函数原型为：

```
rrule(self, freq, dtstart=None, until=None, wkst=None,
    interval=1, count=None, bysetpos=None, bymonth=None,
    bymonthday=None, byyearday=None, byeaster=None,
    byweekno=None, byweekday=None, byhour=None,
    byminute=None, bysecond=None, cache=False)
```

◇ freq：可以理解为单位。可以是 YEARLY，MONTHLY，WEEKLY，DAILY，HOURLY，MINUTELY，SECONDLY。即年、月、周、日、时、分、秒。

◇ dtstart、until：是开始和结束时间。

◇ wkst：周开始时间。

◇ interval：重复规则的间隔，必须为正整数。

◇ count：指定在范围内生成多少个时间。

◇ byxxx：指定匹配的周期。比如 byweekday=(MO, TU) 则只有周一周二的匹配。byweekday 可以指定 MO、TU、WE、TH、FR、SA、SU，即周一到周日。

例如（假设今天是 2024 年 4 月 28 日，为了节省篇幅，每个例子均限制了 count

输出次数）：

试试看 14-22

```
01  from pprint import pprint
02  from dateutil.rrule import *
03  from dateutil.parser import parse
04
05  # 从今天开始，每天发生一次，重复 4 次
06  pprint(list(rrule(freq=DAILY, count=4)))
07  # 从今天开始，每 2 周一次，重复 4 次
08  pprint(list(rrule(freq=WEEKLY, interval=2, count=4)))
09  # 从今天开始，每个工作日（周一到周五）发生一次：
10  pprint(list(rrule(freq=DAILY, count=8, byweekday=(MO,TU,WE,TH,FR))))
11  # 每隔一周的周一、三、五发生，直到 2024 年 5 月 28 日，共发生 6 次
12  pprint(list(rrule(freq=WEEKLY, interval=2, count=6,
            until=parse('2024-05-28'), byweekday=(MO,WE,FR))))
13  # 每隔 18 个月的 10 号至 12 号每天发生一次，共发生 6 次
14  pprint(list(rrule(freq=MONTHLY, interval=18, count=6,
            bymonthday=(10,11,12))))
```

运行结果为：

```
[datetime.datetime(2024, 4, 28, 15, 45, 7),
 datetime.datetime(2024, 4, 29, 15, 45, 7),
 datetime.datetime(2024, 4, 30, 15, 45, 7) ,
 datetime.datetime(2024, 5, 1, 15, 45, 7)]
[datetime.datetime(2024, 4, 28, 15, 45, 7),
 datetime.datetime(2024, 5, 12, 15, 45, 7),
 datetime.datetime(2024, 5, 26, 15, 45, 7),
 datetime.datetime(2024, 6, 9, 15, 45, 7)]
[datetime.datetime(2024, 4, 29, 15, 45, 7),
 datetime.datetime(2024, 4, 30, 15, 45, 7),
 datetime.datetime(2024, 5, 1, 15, 45, 7),
 datetime.datetime(2024, 5, 2, 15, 45, 7),
 datetime.datetime(2024, 5, 3, 15, 45, 7),
 datetime.datetime(2024, 5, 6, 15, 45, 7),
 datetime.datetime(2024, 5, 7, 15, 45, 7),
 datetime.datetime(2024, 5, 8, 15, 45, 7)]
 [datetime.datetime(2024, 5, 6, 15, 45, 7),
```

```
 datetime.datetime(2024, 5, 8, 15, 45, 7),
 datetime.datetime(2024, 5, 10, 15, 45, 7),
 datetime.datetime(2024, 5, 20, 15, 45, 7),
 datetime.datetime(2024, 5, 22, 15, 45, 7),
 datetime.datetime(2024, 5, 24, 15, 45, 7)]
[datetime.datetime(2025, 10, 10, 15, 45, 7),
 datetime.datetime(2025, 10, 11, 15, 45, 7),
 datetime.datetime(2025, 10, 12, 15, 45, 7),
 datetime.datetime(2027, 4, 10, 15, 45, 7),
 datetime.datetime(2027, 4, 11, 15, 45, 7),
 datetime.datetime(2027, 4, 12, 15, 45, 7)]
```

14.4.3　relativedelta 模块

relativedelta 模块用于表示两个日期时间对象的差值。一方面，它可以计算两个 datetime 对象的距离，另一方面，它可以作为一个差值，与一个 datetime 对象进行运算，求出距离该日期时间之前或之后指定时间间隔的日期时间。一个综合应用 relativedelta 的例子如下：

试试看 14-23

```
01  import datetime
02  from dateutil.parser import parse
03  from dateutil.relativedelta import relativedelta, SA
04
05  # 设置一个日期
06  dt = datetime.datetime(2024, 4, 28, 13, 37, 0)
07  # 求出距离 2008 北京奥运的时间差
08  print(relativedelta(dt, parse('2008-08-08')))
09
10  # 设置一个增量，day=2 表示把日期改为 2 号，增加的天数 days 为 3，即 5 号
11  delta = relativedelta(days=3, day=2)
12  print(dt + delta)
13
14  # 日期 dt 的上一个周六
15  print(dt + relativedelta(weekday=SA(-1)))
16  # 日期 dt 的下一个周六
17  print(dt + relativedelta(weekday=SA))
```

代码的说明详见注释，上述代码的运行结果为：

```
relativedelta(years=+15, months=+8, days=+20, hours=+13, minutes=+37)
2024-04-05 13:37:00
2024-04-27 13:37:00
2024-05-04 13:37:00
```

14.5 lunarcalendar 库

lunarcalendar 库是一个专门用于计算农历的 Python 库，它为开发者提供了一个简洁而强大的工具，以便在 Python 项目中轻松处理农历日期。其核心功能是公历与农历之间的转换，它提供专门的类和方法来实现这一功能，例如可通过调用 Converter 类的 Solar2Lunar 方法，将公历日期转换为对应的农历日期，这一功能在处理涉及农历日期的任务时非常有用，如农历生日提醒、农历节日活动等。lunarcalendar 库还提供了对农历日期的处理功能。它支持农历日期的加减运算，可以方便地计算农历日期的前后某一天或某几天的日期。

可通过在命令行中输入以下命令来安装 lunarcalendar 库：

```
pip install lunarcalendar
```

接下来通过简单的例子来说明 Converter 模块的用法：

试试看 14-24

```
01  from lunarcalendar import Converter
02  import datetime
03
04  date = datetime.datetime.now()
05  print(date)
06  print(Converter.Solar2Lunar(date))
```

第 1 行从 lunarcalendar 库中导入 Converter 模块。第 4 行获取当前时间，并在第 5 行输出。第 6 行调用 Converter 模块上的 Solar2Lunar 方法，传入的是公历的日期，输出的是 Lunar 对象。代码运行的结果如下：

```
2024-04-28 13:19:45.826365
Lunar(year=2024, month=3, day=20, isleap=False)
```

其中第二行为 Lunar 对象的可视化显示，包含了 year、month、day 这 3 个整型变量及是否农历闰月的 isleap 布尔型变量，第二行的值可读作"农历二零二四年三月廿日"（当前是 2024 年 4 月 28 日）。

也可以反过来利用 Lunar2Solar 方法来轻松获取未来若干年春节，即农历正月初一对应的公历日期，例如：

试试看 14-25

```
01   from lunarcalendar import Lunar
02
03   for year in range(2025, 2035):
04       print(Lunar(year, 1, 1).to_date())
```

第 1 行从 lunarcalendar 库中导入 Lunar 类，第 3 行构造从 2025 年到 2034 年的 10 个年份，第 4 行通过构造每一个农历一月一日，即正月初一，生成 Lunar 对象，再调用该对象上的 to_date 方法来得到公历日期，而该方法的内在实现，正是靠 Converter.Lunar2Solar 方法来完成，只不过 Lunar 对象封装了这一方法而已，并返回 date 对象，而 Lunar2Solar 方法返回的是 lunarcalendar 库中的 Solar 对象。代码运行的结果如下：

```
2025-01-29
2026-02-17
2027-02-06
2028-01-26
2029-02-13
2030-02-03
2031-01-23
2032-02-11
2033-01-31
2034-02-19
```

有部分人的公历生日和农历生日每 19 年会重叠一次，即 19 岁、38 岁、57 岁等生日那天的公历和农历刚好和出生时一致。而另一部分人则不会发生，我们可以借助 lunarcalendar 库来验证这个现象。

比如我们遍历 1990 年 1 月 1 日至 1999 年 12 月 31 日这 10 年间的每一天，得到对应的农历，再将公历的年加上 19，得到一个 19 年后的新公历日期，并获取对应的农历，两个农历如果月和日的数据不相等，则验证失败，打印输出。我们可写出如下程序：

试试看 14-26

```
01  from lunarcalendar import Converter
02  import datetime
03
04  date = datetime.date(1990, 1, 1)
05  endDate = datetime.date(2000, 1, 1)
06  while date < endDate:
07      try:
08          l1 = Converter.Solar2Lunar(date)
09          l2 = Converter.Solar2Lunar(date.replace(year=date.year + 19))
10          if l1.month != l2.month or l1.day != l2.day:
11              print(str(date) + " " + str(l1))
12      except ValueError:
13          pass
14      date += datetime.timedelta(days=1)
```

第 4 行构造起始日期，第 5 行构造结束日期。第 6 行起开启循环，其中 date 变量在第 14 行循环体末尾将天数加 1，并与结束日期比较，如果小于则进行取农历操作。第 8 行将当前迭代到的日期转为对应的农历，第 9 行将日期用 replace 方法直接将 year 加 19，得到新的日期对象并计算农历。第 10 行执行判断，如果 2 个农历日期的月和日有一个不相等则验证失败，打印输出公历和相应的农历。由于年份加 19 可能导致对应的日期不存在，比如 1992 年 2 月 29 日，19 年后对应的日期不存在，将引发 ValueError 异常，所以循环体里加入了异常判断，直接不作任何处理即可，起到容错作用。代码执行的结果如下：

```
......
1990-02-19 Lunar(year=1990, month=1, day=24, isleap=False)
1990-02-20 Lunar(year=1990, month=1, day=25, isleap=False)
1990-02-21 Lunar(year=1990, month=1, day=26, isleap=False)
1990-02-22 Lunar(year=1990, month=1, day=27, isleap=False)
1990-02-23 Lunar(year=1990, month=1, day=28, isleap=False)
1990-02-24 Lunar(year=1990, month=1, day=29, isleap=False)
1990-12-16 Lunar(year=1990, month=10, day=30, isleap=False)
1990-12-17 Lunar(year=1990, month=11, day=1, isleap=False)
1990-12-18 Lunar(year=1990, month=11, day=2, isleap=False)
1990-12-19 Lunar(year=1990, month=11, day=3, isleap=False)
......
```

由于结果较多，只节选了一部分。整个结果共有 1466 行，约占 10 年天数的 40%，也就是 1990 至 2000 的十年期间出生的人，有六成的人会遇到 19 年一次的农历和公历重叠的生日。而从上面结果可看出，1990 年的 2 月 25 日起，至 12 月 15 日间出生的人，都会在 2009 年遇到农历和公历重叠的生日。

14.6　小结

本章介绍了 Python 中日期和时间的处理方法。从 Python 内置的 datetime 模块出发，包括如何创建日期和时间对象、执行基本的日期算术以及格式化输出。接着，通过实例介绍了 time 模块，用于处理更细粒度的时间操作，如秒、毫秒等。最后，本章强调了日期和时间在数据处理、日志记录以及 Web 开发等领域的重要性，为读者提供了实用的编程技巧和思路。

第三部分

实战应用篇

　　本部分精心挑选3个Python实战应用的
综合案例，均为某一技术专用的库的快速
应用，为读者详细介绍每个场景下的具体
应用。读者可在学习实例的过程中，培养
一种通用的学习能力，即分析问题、解决
问题的能力，为深入学习更多Python具体
领域的应用做好准备。

第 15 章　Python 操作 Excel

15.1　Excel 简介与文件格式

Excel 是一款电子表格软件，由微软公司开发并发行。它最初是为 Windows 和 Mac 操作系统而设计的，后来推出移动版，支持 iOS 和 Android 平台。Excel 的功能包括强大的数据计算与数据分析、信息图表制作，以及方便的数据管理和存储等。用户可以通过 Excel 创建和编辑电子表格，以完成各种数据相关的任务，如数据录入、计算、排序、筛选、图表制作等。

Excel 文件通常以 xls 或 xlsx 作为扩展名，用于存储表格数据和相关的格式、公式等信息。作为两种主要格式类型，它们之间存在一些重要的差异：

◇　文件结构

xls 是 Excel 的早期二进制文件格式，它使用基于二进制的文件结构来存储数据。自 Excel 2007 开始，xlsx 是 Excel 的新一代 XML 文件格式，它采用基于 XML 的文件结构来存储数据，使得文件内容更加清晰易读，方便用户进行编辑和管理。

◇　文件大小

由于 xls 是二进制格式，其文件大小通常较大。而 xlsx 格式基于 XML，且使用了压缩算法，所以文件大小相对较小，这有助于节省存储空间。

◇　兼容性

xls 格式是更早版本 Excel 所使用的标准格式，因此它具有良好的兼容性，可以被任何版本的 Excel 打开和编辑。然而，一些较新的特性和功能可能在旧版本的 Excel 中无法完全支持或显示。xlsx 只能被 Excel 2007 及以后的版本打开和编辑。

◇　功能和特性

xls 在功能方面存在一些限制，而 xlsx 则提供了更多的功能和灵活性。例如，xlsx 支持更多的行数和列数，它可以存储 1048576 行、16384 列数据，以及更多的功能和图表类型。此外，xlsx 还支持数据的加密和保护，以及多种数据验证和筛选功能。

◇　安全性

xls 可能存在安全隐患，而 xlsx 则通过支持密码保护等功能，提供了更高的数据安全性。

此外，还有一种 csv 的 Excel 文件格式，只不过该格式以文本文件方式存储，内容以固定宽度或固定符号进行分隔，这种格式按一般文本文件读写即可。

15.2　Python 的 Excel 库

在了解 Excel 与文件格式之后，我们来了解 Python 操作 Excel 的常用库，其中，每个库都有其独特的特点和适用场景：

◇　openpyxl

优点：可以读写 Excel 2010 及以后版本的 xlsx/xlsm/xltx/xltm 文件，提供丰富的 API 来操作 Excel 文件，如创建工作簿、工作表、单元格等，并可以设置单元格的样式、边框、填充等。

缺点：主要支持 xlsx 格式，不支持 xls 格式（xls 格式文件可使用 Excel 2007 及以后版本打开后另存为 xlsx 版本）。

◇　xlrd/xlwt

优点：xlrd（Excel Read）用于读取 Excel 文件，而 xlwt（Excel Write）用于写入 Excel 文件。它们支持 xls 格式，对老版本的 Excel 文件处理较为方便。

缺点：xlrd 在 2.0.0 版本之后不再支持 xlsx 文件的读取。xlwt 只支持写入 xls 格式，不支持 xlsx。此外，这两个库对于复杂的 Excel 操作（如设置单元格样式）可能不够灵活。

◇　pandas

优点：pandas 是一个强大的数据处理库，可以方便地从各种文件格式（包括 Excel）导入数据，并提供丰富的数据清洗、转换、分析和可视化功能。它非常适合于数据处理和分析任务。

缺点：pandas 主要关注数据处理和分析，对底层 Excel 文件的操作（如直接修改单元格内容或样式）可能不如 openpyxl 等库灵活。

◇　xlsxwriter

优点：专门用于创建和写入 xlsx 格式的 Excel 文件，支持设置单元格格式、图表、图片等复杂功能，非常适合于生成报告或创建模板。

缺点：不支持读取 Excel 文件，主要关注写入操作。

除了上述库外，还有 xlutils、xlwings 等库也可以用于操作 Excel 文件。xlutils 可以对 Excel 进行修改操作，但不支持读写 xlsx 文件；而 xlwings 则支持读写和修改操作，并支持各类 Excel 文件。

本书采用 openpyxl 库作为演示。首先通过以下命令安装该库：

```
pip install openpyxl
```

为了验证 openpyxl 是否安装成功，可通过引入该模块，打印 openpyxl 的版本号来确认：

试试看 15-1

```
01  import openpyxl
02
03  print(openpyxl. __version__)
```

代码运行的结果为：

```
3.1.2
```

注意，实际运行时候的版本可能有所不同。

15.3 Excel 文件写入

在使用 openpyxl 操作 Excel 之前，我们先了解 Excel 文件的几个基本概念。

◇ 工作簿（Workbook）：一个 Excel 文件，保存到扩展名为 xlsx 的文件中。

◇ 工作表（Worksheet）：工作簿包含 1 至多个工作表，工作表属于工作簿。

◇ 活动表（Active Sheet）：当前查看的表，或文件关闭前最后查看的表。

◇ 单元格（Cell）：列从 A 开始，行从 1 开始，特定行列的位置方格即为单元格；在 Z 列之后，使用两个字母表示，如 AA、AB、AC 等；单元格属于工作表。

◇ 单元格区域（Cell Range）：使用 2 个单元格坐标，中间用半角冒号 ":" 分割，表示从第 1 个单元格到第 2 个单元格矩形区域内的所有单元格，如 A3:G8 等。

使用 Workbook 方法来创建一个新的工作簿：

```
>>> from openpyxl import Workbook
>>> wb = Workbook()
```

新建一个工作簿后，将默认创建一个名为"Sheet"的工作表，可通过工作簿对象的 active 属性来获取该工作表：

```
>>> ws = wb.active
```

如果需要创建新的工作表，可使用工作簿对象的 create_sheet(sheet_name) 方法来创建：

```
>>> ws1 = wb.create_sheet("Mysheet")
```

可通过工作表对象的 title 属性来给工作表重命名：

```
>>> ws1.title = "商品列表"
```

可通过工作簿对象的 key，传入工作表的 title 属性来获取指定的工作表：

```
>>> ws2 = wb["商品列表"]
```

可通过工作表对象的 key，传入单元格的坐标来获取指定的单元格：

```
>>> c = ws["A1"]
```

或通过 cell 方法来指定单元格：

```
>>> c2 = ws.cell(row = 5, column = 3)
```

可以使用切片来获取单元格区域：

```
>>> c_range = ws["A1": "D5"]
```

有了这些基础知识之后，接下来我们学习一个综合的 Excel 文件写入例子：

试试看 15-2

```
01  import os
02  from openpyxl import Workbook
03
04  data = [("Python 从入门到精通", 69.8, 3004),("C++ 从入门到精通", 89,
        2500),("C 语言从入门到精通", 49.8, 2300)]
05  wb = Workbook()                                      # 新建工作簿
06  ws = wb.create_sheet("商品列表")                       # 新建工作表
07  ws.append(["ID", "书名", "定价", "销量", "库存"])        # 写入列头
08  id = 1
09  for d in data:                                        # 对列表迭代
```

```
10        ws.append([id, d[0], d[1], d[2], 5000 - d[2]])
11        id += 1
12    wb.save(os.path.dirname(__file__) + "\\books.xlsx")# 保存文件
```

第 4 行模拟从某处（比如数据库）获取到的一些数据，以列表嵌套元组的结构存储，分别记录了商品的书名、定价和销量。第 5 行直接调用 Workbook 方法新建一个工作簿对象，第 5 行新建一个名为"商品列表"的工作表，然后第 7 行通过 append 方法，直接从第一行第一列开始依次插入列头信息。第 9 行对 data 进行遍历，第 10 行依次从下一行开始，分别插入 ID、书名等信息，其中"库存"用入库基础数量 5000 减去销量得出。第 12 行调用工作簿对象的 save 方法，并指定当前 py 文件路径加文件名进行文件的保存。需注意，save 方法将自动覆盖该目录下的同名文件，而不会给出任何提示。保存之后的 Excel 文件如图 15-1 所示。

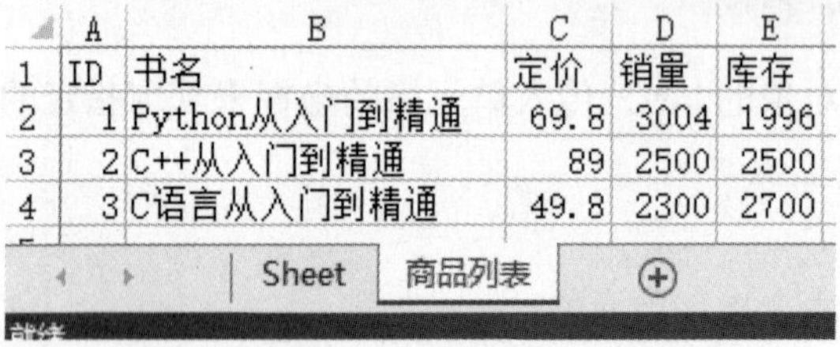

	A	B	C	D	E
1	ID	书名	定价	销量	库存
2	1	Python从入门到精通	69.8	3004	1996
3	2	C++从入门到精通	89	2500	2500
4	3	C语言从入门到精通	49.8	2300	2700

｜ ◂ ▸ ｜ Sheet ｜ 商品列表 ｜ ⊕

图15-1 使用openpyxl创建的Excel文件

15.4 Excel 文件读取

openpyxl 提供一系列访问 Excel 文件的方法。可以通过 load_workbook(file_name) 方法来打开一个工作簿。在工作表对象上，提供了 iter_rows、iter_cols 方法来进行行、列的迭代获取，其中，iter_rows 的原型如下：

```
iter_rows(min_row=None, max_row=None, min_col=None, max_col=None,
values_only=False)
```

其中，min_row 参数表示要遍历的起始行号，默认为 None，表示从第 1 行开始。max_row 表示要遍历的结束行号，默认遍历至最后一行。min_col 表示要遍历的起始列号，max_col 表示要遍历的结束列号。values_only 为布尔类型，指定是否只返回单元格的值，默认为 False，表示返回 Cell 对象。

有了上一小节创建的 Excel 文件 books.xlsx，结合以下例子我们来演示对 Excel 文件内容的读取：

试试看 15-3

```
01  import openpyxl, os
02
03  wb = openpyxl.load_workbook(os.path.dirname(__file__) + '\\books.
    xlsx')
04  ws = wb["商品列表"]                    # 指定打开的工作表
05  for row in ws.iter_rows(min_row = 2, min_col = 2, max_col = 4):
06      for cell in row:
07          print(cell.value)              # 打印单元格的值
08
09  data = []                              # 初始化空列表
10  for row in ws.values:
11      data.append(row)                   # 加入每一个数据行
12  print(data)
13
14  for row in ws.iter_rows(min_row = 2):# 从第 2 行开始迭代
15      print(row[1].value + " 销售情况: " + str(row[2].value * row[3].value))
```

第 3 行打开上一小节创建的文件并返回工作簿对象，第 4 行获取"商品列表"工作表。第 5 行通过指定 min_row 参数（下标从 1 开始），从工作表的第 2 行开始迭代获取表格的内容，min_col 用于指定要获取的起始列数，max_col 指定要获取的最大列数，原文件总共 5 列，此处演示忽略"ID"列（第 1 列，下标从 1 开始）及"库存"列（第 5 列）。第 6 行遍历当前行的第 2 至 4 列单元格，并输出单元格的值。第 10 行对工作表对象的 values 属性进行遍历，得到的是元组，循环加入 data 列表中。第 14 行从表格的第 2 行开始读取表格中的记录，输出每一种书籍的销售情况，用定价乘以销量得出，注意 row 的下标从 0 开始。代码的运行结果如下：

```
Python 从入门到精通
69.8
3004
C++ 从入门到精通
89
2500
C 语言从入门到精通
49.8
```

```
2300
[('ID', '书名', '定价', '销量', '库存'), (1, 'Python从入门到精通', 69.8,
3004, 1996), (2, 'C++从入门到精通', 89, 2500, 2500), (3, 'C语言从入门到精
通', 49.8, 2300, 2700)]
Python从入门到精通 销售情况: 209679.19999999998
C++从入门到精通 销售情况: 222500
C语言从入门到精通 销售情况: 114540.0
```

15.5 其他常见操作

15.5.1 遍历工作表

可通过工作簿对象的 sheetnames 属性获取工作簿的所有工作表名称:

```
>>> print(wb.sheetnames)
['Sheet', '商品列表']
```

或通过直接遍历工作簿对象,得到每个工作表,进而获取工作表的 title 属性:

```
>>> for sheet in wb:
...     print(sheet.title)
```

一个典型的例子就是求出一个工作簿中每个月的销量之和,比如图 15-2 中,某工作簿包含一年 12 个月的销售额情况,我们可以使用程序进行求和。

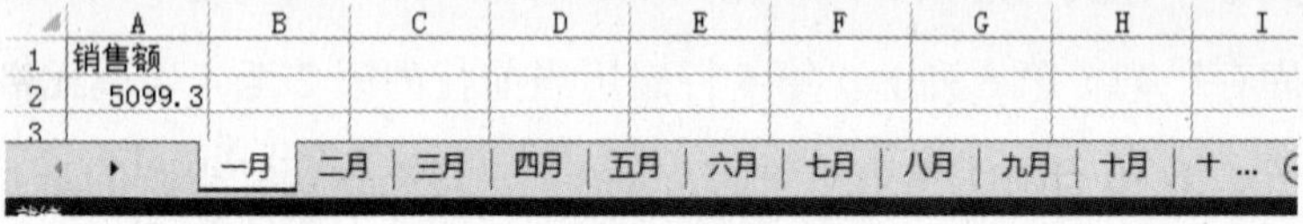

图15-2　某销售额记录表

试试看 15-4

```
01  import openpyxl, os
02
03  wb = openpyxl.load_workbook(os.path.dirname(__file__) + '\\amount.xlsx')
04  amount = 0                          # 初始化总和
05  for ws in wb:                       # 对工作簿对象迭代
06      amount += ws["A2"].value        # 取出每个工作表的 A2 单元格的值进行累加
07  print("全年总销售额为: " + str(amount))
```

第 5 行对工作簿中的工作表进行遍历,第 6 行取出每个工作表记录当月销售额的 A2 单元格(每个工作表均规范统一记录在 A2 单元格)的值并累加,在第 7

行输出最终结果：

全年总销售额为：78264.49999999999

15.5.2　格式设置

还是以前面小节创建的 books.xlsx 文件为例，结合以下例子来演示格式的设置：

试试看 15-5

```
01 from openpyxl.styles import PatternFill, Border, Side, Alignment, Font
02 import openpyxl, os
03
04 wb = openpyxl.load_workbook(os.path.dirname(__file__) + '\\books.xlsx')
05 ws = wb["商品列表"]
06 ws.sheet_properties.tabColor = "FF0000"         # 工作表标签颜色
07 for row in ws["A1:E4"]:                              # 只操作数据区域
08     for col in row:
09         col.font = Font(name="微软雅黑", color="0000FF") # 字体及颜色
10         col.fill = PatternFill(patternType="solid",
               fgColor='cccccc')          # 背景色
11         side = Side(style='thin', color='000000')         # 边框定义
12         col.border = Border(top=side, bottom=side, left=side,
               right=side) # 边框
13         col.alignment = Alignment(horizontal="center",
               vertical='center')  # 对齐
14 wb.save(os.path.dirname(__file__) + '\\books.xlsx')
```

第 1 行从 openpyxl 的 styles 模块导入填充、边框、对齐、字体等工具包。第 6 行通过工作表的 sheet_properties 属性的 tabColor 设置工作表标签的颜色为红色 "FF0000"，用 RGB 色号表示。第 7 行对表格的数据区域部分 A1 到 E4 进行遍历。第 9 行设置每个单元格的字体为微软雅黑、蓝色，第 10 行设置单元格填充为纯色填充、浅灰色，第 11 行创建一个黑色的细边框，第 12 行分别为每个单元格指定上下左右 4 个边框，第 13 行设置单元格的对齐方式为水平、垂直均居中。然后保存这个文件。打开该 Excel 文件，可以看到单元格底色、边框、对齐、字体、颜色等格式的设置如图 15-3 所示的效果。

ID	书名	定价	销量	库存
1	Python从入门到精通	69.8	3004	1996
2	C++从入门到精通	89	2500	2500
3	C语言从入门到精通	49.8	2300	2700

Sheet　商品列表

图15-3　设置格式后的表格

15.6　案例实战

考虑一个报名的场景，教务员需要收集学生的信息，他制作了如图 15-4 所示的报名表格模板。

姓名	性别	地址	邮编	电话

图15-4　报名表格模板

让学生各自下载并填写，以宿舍为单位，发送至教务员邮箱，再由教务员助理下载附件，得到以下文件，如图 15-5 所示。

名称	类型	大小
15 470.xlsx	Microsoft Excel 工作表	8 KB
15(407).xlsx	Microsoft Excel 工作表	8 KB
15-322.xlsx	Microsoft Excel 工作表	8 KB
15-474.xlsx	Microsoft Excel 工作表	9 KB
16 126.xlsx	Microsoft Excel 工作表	8 KB
16-214.xlsx	Microsoft Excel 工作表	8 KB
16-229.xlsx	Microsoft Excel 工作表	8 KB
16-243.xlsx	Microsoft Excel 工作表	8 KB
16-250-夏少琪.xlsx	Microsoft Excel 工作表	9 KB
16-261.xlsx	Microsoft Excel 工作表	8 KB
16—308.xlsx	Microsoft Excel 工作表	9 KB
16楼171.xlsx	Microsoft Excel 工作表	9 KB
17-123.xlsx	Microsoft Excel 工作表	9 KB
17楼345-2人.xlsx	Microsoft Excel 工作表	9 KB
18-144.xlsx	Microsoft Excel 工作表	9 KB

图15-5　下载到的报名表格

任意打开一份文件进行查看，如图 15-6 所示。

	A	B	C	D	E
1	姓名	性别	地址	邮编	电话
2	胡明浩	男	×××大学16楼308房间	100884	71415239705
3	何卫健	男	×××大学16楼308房间	100885	70190866735
4					
5					

图15-6　其中一份填写的表格

现在需要将所有文件汇总至一份 Excel 文件中，可以使用前面小节所学内容进行合并。

考虑到 Excel 文件中的行数可能不固定，如图 15-6 为同宿舍 2 人的报名表格，我们需要对每一行进行判断，如果单元格内容不为空，则需要提取出内容，再插入到新的表格中。而对下载下来的文件，假设我们放在当前 python 文件同级的 excels 目录中，可以使用 os.listdir 方法进行遍历。我们可以写出如下的程序：

试试看 15-6

```
01  import openpyxl, os
02
03  folder_path = os.path.dirname(__file__) + "\\excels"
04  newwb = openpyxl.Workbook()                              # 新建工作簿
05  newws = newwb.active                                     # 获取活动工作表
06  newws.append(["姓名", "性别", "地址", "邮编", "电话"])   # 插入列头
07  for filename in os.listdir(folder_path):                 # 对目录进行遍历
08      full_path = os.path.join(folder_path, filename)      # 拼接文件路径
09      wb = openpyxl.load_workbook(full_path)               # 打开工作簿
10      ws = wb.active                                       # 获取活动工作表
11      for row in ws.iter_rows(min_row = 2, min_col = 1, max_col = 5):
12          values = []
13          for cell in row:
14              if cell.value is not None:                   # 如果有值
15                  values.append(cell.value)                # 加到列表中
16          if values:                                       # 如果读取到值
17              newws.append(values)                         # 汇总到新文件中
18
19  newwb.save(os.path.dirname(__file__) + "\\汇总.xlsx")
```

第 3 行通过路径拼接，得到和当前 py 文件同级的 excels 目录。第 4 行新建一个工作表对象，第 5 行获取默认创建的工作表。第 6 行根据我们的标准报名表格，先插入一行列头。第 7 行对目录中的文件进行遍历，得到的是文件名。第 8 行通

过路径拼接，将目录名和文件名进行拼接，得到文件的全路径。第 11 行从表格的第 2 行开始，限制读取表格的 1 至 5 列，得到的是每一行的单元格。第 13 行对每行的每个单元格进行迭代，如果单元格的值非空，则加入到列表 values 里。全部 5 列比较完后，如果 values 列表有数据，则调用工作表对象的 append 方法，在末尾追加一行。如此循环，直到所有行处理完毕，继续下一个文件的处理。当全部文件都处理完毕后，在第 19 行将新工作簿存储到当前 py 文件同级目录下的"汇总 .xlsx"文件中。

运行程序，等待程序运行完毕，打开新生成的文件查看结果，如图 15-7 所示。

	A	B	C	D	E
1	姓名	性别	地址	邮编	电话
2	夏清宇	男	×××大学15楼470房间	100873	71051169068
3	刘欢	男	×××大学15楼407房间	100872	71064877135
4	曹凯文	男	×××大学15楼322房间	100872	71165555788
5	胡越涵	男	×××大学15楼474房间	100874	71189252079
6	孙浩楠	男	×××大学15楼474房间	100875	71340003052
7	路思虎	男	×××大学16楼126房间	100876	70440611008
8	何凡	男	×××大学16楼214房间	100878	70142081908
9	夏胜东	男	×××大学16楼229房间	100879	71012998601
10	刘占博	男	×××大学16楼243房间	100880	70962741299
11	夏少琪	男	×××大学16楼250房间	100881	70487111355
12	程德元	男	×××大学16楼261房间	100882	70698784361
13	胡明浩	男	×××大学16楼308房间	100884	71415239705
14	何卫健	男	×××大学16楼308房间	100885	70190866735
15	傅浩楠	男	×××大学16楼171房间	100877	70680452269
16	胡天宇	男	×××大学17楼123房间	100889	70357213412
17	曹子豪	男	×××大学17楼123房间	100890	70570698218
18	卫智奕	男	×××大学17楼123房间	100891	71136882259
19	王金辉	男	×××大学17楼345房间	100893	70264762696
20	曹选国	男	×××大学17楼345房间	100894	70535613024
21	昂朝辉	男	×××大学18楼144房间	100897	71557324791
22	何安正	男	×××大学18楼144房间	100898	71119181622
23	刘宇翔	男	×××大学18楼144房间	100899	71067261553
24	刘钟涛	男	×××大学18楼144房间	100900	71471037221
25					

图15-7　所有报名表格文件自动汇总后的结果

可以看到所有文件汇总无误，文件中的每一行都合并至我们最终的结果文件中。

这个案例使用到我们前面所讲的内容，知识点比较综合，希望读者加以深入理解。

15.7　小结

本章主要运用 openpyxl 库进行 Excel 文件的操作，该功能广泛应用于网站表格导出、网站数据收集导入、办公室自动化、各类系统报表导出等，希望读者掌握，并加以扩展。事实上，openpyxl 的功能远不仅于此，限于篇幅，本章仅介绍最常用的功能。其他诸如图片、图表、透视表、公式等高级功能，请查阅 openpyxl 库的官方文档 http://yumos.gitee.io/openpyxl3.0/index.html 进行更详细的学习。

第 16 章　爬虫技术

16.1　爬虫技术简介

爬虫是一种按照一定的规则自动抓取网络信息的程序或脚本，其工作原理主要是通过网页的链接地址来寻找网页，从网站的某一个页面开始，读取网页的内容，找到网页中其他的链接地址，再通过这些链接地址寻找下一个网页，这样一直循环下去，直到把这个网站的所有网页都抓取完毕为止。如果把整个互联网当成一个网站，那么网络爬虫就可以利用这个原理把互联网上的所有网页内容都爬取下来。它们被广泛用于互联网搜索引擎或其他类似网站，以自动采集所有其能够访问到的页面内容，从而获取或更新这些网站的内容和检索方式。爬虫技术已经成为大数据时代不可或缺的一部分，为企业和个人提供了从海量互联网信息中获取所需数据的有效手段。

从系统结构和实现技术上来看，爬虫大致可以分为通用网络爬虫、聚焦网络爬虫、增量式网络爬虫和深层网络爬虫等类型。通用网络爬虫旨在抓取互联网上所有数据，主要为门户站点搜索引擎和大型 Web 服务提供商采集数据，是搜索引擎抓取系统的重要组成部分。聚焦网络爬虫是按照预先定义好的目的，有选择地进行网页爬取，将目标网页定位在与目的相关的页面中，以获取特定领域的信息。增量式网络爬虫是利用一定的时间频率，抓取互联网上刚更新的数据，只爬取新产生的或已经发生变化的网页，以减少时间和空间上的耗费。而深层网络爬虫则是针对那些不能通过静态链接获取的、隐藏在搜索表单后的网页进行爬取。

16.2　Python 爬虫与相关的库

16.2.1　Python 爬虫

具体到 Python 语言的爬虫，其原理主要是通过发送 HTTP 请求来获取网页的 HTML 代码，然后使用解析库（如 BeautifulSoup、lxml 等）来解析 HTML 文档，提取出所需的数据。也可以利用 Scrapy 等框架来实现更加高效、复杂的爬取任务，例如爬取动态加载的内容、处理 JavaScript 渲染的页面等。

Python 爬虫的应用场景非常广泛，主要有以下几个方面：

◇ 网页数据采集

Python 爬虫可以帮助我们从网页上抓取所需的数据，例如商品价格、新闻内容、论坛帖子、股票指标等，这些数据可以用于后续的数据分析、数据挖掘或机器学习等任务。

◇ 搜索引擎优化（SEO）

通过爬虫程序，我们可以反向分析搜索引擎对网站的抓取情况，了解网站的排名和收录情况，从而优化网站的结构和内容，提高网站的搜索可见性。

◇ 竞品分析

Python 爬虫可以帮助我们抓取竞品的网站数据，例如产品信息、价格策略、用户评论等，以便进行竞品分析和市场策略制定等。

◇ 网络舆情监测

通过爬取社交媒体、新闻网站等平台上的信息，我们可以及时了解和分析网络上的舆情动态，为企业、组织、个人提供决策支持。

◇ 自动化测试

Python 爬虫还可以用于自动化测试，例如模拟用户登录、填写表单、点击按钮等操作，以全自动测试网站的功能和性能等。

16.2.2 相关爬虫库介绍

一般来说，Python 爬虫的步骤主要有请求、解析、数据处理、数据存储，以及定时、反爬策略等需求处理。每个步骤都有现成的库可以应用，下面作简要介绍。

◇ 请求库：

urllib：Python 3 自带的库，用于处理 URL 相关的操作，包括发送 HTTP 请求等，虽然功能相对基础，但对于简单的爬虫任务来说已经足够。

requests：第三方库，比 urllib 更加易用和强大，它支持各种 HTTP 请求方法（GET、POST 等），并提供身份验证、Cookie 管理等功能。

Selenium：自动化测试工具，也可以用于爬虫，Selenium 能够模拟浏览器行为，执行 JavaScript 脚本，非常适合处理动态生成的网页内容。

◇ 解析库

BeautifulSoup：一个非常流行的 HTML/XML 解析库，提供简洁的 API 来定位和提取网页中的特定内容，它能够解析复杂的 HTML 文档，并支持多种解析器。

lxml：一个强大的 HTML/XML 解析库，支持 XPath 和 CSS 选择器来定位元素，lxml 的解析速度非常快，适合处理大规模的网页数据。

PyQuery：类似于 jQuery 的库，允许开发者使用熟悉的 jQuery 语法来操作和解析 HTML 文档。

◇ 存储库

PyMySQL：用于与 MySQL 数据库进行交互的库，可以将爬取到的数据存储到 MySQL 数据库中。

PyMongo：MongoDB 的 Python 驱动程序，适用于与 MongoDB 数据库进行交互，存储非结构化或半结构化的数据。

redis-py：Redis 的 Python 客户端，可以用来存储临时数据或作为爬虫的任务队列。

◇ 爬虫框架

Scrapy：一个功能强大的爬虫框架，提供了完整的爬虫开发工具集，Scrapy 支持异步请求、自动化解析、数据导出以及分布式爬取等高级功能。

pyspider：由国人编写的爬虫系统，带有 WebUI、脚本编辑器、任务监控器等功能，它支持多种数据库后端和消息队列，非常适合进行 JavaScript 渲染页面的爬取。

◇ 其他辅助库

tesserocr：OCR 识别库，可以在爬虫中用来识别图像中的文本信息，如验证码。

ProxyPool：代理池工具，可以管理 HTTP 代理池，帮助爬虫规避 IP 封锁。

这些库和工具可以根据具体需求进行组合使用，以构建高效、稳定的 Python 爬虫程序。

16.3 爬虫实战 1：爬取文本

有了这些知识储备和相关库的支持，我们来进行爬虫实战练习。

16.3.1 确定需求

本小节我们模拟爬取并收集某网站的文本内容，例如我们想收集经典名著《红楼梦》的所有文本到一个 txt 格式的文本文件中，经过搜索引擎筛选，我们锁定了这个网站 http://www.gudianmingzhu.com/guji/hongloumeng/ 进行内容爬取，其首页截图如图 16-1 所示。

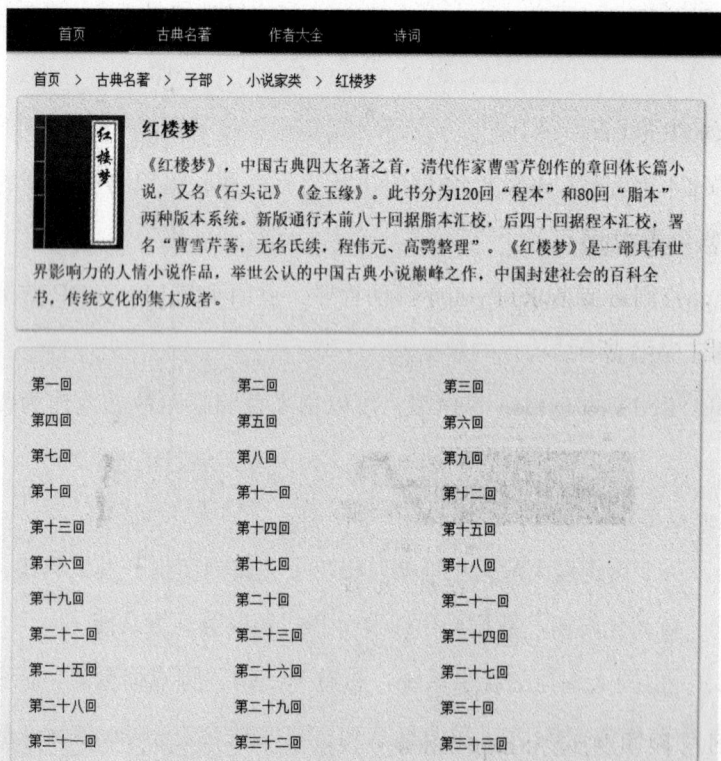

图16-1　某目标网站《红楼梦》首页截图

随意点进某一回进行页面查看，如图 16-2 所示。

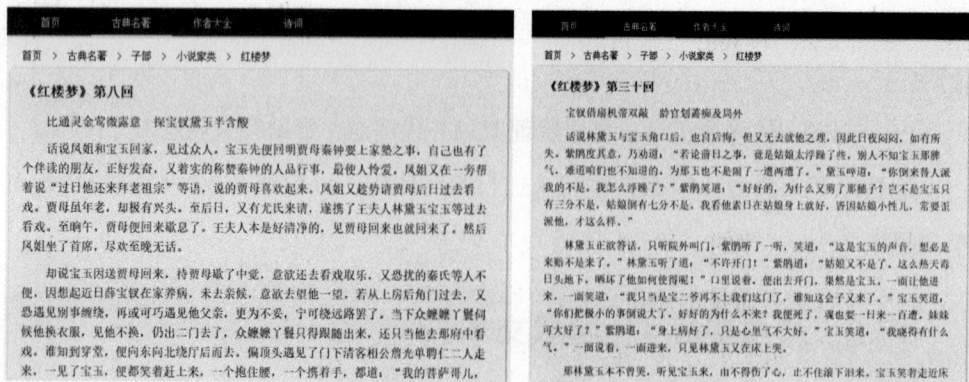

图16-2　某一回的内容查看

可以看到不同回的网页格式基本一致。如果是纯手动的做法，我们收集的步骤为：

（1）在首页点击"第一回"，进入第一回的页面；

（2）等网页加载完毕后，选中需要的文本，复制这一回的内容，粘贴到文本文件中；

（3）返回首页，依次点击下一回，重复（1）（2）步操作，直到 120 回全部收集完毕。

如果只是少量回，我们尚且可以手动处理，但这是一部 120 回的巨作，显然我们必须借助自动化来完成。

16.3.2　请求网页

第一步，我们需要请求每一个网页的内容。首先我们需要知道每一回合的网页地址，如图 16-3 所示。

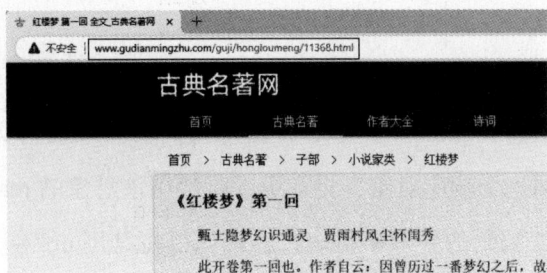

图16-3　第一回的网页地址

第一回的网页地址为 http://www.gudianmingzhu.com/guji/hongloumeng/11368.html，第二回的地址为 /11369.html，第 120 回的地址为 /11487.html，网址是有规律的，刚好满足递增的关系，我们很容易利用循环来拼接：

```
for i in range(11368, 11488):
    url = "http://www.gudianmingzhu.com/guji/hongloumeng/" + str(i) +
        ".html"
```

这样就得到了 120 个页面的地址。然而，作为更具一般性的方法，假设网址是不连续的、没规律的，我们就需要采取另一种方法来获取。从图 16-1 我们可以看到，每一回的页面是由点击每一回的超链接打开的，这意味着，每一回的地址是已经存储在首页中的，我们要通过自动分析首页的 HTML 文件，抽取每一回的超链接，来获取 120 个页面地址。

urllib.request 是 Python 标准库中的一个模块，主要用于打开 URL 并读取其网页内容。它定义了一些方法和类，通过这些方法和类可以方便地发送 HTTP 请求，并获取响应。这个模块可以模拟浏览器的一个请求发起过程，包含授权验证、重定向、浏览器 cookies 等特性。其中，urlopen 方法是 urllib.request 模块中最常用的方法之一，用于打开 URL 并返回一个响应对象。这个响应对象可以像处理文件一样进行处理，比如使用 read 方法来读取响应内容。由于该网站无须登录就能访问，也无须携带更多的 cookie、token 等信息，我们不需要使用第三方的 requests 等库，直接使用 urllib 即可。让我们来尝试一下：

试试看 16-1

```
01  import urllib.request
02
03  url = "http://www.gudianmingzhu.com/guji/hongloumeng/"
04  response = urllib.request.urlopen(url)
05  html = response.read()
06  print(html.decode('utf-8'))
```

第 1 行引入 urllib.request 库，第 3 行指定我们要获取的首页的 URL，接着调用 urlopen 方法返回一个响应对象，再在第 5 行使用该对象的 read 方法读取所有内容，返回一个 utf-8 编码的字节字符串，在第 6 行将其用 utf-8 解码为常规字符串打印输出。代码的运行结果如下：

```
<!DOCTYPE html>
<html>
<head>
<meta http-equiv="Content-Type" content="text/html; charset=UTF-8">
<title>红楼梦全文在线阅读 _ 古典名著网 </title>
<meta name="viewport" content="width=device-width,user-
scalable=no,initial-scale=1.0">
<meta name="keywords" content="红楼梦全文 , 红楼梦在线阅读" />
<meta name="description" content="《红楼梦》原文在线阅读，红楼梦原著完整版，
《红楼梦》，中国古典四大名著之首，清代作家曹雪芹创作的章回体长篇小说，又名《石头记》
《金玉缘》。此书分为 120 回 " 程本 " 和 80 回 " 脂本 " 两种版本系统。新版通行本前八十回据
脂本汇校，后四十回据程本汇校，署名 " 曹雪芹著，无名氏续，程伟元、高鹗整理 "。《红楼
梦》是一部具有世界影响力的人情小说作品，举世公认的中国古典小说巅峰之作，中国封建社会
的百科全书，传统文化的集大成者。">
<link rel="stylesheet" type="text/css" href="/skin/m.css">
……
```

从打印的结果可以看到，输出为网页的源文件 HTML 内容。可以在浏览器中打开该首页，右键页面，选择"查看源文件"，查看到网页的源文件，如图 16-4 所示。

图16-4　在浏览器中查看的网页源文件

可以看到两者是一致的，至此，我们已经获取到网页的内容。

16.3.3　DOM 结构与标签定位

在解析已经获取到的 HTML 之前，我们先学习网页的 DOM 结构，即文档对象模型（Document Object Model）结构，它是 HTML 和 XML 文档的编程接口。它将文档解析为一个由节点和对象（这些对象包含属性和方法）组成的结构集合。简言之，DOM 结构为网页和程序之间搭建了一座桥梁，使得程序能够操作网页，包括访问和修改样式、内容和结构等。在 DOM 结构中，HTML 文档被看成一棵树形结构，称为 DOM 树。这棵树的根节点是 html 元素，而其他所有元素都是这个根节点的子节点。每个元素都是一个节点，包括标签节点、属性节点和文本节点等。这些节点之间通过父子关系或兄弟关系相互连接，形成了一个层次化的结构。通过 DOM，我们可以使用 JavaScript 等脚本语言来访问和修改网页中的元素。网页 DOM 结构是网页编程中的重要概念，它使我们能够以编程方式操作网页内容，从而实现丰富的交互效果和动态功能，了解并熟练掌握 DOM 结构是网页开发和前端编程的基础之一。

使用任一现代浏览器（即，非老式 Internet Explorer 浏览器）访问首页，右键—检查（或叫审查元素，不同浏览器叫法不同），或直接按功能键 F12，可以打开开发者工具。该工具默认是停靠在右侧，可点击工具右上角的"…"，将停靠位置改为"停靠到底部"以获得更好的视图效果，如图 16-5 所示。

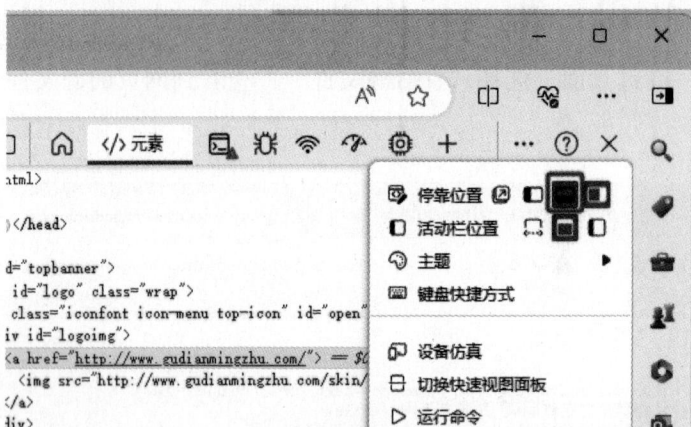

图16-5 修改开发者工具的停靠位置

接着，在开发者工具中，选择"元素"选项卡，并适当展开查看，如图 16-6 所示。

图16-6 首页树形的DOM结构

可观看到比较明显的树形 DOM 结构，节点之间通过父子关系或兄弟关系相互连接，形成一个层次化的结构。例如，html 标签直接包含 head、body，body 标签包含若干个 div，div 标签又互相嵌套包含。

标签名使用尖括号 < > 括起来，并以同名的 </> 结尾，称为 tag。tag 中有若干属性，不同标签拥有的默认属性不尽相同。其中最为重要的是 id 属性和 class 属性，按照 W3C 标准要求，id 属性的值在同一 HTML 内不允许重复，用来识别唯一元素。而 class 属性的值允许重复，用来标明拥有相似样式、行为的同一类标签，一个标签可同时拥有多个 class。例如图 16-6 中的倒数第 2 行：

```
<div class="menu yy" id="menu" >...</div>
```

继续往下查看"元素"并找到"第一回"，或使用更为便捷的方法，在网页中"第一回"文字上右键—检查（图16-7），即可快速定位到我们感兴趣的部分（图16-8）。

图16-7 右键"第一回"，选择检查

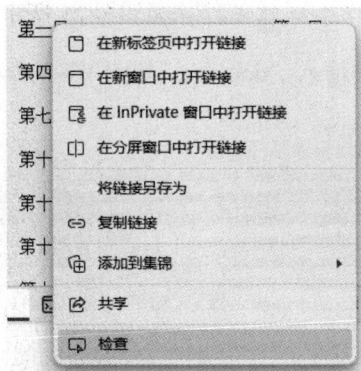

图16-8 定位到"第一回"的HTML部分

可以发现，每一回的超链接地址都在这里！如何自动获取与解析呢？

将"第一回"括起的 <a> 标签称为超链接标签，点击网页中的该类标签，即可实现新页面的跳转，其中跳转的地址记录在该标签的 href 属性中，如这里的 http://www.gudianmingzhu.com/guji/hongloumeng/11368.html。

能否通过获取文档中的所有 a 标签，进而获取 href 属性来获取所有 120 回的地址？显然是不行的。从图 16-6 中我们可以看到，其他地方也有 a 标签。我们无法直接利用 a 标签获取，需要转变思路。

我们从这些标签的父标签入手。这些标签的直接父标签为：

```
<div class="dooo">
```

一个 class 属性为 dooo 的 div 标签！我们能否通过查找 class 属性值为"dooo"的标签，进而获取该标签下的所有 a 标签？答案是不一定。因为刚提到过，可以有多个标签同时拥有相同的 class 属性值。不过，在我们的例子中，情况并没有那么糟糕。让我们先点击一个标签（好让焦点切换到开发者工具窗口），再按下 Ctrl+F 组合键，在搜索框中输入"dooo"，如图 16-9 所示。

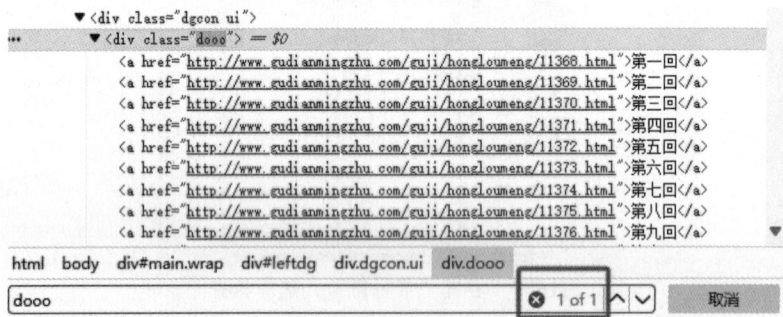

图16-9 在开发者工具中搜索"dooo"

可以看到仅找到一个匹配项，也就是整个首页中，仅有唯一一个 class 值为"dooo"的元素，问题迎刃而解。应当注意，定位到我们需要的标签，方法可能有很多种，应当多尝试不同的方法，多思考，争取精准定位。定位是爬取内容的前提。

16.3.4 HTML 解析

对 HTML 进行解析的库有很多个，本小节主要采用 BeautifulSoup 搭配 lxml 库来实现。

BeautifulSoup 专门用于从 HTML 和 XML 文件中提取数据，它能够将复杂的 HTML 或 XML 文档转换成一个复杂的树形结构，每个节点都是一个 Python 对象，这使得从文档中提取信息变得简单方便。使用 BeautifulSoup，开发者可以轻松地搜索、导航和修改文档树，例如通过标签名、类名、ID 或其他属性，可以快速定位到文档中的特定部分。此外还支持 CSS 选择器和正则表达式，这使得数据提取更加灵活和强大。

lxml 是一个基于 Python 的高性能 HTML 和 XML 解析库。它利用 C 语言库 libxml2 和 libxslt 作为底层支持，因此在解析大型文档时展现出卓越的性能。它不仅解析速度快，而且提供丰富的 API，使得开发者能够灵活地处理 XML 和 HTML 内容。它提供高效的解析性能，支持 XPath 1.0 和 XSLT 1.0，以及方便调用的

API。XPath 是一种在 XML 文档中查找信息的语言，而 lxml 对其有原生支持，这大大简化了从复杂 XML 结构中提取数据的任务。

BeautifulSoup 库本身并不是一个 HTML 或 XML 解析器，而是一个提供了便捷的搜索、导航和修改文档树接口的库，它需要一个解析器才能进行上述操作。默认情况下，BeautifulSoup 库使用 Python 的内置库 html.parser 作为解析器，然而，该库在处理大型或复杂的 HTML 文件时可能会遇到性能问题，并且它在解析某些不规则的 HTML 时可能不够健壮。相比之下，lxml 库具有更高的性能和更好的兼容性，使得数据的提取更加简洁高效。因此，将 lxml 库与 BeautifulSoup 库搭配使用可以充分利用两者的优势——lxml 库提供高性能的解析能力，而 BeautifulSoup 库则提供便捷的文档树操作接口。

可通过以下命令来安装 BeautifulSoup 库：

```
pip install beautifulsoup4
```

通过以下命令来安装 lxml 库：

```
pip install lxml
```

然后可以使用 lxml 作为 BeautifulSoup 库的解析库：

```
soup = BeautifulSoup(html_doc, 'lxml')
```

soup 对象包含了 HTML 文档的结构。我们可以使用各种方法来搜索、导航、定位这个结构。例如，要查找所有的超链接标签 <a>，可以这样做：

```
soup.select('a')
```

要查找 id 为"menu"的所有类型标签，可以在 menu 前加上 # 号：

```
soup.select('#menu')
```

要查找 class 为"border"标签下的所有后代子孙（即，不仅仅是直接子元素）段落标签 <p>，可以在 border 前加上"."，然后空一格，表示定位其后代子孙元素，并指定 p 标签：

```
soup.select('.border p')
```

只需记住，标签直接写，id 加 #，class 加 .，后代子孙元素加空格，基本可解决大部分元素查找的问题。

回到我们的例子中。问题可简化为，获取 class 的值为"dooo"下的 a 标签，我们对代码加以完善：

试试看 16-2

```
01  import urllib.request
02  from bs4 import BeautifulSoup
03
04  url = "http://www.gudianmingzhu.com/guji/hongloumeng/"
05  response = urllib.request.urlopen(url)          # 打开网址，返回响应对象
06  html = response.read()                          # 读取所有内容，得到字节
07  soup = BeautifulSoup(html, 'lxml')              # 解析
08  chapters = soup.select(".dooo a")               # 选择
09  for c in chapters:                              # 对选择的 a 标签迭代
10      print(c.get("href"))                        # 输出 href 属性
```

第 2 行从 bs4 库中引入 BeautifulSoup，紧接着试试看 16-1 后，无须解码，直接在第 7 行将字节字符串 html 传给 BeautifulSoup，并指定 lxml 作为解析库，该操作返回一个 soup 对象。第 8 行调用该对象上的 select 方法，并按先前分析，传入".dooo a"参数，表示选择 class 属性为"dooo"元素的子孙元素中的超链接标签，返回的是一个标签结果集。对这个结果集进行遍历，第 10 行调用标签对象上的 get 方法，传入要获取的标签的属性名，可得到相应的属性值，对该例来说，获取超链接标签的 href 即为超链接的地址。打印输出，结果如下：

```
http://www.gudianmingzhu.com/guji/hongloumeng/11368.html
http://www.gudianmingzhu.com/guji/hongloumeng/11369.html
http://www.gudianmingzhu.com/guji/hongloumeng/11370.html
http://www.gudianmingzhu.com/guji/hongloumeng/11371.html
http://www.gudianmingzhu.com/guji/hongloumeng/11372.html
http://www.gudianmingzhu.com/guji/hongloumeng/11373.html
……
```

我们就成功获取到每一回的网页地址了，离成功仅一步之遥。

下一步就是分别使用 urllib.request 来请求这些地址，获取 html，再用 soup 进行解析。思路已经有了，我们来分析这些页面。打开第一回的页面，右击第一回的标题，点击检查，在开发者工具中查看 DOM 结构，如图 16-10 所示。

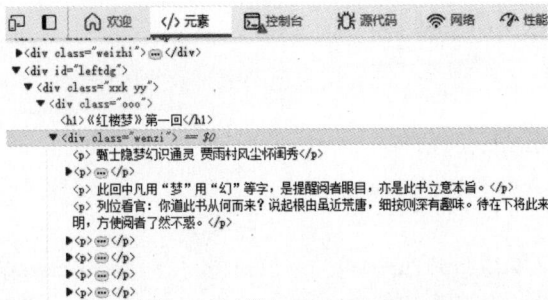

图16-10　第一回页面的DOM结构

依照前面分析，".ooo h1"为标题，".ooo p"为该回所有内容段落，我们的进展变得异常顺利！

然而，我们继续查看其他回的页面，如图 16-11 所示，可以看到标题 h1 标签的父元素 div、刚才第一回中 class 值为"ooo"的 div 标签，分别变为"con""nrk""dgnr"！我们还没作其他检查，还不清楚剩余的回这个 class 值会是怎样的变化。问题变得棘手起来。

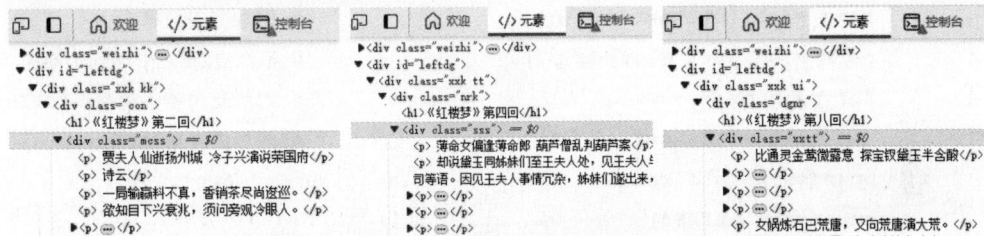

图16-11　检查其他回的页面

事实上，这是可以理解的。要知道，如果所有页面都是一致的，将给我们的爬虫工作带来多大的便利！相信网站建设者也是有意而为之，一定程度上提高爬虫者的分析门槛，不失为反爬虫策略的一种。

遇到问题总是好的，让我们去思考解决问题的方法，从而获得更为一般性的解决问题的方法。

分析以上 4 个页面，我们尝试找出共性。h1 标签的祖父标签（上级的上级），class 为"xxk **"，其中"**"有变化。h1 标签的曾祖父标签（上级的上级的上级），id 均为"leftdg"。还记得我们说过，id 属性的值，一般同一个网页里必须唯一，问题可以简化为，寻找 id 为"leftdg"的标签，其子孙标签为 h1 的是标题标签，写法为"#leftdg h1"，其子孙标签为 p 的是内容标签，写法为"#leftdg p"。经过查看确认，"leftdg"标签中，除了红楼梦内容以外，没有别的 p 段落标签，至此，我们解决了所有问题：

试试看 16-3

```
01  import urllib.request, os
02  from bs4 import BeautifulSoup
03
04  url = "http://www.gudianmingzhu.com/guji/hongloumeng/"
05  response = urllib.request.urlopen(url)              # 打开网址
06  html = response.read()                              # 读取内容
07  soup = BeautifulSoup(html, 'lxml')                  # 解析
08  chapters = soup.select(".dooo a")                   # 得到 a 标签
09  text = ""                                           # 初始化结果变量
10  for c in chapters:                                  # 对回合的 a 标签迭代
11      r = urllib.request.urlopen(c.get("href"))       # 打开每一回合网址
12      h = r.read()                                    # 读取回合内容
13      s = BeautifulSoup(h, 'lxml')                    # 解析回合
14      h1 = s.select("h1")                             # 选择页面唯一的 h1 标签
15      text += h1[0].text + '\n'                       # 附加进去结果中
16      ps = s.select("#leftdg p")                      # 获取当前回合的内容 p 标签
17      for p in ps:                                    # 对所有内容 p 标签迭代
18          text += p.text + '\n'                       # 附加进去结果
19  f = open(os.path.dirname(__file__) + '\\hongloumeng.txt', 'w',
        encoding='utf-8')
20  f.writelines(text)                                  # 保存、写入文件
```

第 9 行的变量 text 为我们要存储所有文本的变量。从第 11 行起为我们的新增代码。经过在标签对象上使用 get 方法获得超链接之后，按先前的做法，获取响应对象，读出字节字符串，使用 soup 解析，选择 h1 标签（经查看，一个网页中仅有一个 h1 标签）。第 15 行将 h1 标签对象的 text 属性，即标签的内容，具体为每一回的标题，追加到 text 变量后，并加上换行符。第 16 行获取属于内容的所有 p 标签，并循环获取这些标签的 text 属性，即文本，追加到 text 变量后，记得每一行末尾加上一个换行符。所有章节处理完毕之后，第 19 行在当前目录下创建一个名为 hongloumeng.txt 的文本文件，第 20 行完成写入。程序执行结果如图 16-12 所示。

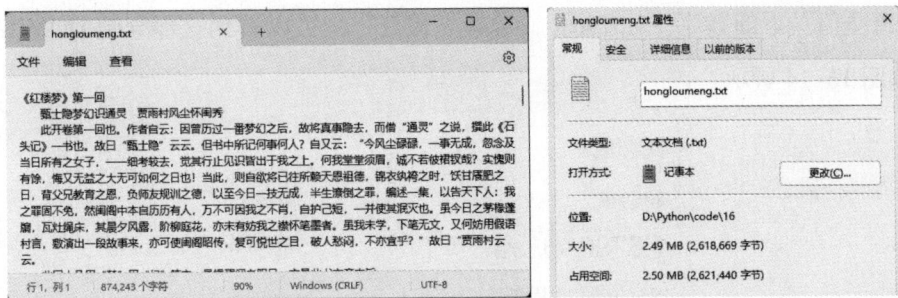

图16-12　创建的文件及文件属性

打开文件查看，可以看到所有的文本均已收集完毕，任务顺利完成。需注意，读者进行练习时，可能受网站维护、改版、注销等因素影响，使得该案例无法开展，请根据实际情况，更换其他需求进行练习。重点是掌握这种解决问题的方法及思路。

16.4　爬虫实战 2：爬取数据

16.4.1　确定需求

本小节我们模拟定时爬取一些交易数据并显示，以便辅助我们进行相应决策及交易。我们选择一个指标交易网站作为我们的参考和数据提供依据，某个组合策略网址为 https://guorn.com/stock/strategy?sid=2031467.R.262268335636146，其截图如图 16-13 所示。

图16-13　某个组合策略的截图

我们需要定时获取几个我们已经选中的策略，获取其"收益统计"板块中的"最新净值"和"日涨跌幅"参数并显示。根据上一小节的经验，我们直接右击

"最新净值"下的数字"1.6796"，选择"检查"，可以看到这部分的 DOM 结构图如图 16-14 所示。

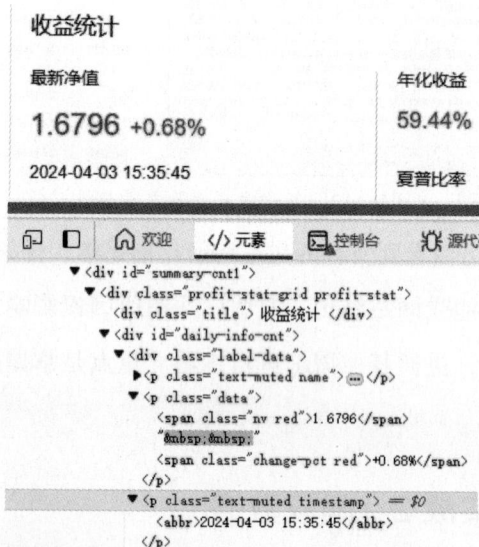

图16-14　"最新净值"部分的DOM结构图

数值"1.6796"的选择路径是"#daily-info-cnt .data .nv"，日涨跌幅的选择路径是"#daily-info-cnt .data .change-pct"，我们可以写出如下代码：

试试看 16-4

```
01  import urllib.request
02  from bs4 import BeautifulSoup
03
04  url = 'https://guorn.com/stock/strategy?sid=2031467.R.262268335636146'
05  response = urllib.request.urlopen(url)
06  html = response.read()
07  soup = BeautifulSoup(html, 'lxml')
08  p1 = soup.select("#daily-info-cnt .data .nv")
09  p2 = soup.select("#daily-info-cnt .data .change-pct")
10  print(p1[0].text)
11  print(p2[0].text)
```

代码都是上一小节所涉及的内容。第 10、11 行对 soup 选择的 tag 列表，取出第 1 个元素，并调用其 text 属性。代码运行的结果为：

　　运行结果不是"1.6769"和"+0.68%"，肯定是哪里出了问题。是我们选择的路径出错了吗？试将第 10、11 行改为：

```
print(p1[0])
print(p2[0])
```

　　再次运行程序，得到如下结果：

```
<span class="nv"></span>
<span class="change-pct"></span>
```

　　标签的选择没错，和 DOM 里显示一致，可为什么标签里边没有任何内容？

　　网站根据数据的请求和呈现类型可分为静态网站和动态网站。对静态网站来说，一个网页就是一个文件，内容是完全固定的，这种情况下使用我们的标签选择路径，一般不会出错。对动态网站来说，根据数据请求的时机，又可分为"后台拼接、一次推送"和"数据模板分离、即时动态加载"两种。对第一种来说，可理解为，当服务器接收到用户请求的地址，在后台将该页面所有的数据部分（动态部分，比如新闻的内容、评论等）和通用部分（静态部分，比如网站的顶部标题栏、底部版权栏等）拼接成一整个 HTML 文件，一次性推送到浏览器端，这种情况下使用我们的标签选择路径也不会出错。

　　我们本小节的案例，恰好属于第二种情况。随着 JavaScript 技术的发展，现在很多网站都流行这种动静态数据分开请求的方式，减少后台服务器的内容拼装压力。当请求这样的网站时，服务器返回给用户的内容主要有 3 部分：静态网页、该页请求的数据、数据如何呈现的脚本文件。静态网页中，只有网页固定部分的内容，没有任何动态数据的部分，比如图 16-14 中的 DOM，实际的静态部分可能为：

```
<div id="daily-info-cnt">
    <div class="label-data">
        <p class="text-muted name"><abbr> 最新净值 </abbr></p>
        <p class="data">
            <span class="nv red"></span>  
            <span class="change-pct red"></span>
        </p>
        <p class="text-muted timestamp"><abbr></abbr></p>
```

```
    </div>
</div>
```

这就解释了为什么我们试试看 16-4 的运行结果为空了。

页面请求的数据一般为 JSON 格式。在浏览器开发者工具中，还有一个重要的功能——网络（Network）。切换到"网络"标签页，如果看到空白的内容，再次刷新网页，可以看到如图 16-15 所示的内容。

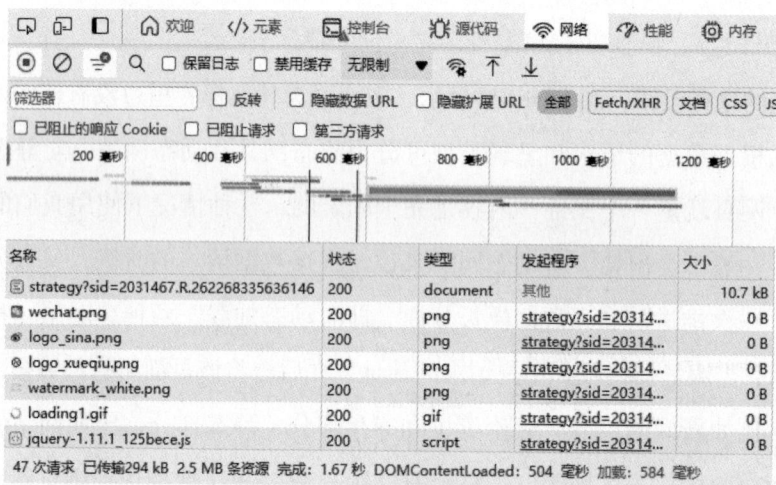

图16-15 "网络"标签页

图 16-15 下方列表为该网页为了正确呈现所需要的所有文件，包括图片、HTML、脚本、数据等。我们逐个点击查看，排查内容，最终我们定位到了开头为"strategy"的这个文件，内容如图 16-16 所示。

图16-16 strategy文件的内容

数据格式为 JSON，经过仔细查看，我们需要的数据都在这里，比如图 16-16 中的"daily_return"，即为我们所需的"日涨跌幅"。

至于数据是如何呈现到网页上的，猜想网站和我们的标签选择方式应当一致——"#daily-info-cnt .data .nv"，通过搜索来完成，点击图 16-16 中左侧的列表，使焦点定位在开发者工具里，按下 Ctrl+F 组合键，在搜索框中输入"daily-info-cnt"，可以看到如图 16-17 所示的搜索结果。

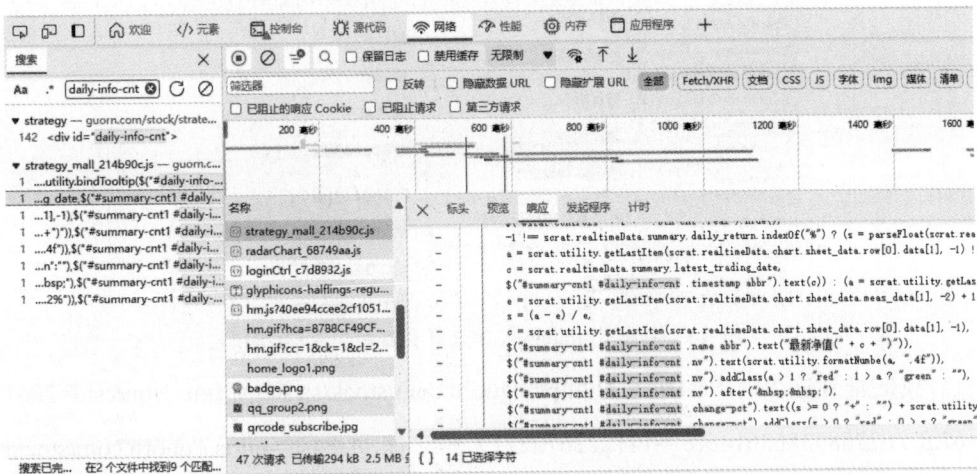

图16-17 "daily-info-cnt"的搜索结果

右侧为 JavaScript 代码，标明了数据如何获取、如何加载到网页中。其关键的代码如下：

```
a = scrat.utility.getLastItem(scrat.realtimeData.chart.sheet_data.
row[0].data[1], -1) !== scrat.realtimeData.summary.latest_trading_
date.split(" ")[0] ? (scrat.utility.getLastItem(scrat.realtimeData.
chart.sheet_data.meas_data[1], -1) + 1) * (s + 1) : scrat.utility.
getLastItem(scrat.realtimeData.chart.sheet_data.meas_data[1], -1) + 1,
```

图 16-17 所示代码介绍了网页呈现数据的来源："realtimeData.summary.daily_return"为日涨跌幅，而最新净值则由当前是否为最新交易日决定，分别取"chart.sheet_data.meas_data[1]"最后一项加 1，或者再乘以"1 + 日涨跌幅数据"。

至此，我们基本确定了需求，并解决了所有难题，可以开始写代码了。

16.4.2 请求数据

经过分析，数据在"strategy"里，在图 16-16 左侧的"strategy"上右击，选择"复制—复制 URL"，如图 16-18 所示。

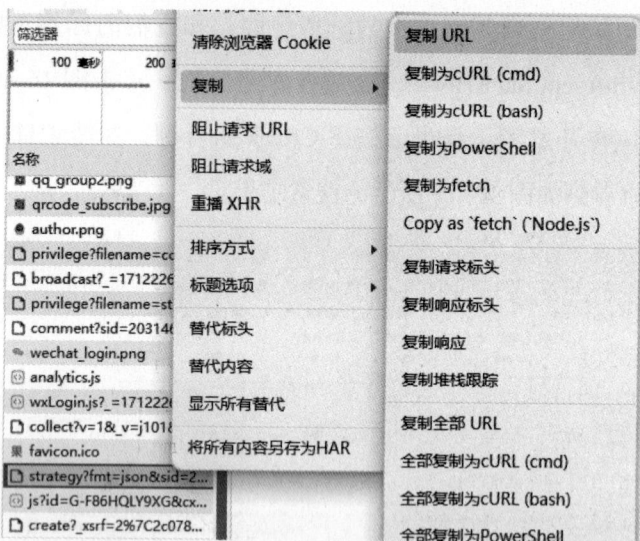

图16-18　右击"strategy"，选择"复制—复制URL"

我们得到这个请求的地址为 https://guorn.com/stock/strategy?fmt=json&sid=2031 467.R.262268335636146&_=1712226792719，与该页网址 https://guorn.com/stock/ strategy?sid=2031467.R.262268335636146 进行对比，不难发现，strategy 的网址是经过"https://guorn.com/stock/strategy?fmt=json&sid="和网址的"sid"参数拼装，再接上随机数（大多数请求的做法，为了防止因浏览器缓存导致数据没有刷新）。可通过如下代码实现拼装：

```
u = 'https://guorn.com/stock/strategy?fmt=json&sid=' + url[url.
rfind('=') + 1:] + '&_=' + str(random.randint(100000, 999999))
```

在原 url 中截取"="号之后的内容，和 6 位数字的随机数进行拼接，得到新的请求地址。于是，我们有了如下的代码：

试试看 16-5

```
01  import urllib.request
02  import random
03
04  url = 'https://guorn.com/stock/strategy?sid=2031467.R.262268335636146'
05  u = 'https://guorn.com/stock/strategy?fmt=json&sid=' + url[url.
        rfind('=') + 1:] + '&_=' + str(random.randint(100000, 999999))
06  response = urllib.request.urlopen(u)
07  html = response.read()
08  print(html.decode('utf-8'))
```

第 7 行返回字节字符串，在第 8 行中用"utf-8"编码进行解码并打印，代码的运行结果为：

```
{"status": "ok", "data": {"week_summary": {"sheet_data": {"row_
size": 3, "col_size": 24, "meas_data": [[17883.956576, 0.211791,
14758.107176], [1.599298, 0.018917, 1.55104], [3.38314,
-0.078611, 3.9566], [0.448154, 0.717371, 0.383898], [0.460903,
0.268192, 0.381904], [4.146015707447675, "-", 3.217927129524996],
[0.9666720819026351, "-", -0.061965364795606104], [1.5796782667761076,
"-", 1.5097331943179566]], "col": [{"rng": [0.2117912258026764,
17883.956576127435], "fmt": ".2%#c", "type": "meas", "id":
"0.TotalReturn.0", "name": "\u603b\u6536\u76ca"}, {"rng":
[0.018917192518610015, 1.5992981053757198], "fmt": ".2%#c", "type":
"meas", "id": "0.AnnualReturn.0", "name": "\u5e74\u5316\u6536\u76ca"},
{"rng": [-0.0786……
```

我们便得到了和图 16-16 一致的结果。

16.4.3　数据解析

可以看出 strategy 返回的为 JSON 字符串，我们使用前面章节介绍的 json 库进行解析，得到 Python 的字典对象。再通过相应的键来获取我们需要的数据。经过分析，"日涨跌幅"在"data.daily_return"中，"最新净值"在"data. real_return"里。如果当前是最新交易日，还需要乘以系数。我们有了如下的代码：

试试看 16-6

```
01  import urllib.request
02  import random
03  import json
04
05  url = 'https://guorn.com/stock/strategy?sid=2031467.
        R.262268335636146'
06  u = 'https://guorn.com/stock/strategy?fmt=json&sid=' + url[url.
        rfind('=') + 1:] + '&_=' + str(random.randint(100000, 999999))
07  response = urllib.request.urlopen(u)        # 打开网址
08  html = response.read()                       # 读取返回的 JSON 字节
09  j = json.loads(html)                         # json 库解析字符串
10  real_return = float(j['data']['real_return'].rstrip("%")) / 100.0
11  daily_return = j['data']['daily_return']
```

```
12  date1 = j['data']['chart']['sheet_data']['row'][0]['data'][1][-1]
13  date2 = j['data']['live_summary2']['latest_trading_date'].split('
    ')[0] # 得到最后交易日日期部分
14  ratio = float(daily_return.rstrip("%")) / 100.0
15  if date1 == date2:                    # 如果不是最新交易日
16      print("{:.4f}".format(real_return + 1) + ' ' + daily_return)
17  else:
18      print("{:.4f}".format((real_return + 1) * (1 + ratio)) + ' ' +
        daily_return)
```

第 9 行对返回的 html 字节，直接使用 json 库的 loads 方法进行解析，返回一个 Python 的字典对象。第 10 行获取净值的百分比 67.96% 并转化为小数形式 0.6796。第 11 行获取日涨跌幅字符串 0.68%，并在第 14 行转化为小数形式 0.0068。第 12、13 行分别按照网站的算法，求得两个日期，并在 15 行进行比较。如果相等意味着已经停盘，直接显示收盘数据，即"1.6796 0.68%"；如果日期不相等，意味着是最新交易日，则再乘以（1+0.0068），再格式化显示。代码运行结果如图 16-19 所示。

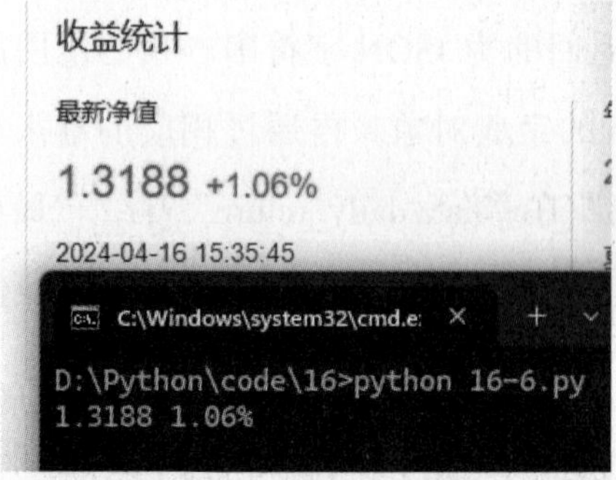

图16-19 已收盘的结果

如果日期不相等，显示为实时盘中数据，代码运行结果如图 16-20 所示。

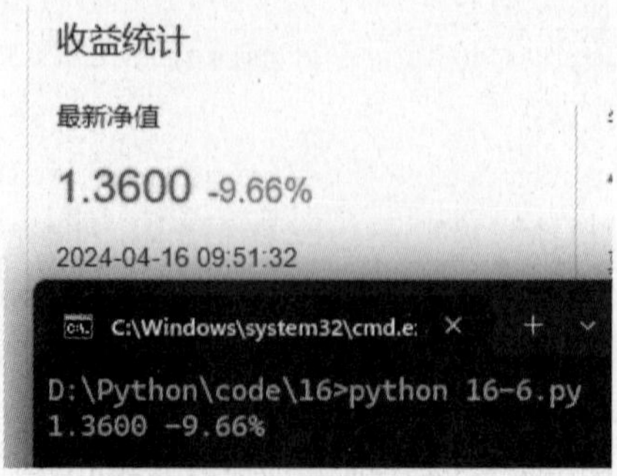

图16-20 实时盘中数据

16.4.4　定时呈现

考虑到我们要监控的不止一个策略，可用列表的方式存放，并循环获取。如果是盘中实时数据，我们则需要定时获取最新的数据并显示，此时我们可使用 sleep 方法进行延时，循环获取。修改后的最终代码如下：

试试看 16-7

```
01  import urllib.request
02  import random
03  import json
04  import time
05
06  # 要监控的策略
07  urls = ['https://guorn.com/stock/strategy?sid=2196299.R.263639828193069',
08          'https://guorn.com/stock/strategy?sid=474420.R.165795848149788',
09          'https://guorn.com/stock/strategy?sid=260679.R.277407750716702',
10          'https://guorn.com/stock/strategy?sid=1183660.R.252858113135892',
11          'https://guorn.com/stock/strategy?sid=521238.R.254957394634282']
12  def task():                # 定义函数
13      print(time.strftime("%Y-%m-%d %H:%M:%S", time.localtime()))
                                    # 打印时间
14      print("最新净值 日涨跌幅")    # 打印表头
15      for url in urls:           # 对每个策略迭代
16          u = 'https://guorn.com/stock/strategy?fmt=json&sid=' +
  url[url.rfind('=') + 1:] + '&_=' + str(random.randint(100000, 999999))
17          response = urllib.request.urlopen(u)
18          html = response.read()
19          j = json.loads(html)
20          real_return = float(j['data']['real_return'].rstrip("%")) / 100.0
21          daily_return = j['data']['daily_return']
22          date1 = j['data']['chart']['sheet_data']['row'][0]['data'][1][-1]
23          date2 = j['data']['live_summary2']['latest_trading_date'].
              split(' ')[0]
24          ratio = float(daily_return.rstrip("%")) / 100.0
25          if date1 == date2:
26              print(" {:.4f}".format(real_return + 1) + '    ' +
                  daily_return)
27          else:
```

```
28              print(" {:.4f}".format((real_return + 1) * (1 + ratio))
                  + '    ' + daily_return)
29      print("")           # 空一行
30
31  while True:             # 死循环
32      task()              # 执行输出
33      time.sleep(60)      # 停 60 秒
```

代码第 4 行引入 time 库，为了第 33 行的延时 60 秒的操作。第 6 行用列表定义了我们需要监控的若干个策略网址，可以把我们感兴趣的策略都一次性加上。第 12 行定义了函数，第 13 行打印当前时间，为了重复执行时可以看到当前结果是什么时候输出的。第 14 行打印列头。第 15 行对列表进行循环，逐个获取。第 16 至 28 行为上一小节代码。第 29 行加个空行输出，以便分隔。第 31 使用死循环来调用 task 函数，执行完后等待 60 秒，重复操作。为了停止该死循环，可按下 Ctrl+C 组合键进行终止。代码运行结果如图 16-21 所示。

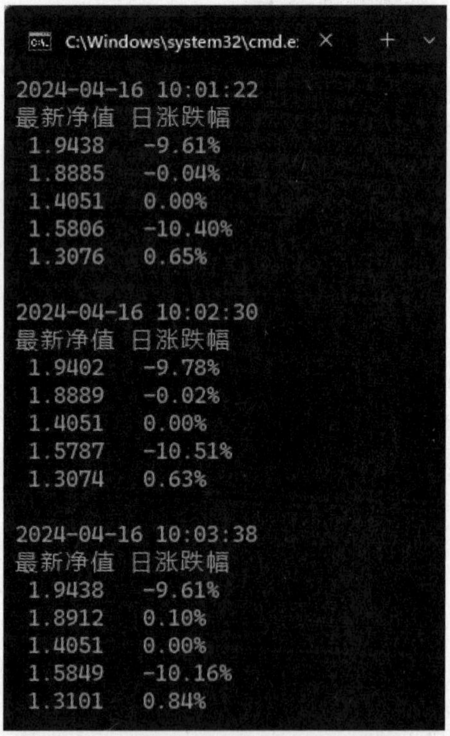

图16-21 定时循环输出实时数据

从运行结果可看出，程序可根据需要进行定时实时输出，任务顺利完成。需注意，读者进行练习时，可能受网站维护、改版、增加需登录策略等，使得该案例无法开展，请根据实际情况，更换其他需求进行练习。重点是掌握这种解决问题的方法及思路。

另外需注意，本小节只讨论技术，即数据的获取与呈现方式，选取的"策略"均为首页随机选取，不作任何指标、策略等推荐。

16.5 爬虫技术的限制

从本章的学习不难看出，爬虫技术在自动批量获取数据方面的强大及便捷之处。尽管如此，爬虫的使用也面临着一些挑战和限制。

首先，反爬虫策略是许多网站为了保护自身数据和资源而采取的一种手段，它可能通过限制访问频率、设置验证码、使用动态加载等方式来阻止或限制爬虫的访问。其次，法律和道德问题也是爬虫使用过程中需要考虑的重要因素。在爬取数据时，必须遵守相关的法律法规和道德准则，尊重他人的隐私和知识产权。

为了应对这些挑战和限制，爬虫技术也在不断发展和创新。例如，智能爬虫是一种自学习型程序，能够在不断训练的过程中学习、优化和适应批量数据的处理和分析能力。此外，分布式爬虫也是一种有效的解决方案，它可以通过多个爬虫在多地同时工作来提高爬取效率和速度，并突破 IP 访问的限制。

此外，本章案例数据的获取，都不需要登录、不需要携带额外的 cookie 及 token 等访问。如果在实际应用场景中，经过分析，需要携带该部分信息，可查阅其他书籍、文章等加以扩展。

爬虫技术已经成为大数据时代不可或缺的一部分，它为我们提供一种从海量互联网信息中获取所需数据的有效手段。随着技术的不断发展和创新，相信爬虫技术将在未来发挥更加重要的作用。

第 17 章　分词、词云

17.1　jieba 分词

17.1.1　自然语言处理与分词

自然语言处理（Natural Language Processing，简称 NLP）是人工智能和语言学领域的交叉学科，旨在实现人与计算机之间用自然语言进行有效通信的各种理论和方法，涉及对语言的理解与生成。

分词是自然语言处理中的一项基础且重要的技术，它涉及将连续的文本切分成一个个独立的词汇单元。在自然语言中，词语是最小的能够独立活动的有意义的语言成分。由于汉语的特点，分词在中文自然语言处理中尤为重要。与英文等语言不同，中文文本中词与词之间没有明显的界限（如空格），因此需要通过分词算法来准确地将句子切分成词语。分词的基本原理主要基于语言学规则和统计方法。语言学规则包括词典、词法、句法等知识，通过匹配词典中的词语来实现分词。统计方法则利用大量语料库中的统计信息，如词频、共现关系等，来训练分词模型，实现自动分词。

17.1.2　jieba 分词库

在 Python 中，分词技术的运用对文本分析、情感识别、信息抽取、机器翻译等多个领域都具有重要意义。Python 有许多优秀的分词工具可供使用，其中最著名的莫过于本章即将介绍的 jieba 分词库。该库可以通过命令"pip install jieba"来安装。该库在中文自然语言处理领域具有广泛的应用，为文本分析、信息抽取等任务提供强大的支持，其特点主要有：

◇　高效与准确

jieba 分词库采用了基于前缀词典和动态规划的分词算法，在保证分词准确率的同时，也实现较高的分词速度。这使得 jieba 库能够快速地处理大规模的中文文本数据。

◇　多种分词模式

jieba 分词库提供精确模式、全模式和搜索引擎模式三种分词方式，用户可以根据具体任务需求选择合适的分词模式。

◇ 用户友好与灵活

jieba 分词库提供多种接口和工具，包括命令行工具、Python API、Web 服务等，用户可以根据自己的需求选择合适的使用方式。此外，jieba 还支持自定义词典，用户可以添加自己领域的专业词汇，以确保特定词汇被正确切分。

◇ 活跃的开发社区

jieba 分词库有一个活跃的开发社区，经常更新版本和支持新特性，同时也接受用户的反馈和建议。这使得 jieba 库能够不断优化和完善，适应不断变化的中文文本处理需求。

17.1.3 jieba 库分词模式

jieba 库使用一种基于前缀词典的方法，通过构建一个有向无环图（Directed Acyclic Graph，简称 DAG）和动态规划算法，找出基于词频的最大概率路径，从而得到分词结果，这种方法既保证了分词的准确性，又兼顾了效率。其分词模式主要有以下三种：

◇ 精确模式

精确模式是 jieba 库的默认分词模式，它将句子最精确地切开，适合文本分析，在这种模式下，jieba 会尽量将文本切分成最小的有意义的词汇单元。

◇ 全模式

全模式是把句子中所有可以成词的词语都扫描出来，速度非常快，但是不能解决歧义。

◇ 搜索引擎模式

搜索引擎模式是在精确模式的基础上，对长词再次切分，提高召回率，适合用于搜索引擎分词。这种模式在处理查询语句时特别有用，因为它可以更好地捕捉到用户的搜索意图。

下面是这三种模式的例子：

试试看 17-1

```
01  import jieba
02
03  str = "我爱学习 Python 编程语言"
```

```
04  print('精确模式: ', " ".join(jieba.cut(str, cut_all=False)))
05  print('全模式: ', " ".join(jieba.cut(str, cut_all=True)))
06  print('搜索引擎模式: ', " ".join(jieba.cut_for_search(str)))
```

第 1 行引入 jieba 库，第 3 行为我们想要进行分词的例句。第 4、5、6 行分别用三种模式进行分词并输出结果。代码的运行结果如下：

```
Building prefix dict from the default dictionary ...
Loading model from cache C:\Users\python\AppData\Local\Temp\jieba.
cache
Loading model cost 0.665 seconds.
Prefix dict has been built successfully.
精确模式: 我 爱 学习 Python 编程语言
全模式: 我 爱 学习 Python 编程 编程语言 语言
搜索引擎模式: 我 爱 学习 Python 编程 语言 编程语言
```

可以看出，精确模式结果最为简洁，全模式由于将成词的词语都扫描出来，结果会有冗余，比如"编程 编程语言 语言"。一般采用精确模式即可。

17.1.4　jieba 分词库实战

接下来我们对前面章节获取到的《红楼梦》这部经典名著的全文进行分词，并加以词频统计分析。

首先，内容已经存放在当前目录下的 hongloumeng.txt 文本文件中，只需打开并全部读取。分割结果是一个生成器（generator）对象，可直接进行迭代，获取每一个分词。再对所有分词进行统计计数，可写出如下程序：

试试看 17-2

```
01  import os, jieba
02
03  with open(os.path.dirname(__file__) + '\\hongloumeng.txt', 'r',
        encoding='utf-8') as f:
04      text = f.read()              # 读取全部内容
05  words = jieba.cut(text)          # 精确模式分词
06  counts = {}                      # 定义空字典
07  for word in words:               # 对分词结果迭代
08      if word not in counts:       # 如果词不存在
09          counts[word] = 1         # 增加一个词
10      else:
```

```
11          counts[word] += 1          # 计数加 1
12  sorted_value = sorted(counts.items(), key = lambda item:item[1],
        reverse=True)
13  print(sorted_value[:20])            # 倒排序并输出前 20 项
```

第 3 行打开当前目录下的文件，第 4 行读取文件中的所有文本，第 5 行直接调用 cut 方法进行分词，第 6 行定义一个字典，用于统计词频。第 7 行对分词结果进行迭代，如果该词不在字典中，则创建一个键值，初始化为 1；如果该词存在，则计数加 1。第 12 行对字典 counts 按字典的值进行简单的倒排序，返回一个有序列表，并在第 13 行输出列表的前 20 项。代码的运行结果如下：

```
Building prefix dict from the default dictionary ...
Loading model from cache C:\Users\python\AppData\Local\Temp\jieba.
cache
Loading model cost 0.680 seconds.
Prefix dict has been built successfully.
[(', ', 58570), ('。', 29445), ('了', 20175), ('的', 14618), ('"',
11823), (': ', 11756), ('"', 11732), ('我', 7332), ('他', 6453), ('
道', 6383), ('说', 6140), ('\u3000', 6013), ('你', 5928), ('也', 5864),
('是', 5804), ('又', 5115), ('着', 3905), ('去', 3816), ('宝玉', 3773),
('来', 3681)]
```

可以看到，分词结果会将标点符号也加入其中，并且有一些虚词"了""的""着"等，我们必须将其过滤。考虑到实际情况，我们直接对字符串长度为 1 的进行过滤，修改后的程序如下：

试试看 17-3

```
01  import os, jieba
02
03  with open(os.path.dirname(__file__) + '\\hongloumeng.txt', 'r',
        encoding='utf-8') as f:
04      text = f.read()                # 读取全部内容
05  words = jieba.cut(text)            # 精确模式分词
06  counts = {}                        # 定义空字典
07  for word in words:                 # 对分词结果迭代
08      if len(word) == 1:             # 跳过长度为 1 的
09          continue
10      if word not in counts:         # 如果词不存在
```

```
11          counts[word] = 1            # 增加一个词
12      else:
13          counts[word] += 1           # 计数加 1
14  sorted_value = sorted(counts.items(), key = lambda item:item[1],
        reverse=True)
15  print(sorted_value[:20])            # 倒排序并输出前 20 项
```

修改后的运行结果如下：

```
Building prefix dict from the default dictionary ...
Loading model from cache C:\Users\python\AppData\Local\Temp\jieba.
cache
Loading model cost 0.669 seconds.
Prefix dict has been built successfully.
[('宝玉', 3773), ('什么', 1619), ('一个', 1456), ('贾母', 1230), ('我们',
1226), ('那里', 1179), ('凤姐', 1101), ('如今', 1010), ('你们', 1005),
('王夫人', 1005), ('说道', 976), ('知道', 976), ('老太太', 976), ('起来',
956), ('姑娘', 956),('这里', 944), ('出来', 933), ('他们', 898), ('众人',
870), ('奶奶', 851)]
```

从结果可以看出，"宝玉"这个词出现的频次最多，为 3773 次，"什么"次之。词后面的数字为出现的次数。

17.1.5　柱形图展示

接下来我们使用可视化工具进行结果的呈现。我们可以引入 Matplotlib 库，该库是 Python 语言的一个 2D 绘图库，它提供一个非常灵活的数据可视化框架。Matplotlib 支持各种平台上的多种硬拷贝格式和交互式环境，并可与 Python GUI 工具包（如 Tkinter、wxPython、Qt 等）一起使用。Matplotlib 最初由 John D. Hunter 于 2002 年创建，主要用于绘制一些静态、动态、交互式的可视化图形，它使用一种与 MATLAB 非常相似的命令式 API，使用户能够非常方便地创建图形。

matplotlib.pyplot 是 matplotlib 库的一个子模块，它提供一种类似于 MATLAB 的绘图系统，可用于创建各种类型的图表和可视化图像。pyplot 模块是一个函数集合，每个函数都会对图形进行一些修改，例如创建图形、在图形中创建绘图区域、在绘图区域中绘制线条、为图形添加标签等。使用 pyplot，可以方便地绘制二维图形，如折线图、散点图、直方图、条形图、饼图等。可以使用函数 plot、scatter、hist、bar 和 pie 等来创建不同类型的图形。同时，pyplot 还可以设置图表的标题、坐标轴、标签、颜色、线型等属性，使图表更加美观和易于理解。除基本的绘图功能外，pyplot 还可以处理图像、设置图表样式、自定义图表元素等，例如可以使用 title、xlabel 和 ylabel 等函数为图形添加标题和坐标轴标签。

展示频次最适合用柱形图来呈现，用到的是 matplotlib.pyplot 中的 bar 函数。bar 函数用于绘制柱形图（bar chart），它可以将数据可视化为一组垂直或水平的矩形条，每个矩形条的高度或长度代表一个数据点的值，柱形图在比较不同类别之间的数值差异时非常有用。作为最简单的调用，bar 方法只需要 2 个列表参数，分别为系列的名称和系列的值。首先通过如下命令安装 matplotlib 库：

```
pip install matplotlib
```

安装成功后，我们进行程序的编写：

试试看 17-4

```
01  import os, jieba
02  import matplotlib.pyplot as plt
03  plt.rcParams['font.sans-serif'] = ['SimHei']    # 用来正常显示中文标签
04
05  with open(os.path.dirname(__file__) + '\\hongloumeng.txt', 'r',
        encoding='utf-8') as f:
06      text = f.read()                 # 读取全部内容
07  words = jieba.cut(text)             # 精确模式分词
08  counts = {}                         # 定义空字典
09  for word in words:                  # 对分词结果迭代
10      if len(word) == 1:              # 跳过长度为 1 的
11          continue
12      if word not in counts:          # 如果词不存在
13          counts[word] = 1            # 增加一个词
14      else:
15          counts[word] += 1           # 计数加 1
16  sorted_value = sorted(counts.items(), key = lambda item:item[1],
        reverse=True)
17
18  x = []                              # 系列 1 的列表
19  y = []                              # 系列 2 的列表
20  for d in sorted_value[:20]:         # 对有序列表迭代
21      x.append(d[0])                  # x 取得词语
```

```
22        y.append(d[1])                # y 取得频次
23  plt.figure(figsize=(9, 6))        # 设置绘图区
24  plt.bar(x[0:10], y[0:10])         # 柱形图，x 词语为横坐标，y 频次为纵坐标
25  plt.show()                        # 显示图形
26
27  plt.figure(figsize=(9, 6))        # 设置绘图区
28  plt.title("红楼梦词频统计图 TOP 20")# 标题
29  plt.xlabel("次数")                # x 坐标轴标签
30  plt.ylabel("词语")                # y 坐标轴标签
31  plt.barh(x[0:20], y[0:20])        # 水平柱形图，x 词语为纵坐标，y 频次为横坐标
32  plt.show()                        # 显示图形
```

第 2 行引入 matplotlib 库的 pyplot 工具包。第 3 行为了使 plt 输出的图像能正常显示中文，可尝试将其屏蔽，观看输出结果，实际上，使用 plt 进行图表绘制时应当时刻注意这点。第 18、19 行定义 2 个列表，用于存放系列名称和数值。第 20、21、22 将有序列表的前 20 项的词语和频次分别加入 x 和 y 列表中。第 23 行指定 plt 的绘图区大小，第 24 行直接调用 bar 进行垂直柱形图绘制，这里我们仅显示前 10 项数值，并在第 25 行显示。

接下去我们显示了一个水平柱形图的例子。第 28、29、30 行设置了图表的标题、水平 / 垂直坐标轴的标题，并在第 31 行调用 barh 函数绘制水平柱形图。程序运行的结果如图 17-1、图 17-2 所示。

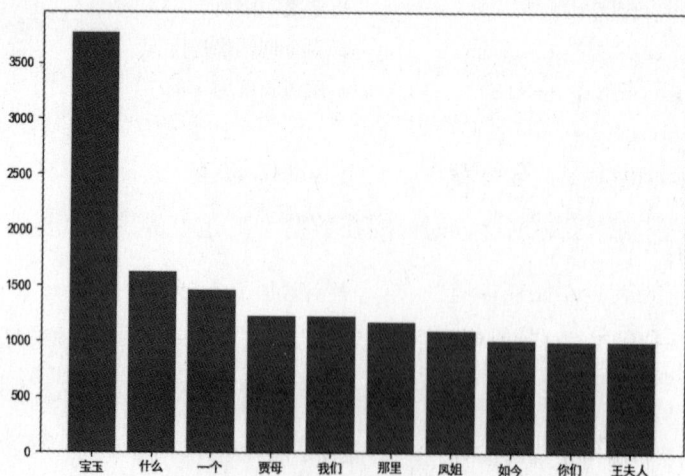

图17-1　垂直柱形图展示的词频图

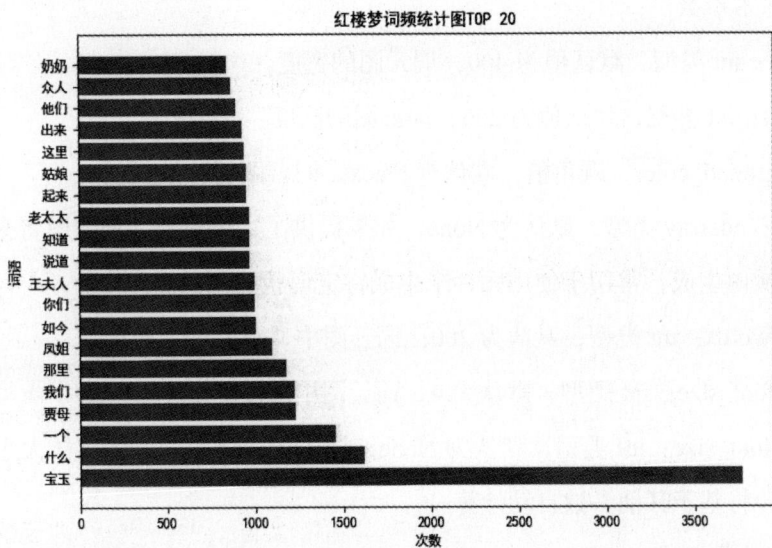

图17-2　水平柱形图展示的词频图

除了 jieba 库外，还有 THULAC、PKUSEG 等分词工具。THULAC 是清华大学推出的中文词法分析工具包，具有分词和词性标注功能；PKUSEG 是北京大学研发的中文分词工具，支持多领域分词和词性标注。

17.2　词云图

17.2.1　wordcloud 库介绍

在已经获得分词的前提下，我们还可以使用词云图来进行词频可视化呈现。词云图，也叫文字云，是对文本中出现频率较高的"关键词"予以视觉上的突出表现。在词云图里，文本中一个词出现的次数越多，显示的字体就越大、越突出，从而反映该词的重要性。这种表现形式使浏览者能够一眼就快速感知最突出的文字，迅速抓住重点，了解主旨。词云图在数据可视化中扮演着重要的角色，尤其在展示用户画像、用户标签或近期热点等方面具有显著效果。其能够直观地展示各种关键信息，帮助用户快速理解数据内容。

在 Python 中，有多种库可以用来生成词云图，其中最常用的是 wordcloud 库，其使用也相对比较简单。首先安装 wordcloud 库：

```
pip install wordcloud
```

在该库中，最重要是 WordCloud 方法，其详细参数含义如下：

◇ 基本参数

width：int 类型，默认值为 400，词云图的宽度。

height：int 类型，默认值为 200，词云图的高度。

background_color：颜色值，默认为 black，词云图的背景颜色。

mask：ndarray 类型，默认为 None，如果提供了这个参数，词云图将会只在这个形状区域内生成，常用于使用图片来生成特定形状的词云图。

max_words：int 类型，默认为 200，词云图中显示的最大单词数。

min_font_size：int 类型，默认为 4，词云图中使用的最小字体大小。

max_font_size：int 类型，默认为 None，词云图中使用的最大字体大小，如果没有设置，将基于其他参数自动计算。

◇ 字体和颜色

font_path：str 类型，默认为 None，指定字体文件的路径，如果未设置，将使用默认的字体。

color_func：callable 类型，默认为 None。一个返回颜色的函数，接受一个单词、字体大小、位置、方向、随机状态和字体属性等参数，并返回一个颜色值。

◇ 布局和定位

prefer_horizontal：float 类型，默认为 0.9，词云图中单词水平排列的倾向性，值越接近 1，单词越倾向于水平排列。

margin：int 类型，默认为 2，词云图中单词之间的间隔。

random_state：int 或 RandomState 类型，默认为 None，设置随机数生成器的种子或状态，用于生成词云图时的随机性。

◇ 停用词和词频

stopwords：set 类型，默认为 None，一个包含停用词的集合，这些词将不会被包含在词云图中。

relative_scaling：float 类型，默认为 0.5，词频和字体大小之间的相对缩放关系，值越大，词频对字体大小的影响越大。

◇ 词汇权重

weight_function：callable 类型，默认为 None，一个接受单词并返回其权重的函数。

◇ 其他

contour_width：int 类型，默认为 0，如果大于 0，将为词云图的轮廓绘制边框。

contour_color：颜色值，默认为 black，词云图轮廓的颜色。

min_scale：float 类型，默认为 1，当使用 mask 时，这个参数控制词的最小缩放比例。

max_scale：float 类型，默认为 None，当使用 mask 时，这个参数控制词的最大缩放比例。

这些参数对词云图的生成结果都比较重要。

17.2.2 wordcloud 库实战

我们结合例子对 wordcloud 库的使用进行说明：

试试看 17-5

```
01  import os, jieba
02  from wordcloud import WordCloud
03
04  path = os.path.dirname(__file__)
05  with open(path + '\\hongloumeng.txt', 'r', encoding='utf-8') as f:
06      text = f.read()
07  words = jieba.cut(text)
08  wc = WordCloud(width=1800, height=1200, background_color="white",
          font_path =path+'\\AlibabaPuHuiTi-3-55-Regular.ttf')
09  p = wc.generate(" ".join(words))
10  p.to_file(path+'\\wc.jpg')
```

第 2 行引入 WordCloud，第 8 行创建一个 WordCloud 对象，传入参数有要生成图像的宽度 1800 像素、高度 1200 像素、背景色白色，以及一种免费的中文字体（因为要生成的词云图中包含中文，故需要指定一种中文字体）。第 9 行调用 generate 方法，传入的是字符串，所以我们需要将 jieba 分词结果，使用空格串成字符串传入方法。第 10 行将生成结果存入当前文件夹的 wc.jpg 文件。程序运行完毕后可打开该图片查看，词云图的初步结果如图 17-3 所示。

第三部分 实战应用篇

331

图17-3　词云图的初步结果

从试试看 17-5 可以看出，jieba 库搭配 wordcloud 库的使用还是非常简单的，先分词，再指定几个必要的参数给 WordCloud，然后生成即可，甚至可以简写成一行（当然不推荐这种写法）：

```
WordCloud(...).generate(" ".join(jieba.cut(text))).to_file(path+"wc.jpg")
```

还是之前的问题，我们只是将 jieba 分词结果直接传入 WordCloud 中，在此之前，根据需求，我们需要过滤掉长度为 1 的字符串，程序稍作修改如下：

试试看 17-6

```
01  import os, jieba
02  from wordcloud import WordCloud
03
04  path = os.path.dirname(__file__)
05  with open(path + '\\hongloumeng.txt', 'r', encoding='utf-8') as f:
06      text = f.read()
07  words = jieba.cut(text)
08  keywords = []
09  for word in words:
10      if len(word) != 1:
11          keywords.append(word)
12  wc = WordCloud(background_color="white",
13      font_path =path+"\\AlibabaPuHuiTi-3-55-Regular.ttf",
14      width=1800, height=1200,
15      max_font_size=360, random_state=50)
16  p = wc.generate(" ".join(keywords))
17  p.to_file(path + "\\wc2.jpg")
```

第 8 行定义了一个列表，并对分词结果进行过滤：长度不为 1 的才加入到列表中。第 15 行加入了 max_font_size 参数，用于指定最大频次的词的字体大小，而 random_state 用于指定生成词云时的随机性。再次运行程序，得到结果如图 17-4 所示。

图17-4　去掉长度为1词语的词云图

从生成的图片可以看出，基本和之前统计的词频一致。

17.2.3　带形状的词云图

作为词云图更为典型的应用，是指定一张白底带形状的遮罩图，WordCloud 将分词填充至该图的形状区域。在以下的例子中，我们提供给 WordCloud 一张"红楼梦"字样的艺术字，如图 17-5 所示。

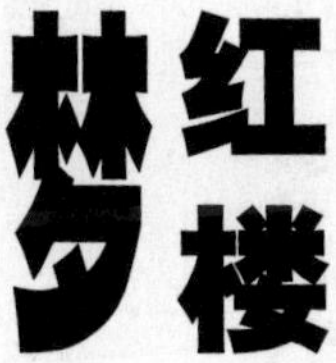

图17-5　"红楼梦"字样的艺术字

形状的颜色可任意指定，只要不是白色即可，而背景色必须是白色。如果使用艺术字，则尽量使用笔画粗一点的字体，使得分词能有更好的填充。将图片指定给 mask 参数即可：

试试看 17-7

```
01  import os, jieba
02  from wordcloud import WordCloud
```

```
03  import numpy
04  from PIL import Image
05
06  path = os.path.dirname(__file__)
07  with open(path + '\\hongloumeng.txt', 'r', encoding='utf-8') as f:
08      text = f.read()
09  words = jieba.cut(text)
10  keywords = []
11  for word in words:
12      if len(word) != 1:
13          keywords.append(word)
14  wc = WordCloud(background_color="white",
15      font_path =path + '\\AlibabaPuHuiTi-3-55-Regular.ttf',
16      mask=numpy.array(Image.open(path + '\\mask.jpg')),
17      width=1000, height=1000,
18      max_font_size=160)
19  p = wc.generate(" ".join(keywords))
20  p.to_file(path + '\\wc3.jpg')
```

代码第 3、4 行引入图片加载的库，用于第 16 行将图片加载之后，传给 mask 参数，代码运行成功后，打开"wc3.jpg"图片文件查看，词云图如图 17-6 所示。

图17-6　"红楼梦"艺术字样式的词云图

可看到，分词自动填满整个形状，并且按词频进行字号大小的设置。一般可使用地图、LOGO 等作为形状，使关键词填满整个地图或 LOGO 区域，更具美感。

这几个例子中，生成的文字颜色都是由 WordCloud 默认提供，所以看起来色调基本一致。那么能否由我们自定义颜色呢？我们需要设置 color_func 参数。考虑图 17-7 中的 2 张图片：

图17-7　心形遮罩图和颜色遮罩图

左边为我们要设置的形状，右边为我们要设置的颜色，只需要将图片分别指定给 mask、color_func 参数即可。

另外，还可以通过指定停用词 stopwords，来使某些词不出现在词云图中，比如上述例子，不想包含"一个""什么"，则可使用列表的形式，提供给 stopwords 参数：

试试看 17-8

```
01  import os, jieba
02  from wordcloud import WordCloud, ImageColorGenerator
03  import numpy
04  from PIL import Image
05
06  path = os.path.dirname(__file__)
07  with open(path + '\\hongloumeng.txt', 'r', encoding='utf-8') as f:
08      text = f.read()
09  words = jieba.cut(text)
10  keywords = []
11  for word in words:
12      if len(word) != 1:
13          keywords.append(word)
14  wc = WordCloud(background_color="white",
15      font_path =path + '\\AlibabaPuHuiTi-3-55-Regular.ttf',
16      mask=numpy.array(Image.open(path + '\\heart.jpg')),
17      color_func=ImageColorGenerator(numpy.array(Image.open(path +
18      '\\color.jpg'))),
        stopwords=["一个", "什么"],
```

```
19      width=1000, height=1000,
20      max_font_size=360, random_state=50)
21  p = wc.generate(" ".join(keywords))
22  p.to_file(path + '\\wc4.jpg')
```

第 2 行从 wordcloud 库中引入一个图片生成器，用于第 17 行将图片利用该生成器创建颜色映射，并传给 color_func 参数，代码运行成功后，打开 "wc4.jpg" 图片文件查看，词云图如图 17-8 所示。

图17-8　指定形状、颜色生成的词云图

一个好看的词云图，总是需要经过不断的参数调试优化，才能达到我们想要的结果。可以尝试指定其他参数来进行词云图的调节。

17.3　小结

Python 的分词技术作为自然语言处理领域的基础技术之一，对文本处理和分析具有重要意义。通过选择合适的分词工具和方法，我们可以更好地对文本进行切分和处理，从而提取出有用的信息并应用到各种实际场景中。随着自然语言处理技术的不断发展，分词技术也将不断优化和完善，为我们的生活和工作带来更多便利和效益。本章还通过分词的一个应用——词云图，展示了这一技术在近期互联网的广泛应用。